JN081889

テスト自動化
実践ガイド

継続的にWebアプリケーションを改善するための知識と技法

末村拓也 著

SHOEISHA

本書内容に関するお問い合わせについて

　このたびは翔泳社の書籍をお買い上げいただき、誠にありがとうございます。弊社では、読者の皆様からのお問い合わせに適切に対応させていただくため、以下のガイドラインへのご協力をお願い致しております。下記項目をお読みいただき、手順に従ってお問い合わせください。

ご質問される前に

　弊社Webサイトの「正誤表」をご参照ください。これまでに判明した正誤や追加情報を掲載しています。

　　正誤表　　https://www.shoeisha.co.jp/book/errata/　

ご質問方法

　弊社Webサイトの「書籍に関するお問い合わせ」をご利用ください。

　　書籍に関するお問い合わせ　https://www.shoeisha.co.jp/book/qa/　

　インターネットをご利用でない場合は、FAXまたは郵便にて、下記"翔泳社 愛読者サービスセンター"までお問い合わせください。
　電話でのご質問は、お受けしておりません。

回答について

　回答は、ご質問いただいた手段によってご返事申し上げます。ご質問の内容によっては、回答に数日ないしはそれ以上の期間を要する場合があります。

ご質問に際してのご注意

　本書の対象を超えるもの、記述個所を特定されないもの、また読者固有の環境に起因するご質問等にはお答えできませんので、予めご了承ください。

郵便物送付先およびFAX番号

　　送付先住所　〒160-0006　東京都新宿区舟町5
　　FAX番号　　03-5362-3818
　　宛先　　　　（株）翔泳社 愛読者サービスセンター

はじめに

　本書は、Webアプリケーションのテスト担当者や、これからテストの自動化にトライしようと考えている開発者が、自動テストを通じてソフトウェアを継続的に改善していけるようになるための実践的なガイドブックです。

本書の背景

　筆者がテスト自動化に初めて取り組んだ2018年頃の段階では、自動テストツールは非常に限られていて、体系的に整理されたドキュメントも非常に少ない状態でした。しかし、本書が出版された2024年の段階では、有償・無償を問わず様々な選択肢があり、ドキュメントも十分に揃っています。そのため、自動化をすることそのものは、実はもうあまり難しくありません。

　一方、テストというのはただ自動化するだけで本当にうまくいくものなのでしょうか。様々な便利なツールが出ているにもかかわらず、自動テストがなかなかうまくいかず頓挫してしまうケースもよく耳にします。その理由としては、以下のようなものが挙げられます。

- テストコードのメンテナンスが大変
- 手動で実施していた頃よりも、テストの効果が落ちてしまう
- 自動テストの実装や実行が余計な手間になってしまう
- メンバーや上司、顧客の理解を得られない

　以前から、多くのWebアプリケーションフレームワークはテストが実行しやすくなるように様々な仕組みを提供しています。たいていのフレームワークのドキュメントには**テスト**というセクションが用意されており、単体テストのみならず、GUIを介したE2Eテストもあまり苦労せず実装できるようになっています。

　しかし、常にそのようなフレームワークを使って開発をしているかと言えば必ずしもそうではありません。たとえば、相当昔に作られて現在も使われているコードのメンテナンスをするときは、単体テストを追加するためにアプリケーションのコードの修正が必要となることはよくあります。

あるいは、大きなチームや、複数の企業から派遣されてきたエンジニアたちで構成されたプロジェクトなどでは、テストについての考え方を全員で統一するのが難しかったりすることもあるでしょう。人によっては過去の経験から自動テストについてネガティブな感想を持っているかもしれません。

そこで本書では、テスト自動化の手段だけを説明するのではなく、自動化の目的やベースとなる考え方に重きを置いて説明しています。テスト自動化の具体的な手法についても紹介していますが、ただ自動化して終わりではなく、自動テストを軸にしながらプロダクトを継続的に改善していくための考え方や方法について解説していきます。また、特定のWebアプリケーションフレームワークでのみ適用可能な方法ではなく、様々な状況下で応用できる、汎用的な方法を紹介します。

本書で学べること

本書の一番大きな目的は、読者のみなさんが自分たちのプロジェクトにスムーズに自動テストを導入し、自動テストに支えられた開発プロセスを実現することです。そのために、本書では以下について説明しています。

- テスト全般や自動テストに関する考え方
- Webアプリケーション用E2Eテストフレームワーク「CodeceptJS」と「Playwright」を用いたE2E自動テストの基礎
- 自動テストの改善や、自動テストを基軸にした開発プロセスの改善
- テスト自動化における様々なトラブルシュートの技術

逆に、エディタやGitのような開発者向けツールの使い方や、プログラミングの基本的な文法については最低限の説明に留めています。これらはWeb上に無料でアクセスできる情報が多く存在しており、あえて紙面を割いて説明するよりも、それらを参照するほうがよりわかりやすく正確な情報を得られるという考えからです。とはいえ、経験が少ない人でも読み進められるよう、できる限り実際のコマンドなどを添付して、書き写しながら進められるようにしています。

また本書では、Ruby on RailsのようなフルスタックWebアプリケーションフレームワークや、Reactなどのモダンなフロントエンドフレームワークなどについては原則として言及しません。これらの多くはそれ自体が自動テストのための機能を組み込んでいたり、技術コミュニティでメンテナンスされ続けているベストプラクティスが

確立されたりしていることが多いからです。本書は、あくまでも**現時点で自動テストの導入に難題を抱えている人たちが、自分たちのプロジェクトを少し良くする**ことに焦点を当てており、特定の開発技術に関する説明は意図的に避けています。

本書の構成

第1部：自動テストに取り組む前に

自動テストを使って効率よく開発を進めたりうまくバグを見つけたりするための心構えや考え方、マインドセットについて説明します。本書で紹介している自動テストの技術は主にE2Eレベルに関するものですが、第1部では単体テストや手動テストなども含めた考え方を説明しています。読者自身の開発に役立てるだけでなく、チームメンバーに考え方を説明するときに利用するのもよいでしょう。

第2部：アプリケーションにE2Eテストを導入する

サンプルアプリケーションに対して実際にE2Eテストを追加していく流れをハンズオン形式で説明します。単にライブラリのインストールやテストコードの文法を説明するだけでなく、チームメンバーが日々の開発で使いやすいように環境を整えたり、継続してテストケースを作り続けるための工夫や、テストコードそのものの改善についても解説していきます。

第3部：自動テストを改善するテクニック

読者自身が自動テストを書き進めていくうちに、いずれぶつかるであろう壁について、解決のヒントになるような例を紹介していきます。

たとえば、自動テストが増えていくうちにテストコードが不安定になったり、実行時間が長くなってしまったりしたときに、開発体験を損ねないように対処する方法を紹介しています。また、自動テストでよくある悩みである、単体テストなどの他のテストレベルとどのように住み分ければよいのかなどについても解説します。加えて、改善に必要な測定メトリクスや振り返りについてもここで説明します。

本書の対象読者

本書は以下のような方々に向けて書かれています。

- QAエンジニアやテスターなどのポジションで、主に手動テストの設計や実行に携わっており、これらの業務を自動化して効果的なテストを実現したい方
- Webアプリケーションエンジニアとして開発に携わっており、テスト自動化で開発生産性を向上したり、テスト全般に関する考え方を補強したりしたいと考えている方

経験年数については人によってまちまちですが、およそ3年前後の実務経験があると、本書で触れられている問題を実際のケースに当てはめながら読めるので、効果的に読み進められるはずです。

また、本書はアジャイル開発におけるテストについて主に取り扱っています。いわゆるウォーターフォール型開発においては、テストの実行頻度についての考え方が大きく異なるため、本書に書かれていることが当てはまらないことも多いでしょう。しかし、テスト自動化の技術そのものは開発プロセスを問わず使えるものです。たとえば、以下のような場合にも本書は役に立つはずです。

- ウォーターフォール型開発からアジャイル開発へ徐々にシフトしたい
- アジャイル開発の組織の中でテストだけがウォーターフォール型に近い考え方となっている

本書では最新の技術トレンドや発展的なトピックは扱わず、できるだけ基礎的で、かつ長い時間通用するものを扱っています。そのため、すでに自動テストについて非常に成熟している人やチームにとっては少し物足りないかもしれませんが、チームメンバー間の認識合わせのために役立つ一冊となるはずです。

サポートについて

以下のGitHubリポジトリに、よくある質問などの情報を掲載しています。本書を読み進めていく中でよくわからなかった部分などがあればこちらを参照してみてください。

https://github.com/tsuemura/practical-guide-for-test-automation-support

また、正誤表については、翔泳社のサイトから確認できます。

https://www.shoeisha.co.jp/book/detail/9784798172354

動作環境

本書の第2部「アプリケーションにE2Eテストを導入する」におけるハンズオンパートは、以下の環境で動作確認を行っています。

- macOS Sonoma 14.4.4 / NodeJS 20.14.0

また、コマンドやメッセージなどの入出力形式は、原則としてmacOSやLinuxなどのUNIX系OSのもので解説しています。Windowsでは表示形式が異なる場合があります。

WSL2 (Windows Subsystem for Linux 2) を用いたセットアップ

Windowsは、LinuxやmacOSなどとは利用できるコマンドが異なったり、ファイルパスの書き方が異なったりといくつかの違いがあります。これらの違いは、本書のハンズオンを試す際に支障となる場合があるため、特に第2部を読み進める前にはLinuxの**仮想マシン**をセットアップするのをおすすめします。

WSL2 (Windows Subsystem for Linux 2) は、Windows 10またはそれ以降のOS上でLinuxの仮想マシンを実行するための機能です。Windows上でLinuxの仮想マシンを動かす方法は他にもあるのですが、ファイルシステムやネットワークがWindows側と別になってしまい設定がうまくいかず、不便を強いられることがありました。WSL2は、これらの面倒な部分を解消し、よりシームレスに開発を進められるよう設計されています。

セットアップの手順については、開発元であるMicrosoft社が詳細なドキュメントを掲載しています。以下のURLのページに記載された内容を実施すれば、本書のハンズオンの実習には十分です。

- WSL 開発環境を設定する
  https://learn.microsoft.com/ja-jp/windows/wsl/setup/environment

- Linux 用 Windows サブシステムで Visual Studio Code の使用を開始する
  https://learn.microsoft.com/ja-jp/windows/wsl/tutorials/wsl-vscode

- Linux 用 Windows サブシステムで Git の使用を開始する
  https://learn.microsoft.com/ja-jp/windows/wsl/tutorials/wsl-git

- Node.js を Linux 用 Windows サブシステム（WSL2）にインストールする
  https://learn.microsoft.com/ja-jp/windows/dev-environment/javascript/nodejs-on-wsl

- Linux と Bash の使用を開始する
  https://learn.microsoft.com/ja-jp/windows/wsl/tutorials/linux

用語について

　ソフトウェア開発の世界では、コンテキストや話者によって1つの言葉が複数の意味を表すことがあります。たとえば、**バグ**という言葉は**誤った実装**のことを表すこともあれば、**ユーザーに見える形で発生した不正な動作**のことを表すこともあります。前者は開発者目線、後者はユーザー目線での用法です。

　また、このような用法の不一致は業種、職種の違いでも見られます。たとえば、ソフトウェア品質の分野では**エラー**という言葉は**ソフトウェア開発上における、人間の誤り**として使われています。しかし、同時にプログラミングの文脈では**実行時エラー**や**構文エラー**、あるいは**エラーコード**のように**動作異常により処理を継続できなくなった状態**として扱われています。

　そのため、本書では以下のように用語を定義しています。これらの定義はJSTQBなどの定義を参考にしていますが、一致するものではありません。また、用語の意味を整理するために「ヒューマンエラー」も挙げていますが、本書内では使っていません。

- **ヒューマンエラー**：欠陥を作る原因となった人間の誤り。たとえば、仕様の勘違い、誤ったコーディングなど
- **バグ**：ソフトウェア内の不備や誤った実装。バグはエラーにつながるが、すべてのバグがエラーとなって発見されるわけではない
- **エラー**：システムが処理不可能な状況に陥った状態。ユーザーにエラーメッセージが表示されたり、エラーログとして記録されたり、内部エラーとして開発者に通知されたりする
- **障害**：エラーにより、プロダクトやサービスの正常な状態が維持できなくなっている状態

謝　辞

　本書の執筆にあたり、以下7名の方々にレビューしていただきました。お礼申し上げます。皆さんの厳しいレビューのおかげで、ようやく自信を持って本書を世に送り出すことができました。

　　井芹 洋輝 様
　　藤原 考功 様
　　風間 裕也（ブロッコリー）様
　　伊藤 由貴（@yoshikiito）様
　　堀 明子 様
　　東口 和暉 様
　　Takepepe 様

　本書の元となった発表である「テストを自動化するのをやめ、自動テストを作ろう」(https://speakerdeck.com/tsuemura/tesutowozi-dong-hua-surufalsewoyame-zi-dong-tesutowozuo-rou)に感想および激励を下さった皆様と、同発表を見つけて書籍化のオファーを下さった、翔泳社の大嶋さんにもお礼申し上げます。当初の刊行予定から2年半近く延びてしまいましたが、それでもきちんと出版までたどり着いたのは、ひとえに大嶋さんのリードによるものでした。

　それから、特に生活面と精神面で支えてくれた家族にも感謝しています。本を一冊書き上げるというのは思ったより大変で、精神的な負担の大きい仕事でした。筆が進まずイライラしてしまうことも多かったのですが、それでも辛抱強く一緒にいてくれて本当にありがたく思っています。

目　次

はじめに　3

第1部　自動テストに取り組む前に ⋯⋯⋯⋯⋯⋯⋯⋯⋯⋯⋯⋯ 18

第1章　テストの目的 ⋯⋯⋯⋯⋯⋯⋯⋯⋯⋯⋯⋯⋯⋯⋯⋯⋯⋯⋯⋯⋯⋯⋯ 20

　1-1　テストの目的と役割　20
　　　1-1-1　様々な種類のテスト　20
　　　1-1-2　テストの目的とアプローチ　23
　　　1-1-3　自動テストの目的とアプローチ　24
　　　1-1-4　人がやるべきテスト　25

　1-2　どのテストを自動化したいのか　26
　　　1-2-1　自動テストがなかったら　26

　1-3　自動テストの目的　28
　　　1-3-1　自動テストは開発者を助けてくれる　29

　1-4　手動テストと自動テストのギャップ　31
　　　1-4-1　手動テストがやっていること　31
　　　1-4-2　自動テストは気づいてくれない　31
　　　1-4-3　実行サイクルの違い　33

　1-5　素朴なテスト自動化　34
　　　まとめ　35

第2章　開発を支える自動テスト ⋯⋯⋯⋯⋯⋯⋯⋯⋯⋯⋯⋯⋯⋯⋯⋯ 36

　2-1　一般的な開発の流れ　36
　　　2-1-1　Git を用いたバージョン管理　36
　　　2-1-2　GitHub を用いたチーム開発　37
　　　2-1-3　デプロイとリリース　39
　　　2-1-4　開発サイクルとリリースサイクル　40
　　　2-1-5　開発を支える素早い自動テスト　41

　2-2　テストに支えられた開発サイクル　42
　　　2-2-1　何を作るかを考える　43
　　　2-2-2　実装とテスト　43
　　　2-2-3　自動テストをローカル環境で実行する　45
　　　2-2-4　プルリクエスト、コードレビュー、CI　45

   2-2-5 デプロイとリリース 45
   2-2-6 自動テストをいつでも実行できるメリット 46
  2-3 自動テストは「どう動くのか」を説明してくれる 47
   2-3-1 単体テストでの例 47
   2-3-2 E2Eテストでの例 49
   2-3-3 テストは振る舞いの具体的な例 49
  2-4 アンチパターン: 腐りやすいE2Eテスト 49
   2-4-1 開発サイクルの中で実行されない 50
   2-4-2 振る舞いをテストしていない 50
   2-4-3 E2Eテストの目的をどう捉えるか 52
 まとめ 55

第3章 見つけたいバグを明確にする 56
 3-1 これまでの流れと課題 56
 3-2 何を見つけるかを考える 58
   3-2-1 機能をリストアップする 58
   3-2-2 想定されるバグやリスクをリストアップする 59
 3-3 どこで見つけるかを考える 60
   3-3-1 テストレベル 60
   3-3-2 バグをどのテストレベルで見つけるかを考える 61
 3-4 テスト以外の方法でバグを見つける 63
   3-4-1 静的解析ツールとフォーマッター 64
   3-4-2 コードレビュー 65
   3-4-3 監視 65
   3-4-4 ユーザーからの報告 66
   3-4-5 それぞれの役割 66
 まとめ 67

第4章 E2Eテストとは何か 68
 4-1 E2Eテストの目的と責務 68
 4-2 E2Eテストのアップサイドとダウンサイド 69
   4-2-1 幅広い用途に利用できる 69
   4-2-2 ユーザーストーリーそのものをテストできる 70
   4-2-3 自動化そのものの難易度や複雑性が高い 71
   4-2-4 テストしやすさに配慮する余地が少ない 72

　　　　4-2-5　高コスト　73

　　4-3　どのように E2E テストを利用するか　73
　　　　4-3-1　短期的な戦略と長期的な戦略を分けて考える　74
　　　　4-3-2　目的と制約を混同しない　76
　　　　4-3-3　E2E テストの利用の例　76

　　4-4　E2E テストの価値　78
　　　　4-4-1　初めに書かれる最も基本的なテストである　79
　　　　4-4-2　利用するユーザーが目的を達成できることを保証する　79
　　　　4-4-3　ユースケースのリストになる　79

　　まとめ　80

第2部 アプリケーションに E2E テストを導入する

第2部　アプリケーションに E2E テストを導入する　　84

第5章　サンプルアプリケーションのセットアップ　　86

　　5-1　必要な環境　87
　　　　5-1-1　fnm（Fast Node Manager）を利用して
　　　　　　　Node.jsをインストールする　88
　　　　5-1-2　Gitをインストールする　89
　　　　5-1-3　GitHubの設定をする　89
　　　　5-1-4　Dockerをインストールする　91

　　5-2　サンプルアプリを動かす　91
　　　　5-2-1　リポジトリのインポートまたはフォーク　92
　　　　5-2-2　ローカル環境を立ち上げる　94
　　　　5-2-3　デプロイする　97

　　5-3　サンプルアプリケーションを理解する　103
　　　　5-3-1　サンプルアプリケーションについて　103
　　　　5-3-2　画面構成　104
　　　　5-3-3　ビジネスプロセスとユーザーストーリーについて　107
　　　　5-3-4　サンプルアプリケーションのビジネスプロセス　108
　　　　5-3-5　サンプルアプリケーションのユーザーストーリー　109

　　まとめ　111

第6章　最小限のテストをデプロイする ································· 112

6-1　テストを書き始める前に　112
6-1-1　おおまかな流れ　113
6-1-2　パイプラインから始める　115
6-1-3　開発中からテストをする　116
6-1-4　自動テストに利用する技術を選定する　118

6-2　ツールのインストール　121
6-2-1　利用するバージョン　121
6-2-2　動作確認用のコードを書く　121
6-2-3　Gitの設定　122
6-2-4　CodeceptJSのセットアップ　123
6-2-5　動作確認　125
6-2-6　コミット　129

6-3　最初のテストを作る　130
6-3-1　スモークテストを作る　130
6-3-2　インタラクティブシェルを使ってテストコードを書く　133
6-3-3　テストを実行する　135
6-3-4　コミット　138

6-4　テスト結果のレポートを出力する　139
6-4-1　Allure Reportのインストール　139
6-4-2　レポートの生成　140

6-5　継続的に実行する　142
6-5-1　様々な環境で実行するための準備を整える　143
6-5-2　Gitフックをトリガーにして実行する　147
6-5-3　CIツール上で実行する　152
6-5-4　GitHub Pagesでテストレポートを保存＆配信する　161

6-6　実際に試してみる＆チームにデモをする　167
6-6-1　機能ブランチを作る　168
6-6-2　テストコードを書く　168
6-6-3　実装する　171
6-6-4　テストが通ることを確認する　172
6-6-5　CIツール上で確認する　173

まとめ　175

第7章　ビジネスプロセスをカバーするテストを作成する ……………… 176

7-1　代表的なビジネスプロセスをカバーするテストを書く 176

7-2　テストコードを置く場所を作る 177

7-3　商品をカートに入れる 179

7-4　お弁当屋さん側での操作 181

7-5　注文番号を考慮する 182
- 7-5-1　画面に表示された値を取得する 183
- 7-5-2　注文番号に応じたボタンをクリックする 184

7-6　受け取り日に動的な日付を入れる 187

7-7　コードにコメントを付ける 190

まとめ 191

第8章　ユーザーストーリーをカバーするテストを作成する ……… 192

8-1　ユーザーストーリーベースのテストを作成する 192

8-2　ユーザーストーリーと具体例からテストケースを導出する 193
- 8-2-1　おおまかな流れ 193
- 8-2-2　具体例を挙げる 195
- 8-2-3　具体例をステップ・バイ・ステップで説明する 199
- 8-2-4　具体例をテストコードにする 200

**8-3　トラブルシューティング:
　　　以前書いたテストコードが失敗するようになった** 204
- 8-3-1　エラーの詳細を確認する 205

8-4　演習 209
- 8-4-1　他のケースのテストコードを書いてみる 209
- 8-4-2　他のユーザーストーリーの具体例を書いてみる 211

まとめ 218

第9章　テストコードに意図を込める ………………………………………… 220

9-1　改善の方針 220
- 9-1-1　コメントに頼らない 222
- 9-1-2　ユーザー目線のテストシナリオにする 223
- 9-1-3　文脈を明示する 225

     9-1-4　テストしたい部分だけをテストシナリオに書く　226

  9-2　改善のイメージ　227

     9-2-1　文脈をブロックとして表現する　229

     9-2-2　複雑な処理をユーザー目線の記述でラップする　229

     9-2-3　前提条件、テストデータ作成などの処理を隠ぺいする　230

  9-3　改善点の実装　230

     9-3-1　I.amStoreStaffとI.amAnonimousUserの実装　230

     9-3-2　I.ShouldBeOnXXXPageの実装　234

     9-3-3　I.haveItem()の実装　238

     9-3-4　あるページの中でのみ使えるメソッドを実装する　243

     9-3-5　不要なコメントを削除する　246

  9-4　コード補完を利用する　248

  9-5　演習　250

  まとめ　251

第3部　自動テストを改善するテクニック ……… 252

第10章　トラブルシューティング ……………………………… 254

  10-1　テストが成功したり失敗したりする（Flaky Test）　254

     10-1-1　ソリューション：テストの独立性を高める　256

     10-1-2　ソリューション：リトライ　259

  10-2　E2Eテストだらけになってしまう　261

     10-2-1　ソリューション：低いテストレベルに移譲する　263

  10-3　テストの準備に時間がかかる　276

     10-3-1　ソリューション：ログイン処理を省略する　277

     10-3-2　ソリューション：APIで事前準備・事後処理を行う　279

  10-4　テストコードがすぐ腐ってしまう　286

     10-4-1　要素探索しやすいマークアップ　286

  10-5　実行速度が長い　291

     10-5-1　ソリューション：テストを並列に実行する　291

     10-5-2　ソリューション：ステージごとに実行するテストを分ける　293

  10-6　バグを見逃してしまう　294

     10-6-1　失敗を定義する　294

　　　　10-6-2　ソリューション：期待値を明確にする　295
　　　　10-6-3　ソリューション：適切な位置で失敗させる　296
　　まとめ　298

第11章　もっと幅広くE2Eテストを使う ……………………………… 300

　11-1　E2Eテストの様々な用途　300

　11-2　本番環境でのテスト　301
　　　　11-2-1　本番環境特有の問題　301
　　　　11-2-2　本番環境での自動テスト　302

　11-3　ブラウザおよびデバイスの互換性テスト　303
　　　　11-3-1　互換性テストの注意点　304
　　　　11-3-2　互換性テストで見つけたいバグ　304
　　　　11-3-3　互換性テストの対象　305
　　　　11-3-4　互換性テストの実装　305

　11-4　見た目のテスト　311
　　　　11-4-1　確認に利用するサイト　311
　　　　11-4-2　Resemble.jsを使った要素単位の
　　　　　　　　ビジュアルリグレッションテスト　312
　　　　11-4-3　Applitoolsを使ったビジュアルリグレッションテスト　318

　11-5　メール・SMSのテスト　324
　　　　11-5-1　メールのテスト　324
　　　　11-5-2　Mailtrapを使ってメールのテストをする　325
　　まとめ　332

第12章　成果を振り返る …………………………………………………… 334

　12-1　測定と振り返りの意義　334

　12-2　測定におけるポイント　334
　　　　12-2-1　継続的に測定し続ける　334
　　　　12-2-2　自動化する　335
　　　　12-2-3　振り返る　336
　　　　12-2-4　一度にすべてをやる必要はない　336

　12-3　ソースコードや自動テストそのものの
　　　　品質を表すメトリクス　336
　　　　12-3-1　カバレッジ　336

12-3-2　Flaky Testの数　342

12-4　プロダクトの品質やチームの
　　　パフォーマンスを表すメトリクス　342
　　12-4-1　Four Keys　342
　　12-4-2　バグの件数　345

12-5　振り返り　347
　　12-5-1　振り返りの意義　347
　　12-5-2　振り返りのケーススタディ　347

まとめ　348

おわりに──人を巻き込むことの大切さ　349
索引　350

自動テストに取り組む前に

　この部では、自動テストに取り組む前に考えておくべきことや、押さえておきたい知識などについて簡単に説明します。

　自動テスト、特にエンドツーエンド（E2E）レベルの自動テストは、単に「手動テストを自動化したもの」のように誤解されがちです。しかし、手動テストと自動テストの特性の違いや目的についてよく考えていくと、それぞれに適した役割があり、単純に置き換えが可能なものではないことがわかります。

■第1部の流れ

第1部では、以下の点について順を追って説明し、読者の皆さんがテストについて共通認識を持った上で、第2部のハンズオンへ進めるようにします。

- 手動テストおよび自動テストの特徴や目的
- 自動テストの種類
- どのようなバグを、どのように見つけるか

第1章「テストの目的」では、テストにも様々な種類があることや、自動テストと手動テストの違い、どのようなテストが自動テストに向いているのかなどを解説します。また、本書が目指す自動化の方針についても説明します。

第2章「開発を支える自動テスト」では、開発に不慣れな読者の方のために一般的なWeb開発を例にした開発の流れを説明し、自動テストが開発の流れをどのように支えてくれるかについて説明しています。

第3章「見つけたいバグを明確にする」では、まず、自動テストでうまくバグを見つけるために、「どのようなバグを見つけたいのか」を明らかにします。そして、それらのバグをどのようなアプローチでキャッチしていくかについて説明します。

第4章「E2Eテストとは何か」では、本書のメイントピックであるE2Eテストについて詳細に解説します。E2Eテストが単体テストやAPIテストなどとどのように異なるのか、どのようなアップサイドとダウンサイドがあるのかなどを説明します。そして、E2Eでテストすべきものは何かなどについて説明します。この章の内容は第2部から始まるハンズオンに向けて必要になるものですので、第2部へと進む前に一度は読んでおくようにしてください。

第1章 | テストの目的

これを読んでいる皆さんは、現在取り組んでいるプロジェクトで「自動テストの必要性」を感じ、学習のために本書を手に取られたのではないかと思います。あるいは、自動テストに着手したもののうまくいかず、具体的な手立てが知りたいという場合もあるかもしれません。

どんなきっかけであれ、読者の皆さんのゴールは「テストの自動化」を実現することだと思います。しかし、手動であれ自動であれ、テストに何を期待するかは人それぞれ異なるものです。何をするときにもいえることですが、目的がズレたまま物事を進めてしまうとうまくいきません。

この章では、「テスト」にはいろいろな目的があり、それに伴って自動化に対する期待も多岐にわたることを説明します。また、自動化に適しているテストと、そうでないテストがあることを押さえた上で、この本を通じて目指す自動化の方針についても解説していきます。

1-1 テストの目的と役割

1-1-1 様々な種類のテスト

テストという言葉は多義的です。同じプロジェクトにいるメンバー同士であっても、「テストが必要だ」といったときに想像するテストが同じだとは限りません（**図1-1**）。

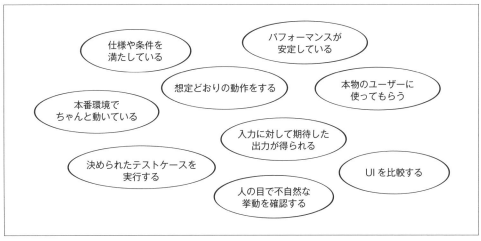

図1-1　テストには様々な意味合いがある

　たとえば、**「受け入れテスト」**というものがあります。これは、できあがったソフトウェアが仕様や契約条件などの条件を満たしているかを確認するためのものです[※1]。例として、あるシステムのログイン機能の受け入れテスト項目を考えてみましょう。

- 電子メールアドレスとパスワードでログインできること
- 登録されていないEメールアドレスではログインできないこと
- 誤ったパスワードを入力した場合にログインできないこと
- パスワードはシステム内で暗号化されていること

　このように、受け入れテストでは、実際の業務フローに従って動作を確認したり、発注時に作成した仕様どおりに動作するかどうかを確認したりすることが多いです。同時接続の受け入れ台数や、応答速度などがテスト項目に加わることもあります。いわゆるユーザー企業、つまりソフトウェアを発注して、使う側の人にとっては、これがソフトウェアの**「テスト」**を指すことが多いのではないでしょうか。

　一方で、開発者の間では、**「テストする」**または**「テストを書く」**といった言葉は、単体テストなどの**テストコードを書く**行為を指すことがあります。ご存じの方も多いで

[※1]　受け入れテストの意味合いは、開発スタイルによって異なることがあります。よく使われる例では、事業会社が開発会社にシステム開発を委託する際に、できあがったソフトウェアがあらかじめ取り決めた仕様などの条件を満たしていることを受け入れテストで確認します。しかし、自社サービスのシステムを内製しているような場合、そもそも開発を委託する側の人が存在しません。そのような場合でも、エンドユーザーが享受できる価値をテストするという意味合いで、受け入れテストを開発チームが自ら実施することもあります。

しょうが、**単体テスト**とは、プログラムのごく小さなコンポーネントが正しく動作することを確認するためのテストです。

あるいは、システム運用を担当する人の中には、システムが本番環境で正しく動作していることを定期的に確認したいと思う人も多いでしょう。こうした行為は**監視**と呼ばれ、Zabbixなどの監視ツールや、運用自動化ツールを利用して実施されることが多いです。しかし、筆者が過去にテスト自動化の相談を受けた会社は「1時間に1回、本番環境にテスト用のアカウントでログインし、注文が通ることを確認する」ということを手動で行っており、この業務を自動化したいと言っていました。つまり、彼らにとってのテストは「**本番環境が動作していることの定期的な確認（監視）**」を意味していました。

また、**テスター**と呼ばれる職種の方々の中でも、特に**テスト実行**を主に担当する人たちにとっては、テストは「**与えられたテストケースをひたすらテスト環境で実行し、そのレポートを残すこと**」を意味するでしょう。本書を手に取られた方の中には、こうしたテストを自動化したいと思う方が多いかもしれません。

他にも、テスターの中には、開発者やテストマネージャーから「**このテストケースを実行してほしい。テストケースに書いてないことでも、何か気づいたことがあったら教えてくれ**」のように言われたことがある人もいるかもしれません。

このときに期待されているのは、おそらくユーザビリティ上の問題や画面レイアウトが崩れていないかどうか、あるいは何かしらの不自然な挙動などを発見することでしょう。この局面におけるテストとは、ソフトウェアの利用における**ユーザビリティ**や**ユーザー体験**（User Experience：**UX**）の問題を探索することを表しています。

あるいは、リリース前のアプリケーションを実際に一部のユーザーに利用してもらい、バグを見つけてもらったり、使いやすさに関するフィードバックをもらったりすることもあります。これらは**β（ベータ）テスト**と呼ばれています。「クローズドβ」「オープンβ」のように、機能を公開するユーザーの範囲によって呼び分けることもあります。

また、変わったところでは、**A/Bテスト**というものもあります。主にUI/UXデザインやマーケティングにおいて使われる言葉です。2つのデザインを様々なユーザーへランダムに表示させ、どちらのデザインのほうがユーザーの目を引くかを検証する活動です。

1-1-2　テストの目的とアプローチ

　このように、たくさんの「テスト」が、ソフトウェアを評価する**ソフトウェアテスト**という活動の中に含まれています。私たちは、様々な形でソフトウェアを評価しながら、よりよいものを作り、ユーザーによい体験を届けようとしています。

　これを説明する代表的な図が、「アジャイルテストの四象限」と呼ばれるものです（図1-2）。4つに区切られた枠の中に、様々な種類のテストが置かれています。横の軸は「開発を導く」と「プロダクトを批評する」、縦の軸は「ビジネス面」と「技術面」を表し、様々なテストを目的別にグループ化しています。

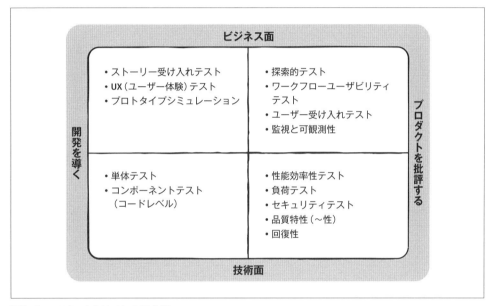

図1-2　アジャイルテストの四象限
出典：『Agile Testing Condensed Japanese Edition』（Janet Gregory、Lisa Crispin著）の第9章「アジャイルテストの四象限」をもとに作成

　たとえば、先述したテストの種類の中では、受け入れテストは**ビジネス面で製品を批評するための手動テスト**と位置づけられます。開発者が行うような単体テスト、コンポーネントテストは、**技術面でチームを支援するための自動テスト**と位置づけられます。テスト実行を担当するテスターのテストは、多くの場合は**機能テスト**、つまりソフトウェアの特定の機能が正しく動作することを検証するためのものです。これは**ビジネス面でチームを支援するための、自動と手動のテスト**と位置づけられています。システム監視は右上の**監視と可観測性**にあたり、ビジネス面でプロダクトを批評するものと

して位置づけられるでしょう。

アジャイルテストの四象限は、テストに様々な種類があり、目的によって分類できることを表しています。

1-1-3　自動テストの目的とアプローチ

テストには様々な目的とアプローチがあるとわかってきたところで、自動テストにも目を向けてみましょう。上述のアジャイルテストの四象限の中で、自動テストはいったいどのようなテストに向いているのでしょうか。

●仕様やユースケースを確認するテスト

ソフトウェアは開発ライフサイクルの中で頻繁に変更されるものですが、ある箇所の変更が他の箇所に影響を及ぼさないことを確認するには、それぞれの箇所がどのように動作するべきものなのかを表して、そのとおりに動作することを確認するテストが必要になってきます。

たとえば、アジャイルテストの四象限の中にある**単体テスト**、**コンポーネントテスト**（**コードレベル**）は、それぞれソフトウェアのある一部分が期待した動作をすることを確認するためのテストです。プログラムは一般的に、ある入力に対して決まった出力を返す単体（**ユニット**）を組み合わせたコンポーネントとして実装されます。これらの単体やコンポーネントなどのまとまりが期待した入出力をするかどうかのテストは、自動化して繰り返し実行することで、意図せぬ変更を防ぐ効果があります。

同様に**ストーリー受け入れテスト**は、ソフトウェアが提供する**ユーザーストーリー**を検証するものです。単体テストやコンポーネントテストがプログラムの特定のまとまりだけをテストしているのに対し、ストーリー受け入れテストはある変更がユーザーに**どのような価値を提供するのか**を検証します。具体的には、あるユーザーストーリーに対して、ユーザー目線での操作手順や、ソフトウェアの期待する振る舞いをテストコードという形で表します。ストーリー受け入れテストもまた、自動化して繰り返し実行することで意図せぬ変更を防ぎます。

TIPS --

APIテスト

アジャイルテストの四象限の図にはありませんが、たとえばAPIテストなども「仕様やユースケースを確認するテスト」の仲間に入ります。UIではなくAPIを用いるストー

リー受け入れテストとして実装されることもあれば、コンポーネントテストとして実装されることもあります。

・・・

●ルールやアルゴリズムに基づいたテスト

性能効率性テスト、**負荷テスト**、**セキュリティテスト**などの中には、人の手で実施することが困難なものもあります。たとえば、大量のネットワークリクエストを投げたり、長時間同じ操作を繰り返したりして、負荷や時間に関わる問題を探索するのは、手動では実行しづらい活動です。同様に、**排他制御**[※2]のテストなども、自動テストのほうが問題を見つけやすいことがあります。

より発展的な例では、テストコードを**ルール**として記述し、実行時にはランダムなデータを複数投入することでエッジケースの発見に役立てるようなものもあります。これは**プロパティベーステスト**と呼ばれ、一般的な事例ベースのテストに比べてプログラムの潜在的な問題を発見するのに役立ちます。似たようなものでは、機械学習分野でよく使われる**メタモルフィックテスト**があり、これはテストケースを少しずつ変化させることで問題を発見するためのテストです。

以前はゲームの**壁抜けチェック**のようなテストは自動化が難しく、大量のマンパワーを用いて長時間のチェックを行うのが一般的でした。しかし、技術の発展により、特定のアルゴリズムに従って長時間マップ内を回遊するようなプログラムを書くことで、場合によっては人間が実施するよりも効率よく問題を見つけられるようになりました。

画面のレイアウト崩れのチェックは**ビジュアルリグレッションテスト**と呼ばれています。これも以前は人間が目視でチェックするのが一般的でしたが、最近では様々なツールが存在し、開発を助ける便利な手段として使われています。

このように、特定の**ルール**や**アルゴリズム**に基づいて問題を発見するようなテストも、自動テストの得意分野です。

1-1-4　人がやるべきテスト

すでに述べたように、自動テストは様々なユースケースで用いられるものですが、**何を作るのかや何を解決したいのか**を定義したり、できあがったものが**便利に使えるか**

[※2]　一度に2つ以上のリクエストを処理してはいけない場合に、片方を処理待ち状態にしたり、エラーを返したりする制御のこと。

どうか、あるいは**面白いかどうか**などを評価したりすることは自動テストにはできません。

たとえば、**プロトタイプシミュレーション**では、開発者とステークホルダーとの間でこれから作るものについて共通の理解を持つことを確認しながら、作ろうとしているものの方針について議論したり、それによって課題が解決できそうかどうかを議論したりします。**ワークフローユーザビリティテスト**では、ユーザーができあがったソフトウェアを使って実際のワークフローをどれだけ効率よくこなせるかを評価します。また、**探索的テスト**はもっと広い範囲で問題を見つけることを目指します。

このように、プロダクトが本当に使いやすいか、あるいはユーザーの問題を解決できるかといった定性的な問題に答えを出すのは、引き続き人間の仕事になります。もちろん、場合によっては**A/Bテスト**のような手法を使い、機械的に収集したデータをもとに判断することもあるでしょう。

1-2　どのテストを自動化したいのか

さて、冒頭で述べたとおり、本書を手に取られた皆さんは、程度の差はあれど「テストを自動化したい」と考えていることでしょう。一方で、前節で説明したように、世の中には目的に応じた様々な種類のテストがあります。自動化にあたっては、どのような種類のテストを、どのような目的で自動化するのか、よく考えて臨むようにしましょう。

1-2-1　自動テストがなかったら

読者の皆さんの認識を合わせるために、まずは**自動テストがないチーム**の話をしておきたいと思います。世の中には、自動テストがあって当たり前のチームもあれば、そうではないチームもあります。自動テストの価値をきちんと理解するために、まったく逆の例を見て、想像するところから始めましょう。

テストを自動化しようと考えたとき、まず最初に検討するのは**リグレッションテスト**です。このテストは、バグ修正や機能追加後に、それまでは正常に動作していた機能が停止する、いわゆる「先祖返り（リグレッション）」を防ぐために行います。

この種のテストは、その性質上、**どこかを変える**たびに実施する必要があります。また、変更の影響範囲が極めて限定的で、かつ特定できているようなケースでない限

りは、基本的にすべてのテストケースを実行することが求められます。また、テストケースは、新しい機能を作ったり変更したりするたびに追加・変更する必要があり、それでいて、毎回大きく項目が変わるわけではありません。

　こうしたテストを手動テストで実行していると、どうなるでしょうか。まず、テストケースは増え続けます。テストのスコープ（範囲）は常にシステム全体です。ビジネスが発展し、機能が増え、システムが複雑になればなるほど、リグレッションテストの負荷は爆発的に高まります。

　一方で、開発のスコープは常に限定的です。たとえば、新しい機能を作るのであれば、新機能に関するコードを書いたり、既存機能と関係するコードを編集したりするだけで済みます。

　既存機能に対するテストが手動テストに依存してしまっていると、次の式のように、開発とテストの労力は常に不均衡な状態になります（図1-3）。

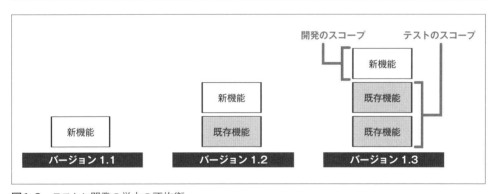

図1-3　テストと開発の労力の不均衡

　この不均衡を解決できないまま開発を進めると、既存機能のすべてがきちんと動作することをテストするのが、事実上不可能になるタイミングが訪れます。そうすると、変更の影響範囲をつぶさに調べ上げ、テストする範囲を絞ったり、テストのための工数や人員を確保したりすることが必要になってきます。テスターの仕事が「テストして、自信を持ってリリースする手助けをする」ことから、社内調整やマネジメントに変わってしまいます。そして、たいていの場合、テストしていないところに限ってバグが出てしまうものです。

　また、開発者も大変です。テスターがテストしてくれるのを待っていたら、作ったも

27

のが正しく動作するのかどうかさえわかりません。その間にも他の開発案件は舞い込んできます。新たな案件に対応している最中にテスターからバグ報告が上がってきて、対応に追われます。そうこうしているうちに開発案件は遅延し、リリースは延期されます。プロジェクトマネージャーからは「次のリリースにこの機能を追加してくれないか」などとねじ込まれます。そして、たくさんの新機能がなし崩し的にリリースされます。ユーザーはたくさんのリリースノートに一瞬興奮するかもしれませんが、同時にたくさんのバグ報告も上がってくるでしょう。そして、リリースでの変更箇所が多すぎるため、バグの原因となった変更箇所を特定するのは非常に難しくなります。

　要約すると、開発とテストの労力の不均衡を解消しないままだと、以下のような流れでリリースプロセスが徐々に肥大化し、悪影響につながります。

1. プロダクトの成長とともに、テストの手間は増えていくものです。特にリグレッションテストの手間は爆発的に増えていきます
2. テストの手間が増えてくると、テストや、それによって見つかったバグの修正のために時間や工数を十分に確保しなければなりません。これを仮に「リリースプロセス」と呼ぶことにします
3. リリースプロセスが長いと、一度のリリースにたくさんの機能を乗せる可能性が高くなります。別の言い方をすると、一度のリリースでの機能追加や変更がこれまでより多くなります
4. 一度に多くの機能を追加したり変更したりすると、バグを引き起こす可能性や、バグの原因となった箇所の特定が難しくなります
5. バグの原因となった箇所の特定が難しいと、リリースの延期や、本番障害からの復旧時間の長期化につながります

1-3　自動テストの目的

　自動テストは、このような開発とテストの労力の不均衡を解消するためにあります。ある機能を開発・修正した際に必要となるテストは、常にその影響範囲に対するテストコードを修正すれば済みます（図1-4）。

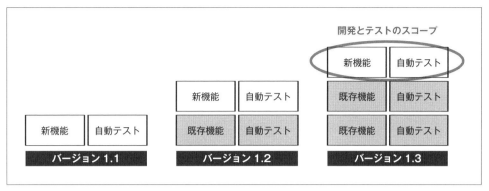

図1-4 開発とテストのスコープは常に同じになる

そうすると、少なくともリグレッションテストにおける自動テストの目的とは、成長し続けるプロダクトを**安全にリリースできる状態を、持続可能なコストにキープし続ける**ことだとわかります。プロダクトの成長に応じて、テストの量が肥大化するのは避けられません。これらを現実的で効果的な量に押さえていくのもまた、テスターや品質保証（Quality Assurance：QA）担当者の腕の見せどころですが、人手だけに依存したままでは、どこかで限界を迎える可能性が高いでしょう。自動テストは、この限界を取り払い、安全なリリースを支え続ける強力な武器になり得るのです。

1-3-1 自動テストは開発者を助けてくれる

自動テストのメリットはこれだけではありません。特に開発者にとっては、自動テストを書くことで**テストからフィードバックを素早く受けられる**ようになります。

自動テストは、自分たちが**今まで作ってきたものが、今も正しく動いている**ことを、いつでも教えてくれます。自分で手動テストしたり、テスターにテストしてもらったりするのを待つ必要はありません。自分の開発環境や、ステージングなどの検証環境で実行して、しばらく待てば検証結果を得られるでしょう。

同時に、それぞれの機能が**どのように動くのか**も教えてくれます。コードを読むのに慣れている開発者でも、ソフトウェアが本来どのように動作すべきか、どのように動くと想定されているのかは、コードを読むだけでは理解できないことがあります。これらは仕様書や、あるいは実際に動いているものを使ってみることで理解できますが、テストコードを読むことでも同様に理解できます。

ユーザーやテスターなど、ソフトウェアを使う側が暗黙的に期待している動作（「ちゃんと動く」など）が、きちんと具体的な期待値とともにテストコードとして表現

されている状態を作り出せることも、自動テストがもたらすメリットの1つです。もちろん、このような状態は、手動テストのシナリオを厳密に作成しても実現可能ですが、自動テストはそれが**実行可能**という点に大きな特徴があります。自動的に検証が完了するというだけでなく、継続的に実行されることにより、**常にアップデートされ続けている**ことには大きなメリットがあります[※3]。

たとえば、第2部で利用するサンプルアプリケーションのユーザーストーリー[※4]の一部を紹介します[※5]（**図1-5**）。ただ単にユーザーストーリーとして書かれているだけではなく、それが実行可能な状態になっており、常にアップデートされていることが保証されています。なおかつ、テストの中身を読めばすぐにその機能の詳細がわかるようになっています。

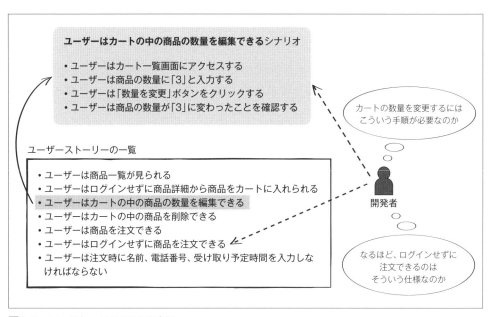

図1-5　ユースケースのリストになる

［※3］　常にアップデートされていることのメリットが想像できない場合、たとえば、最終更新日が3年前の仕様書をベースに仕様を変更する状況の過酷さを想像してみましょう。
［※4］　アジャイル開発でよく使われるユースケースの書き方。あるロールの人が、そのプロダクトを使ってどのようなことができるか、という形式で記述します。
［※5］　第2部では、これらのユーザーストーリーをもとに自動テストのコードを書いていきます。

1-4　手動テストと自動テストのギャップ

さて、ここまで読んで、「一刻も早くすべてのテストを自動化しなければ！」と思ってしまう方もいるかもしれません。しかし、もう少しだけ待ってください。テストに様々な種類や目的、アプローチがあったように、自動テストにも特徴があります。言い換えれば、手動テストと自動テストとの間には様々なギャップがあり、ただ手動テストを自動化しただけではうまくいかないことも多いのです。

1-4-1　手動テストがやっていること

手動で行うリグレッションテストでは、暗黙のうちにいろいろなことをテストしていることがよくあります。先に出てきた例のように「何か気づいたことがあったら教えてくれ」と言われなくても、テスト中はついつい細かな変化に気づいてしまうものです。ちょっとした画面レイアウトの崩れ、使い勝手の変化、気になる挙動の変化、バグの兆候などです。

テスター、あるいはテストの大きな責務の１つは「バグを見つける」ことです。しかし、一口に「バグを見つける」といっても、そこには大きく分けて２つのアクティビティが存在します。

1. システムが想定どおりに問題なく動くか
2. 仕様に書かれていなかったり、想定していなかった動作はないか

この２つは**Testing vs. Checking**や**Checking vs. Exploring**のように呼ばれることがあります。つまり、想定どおり正しく動くことの**確認**と、未知の動作を見つける**探索**を、多くのテスターたちは暗黙のうちに実施しています。

1-4-2　自動テストは気づいてくれない

リグレッションテストは、頻繁に実行されたり、開発とともにテストケース数が増大したり、毎回同じ項目をテストしたりと、いかにも自動化に向いていそうなテストに見えます。しかし、実はテスターたちがリグレッションテストで調べているのは、機能が正しく動くかどうかだけではありません。リグレッションテストのテストケースを実施する過程で、パフォーマンスの劣化や、人によってはアクセシビリティのリグレッ

ションに気づくこともあるでしょう。

　一方、自動テストは基本的に言われたことしか実行してくれない**一番頭の固いテスター**です。同じテストシナリオを使っていても、ヒューマンテスターがそれまで暗黙のうちに行っていたテストは実行してくれません。手動テストのテストケースをただ自動化しただけでは、テストの品質は落ちてしまうでしょう。

　たとえば、ユーザーインターフェースのテストをするとしましょう。以下のコードは、Webサイトにアクセスし、リンクをクリックして、ページに特定のメッセージが表示されていることを確認するものです。このコードは第2部で使用する「CodeceptJS」というフレームワークで記述しています。

```
I.amOnPage('https://example.com')
I.click('About')
I.see('About this site')
```

　このコードは動作しますが、画面レイアウトの崩れなどは一切検知しません。人間の目で見れば一目瞭然のバグも、この自動テストコードはまったく気づいてくれません。

　また、もしかしたら2行目でクリックしているリンクが文字から画像に変わっているかもしれません。そうした場合も、人間の目ならテストを続行できますが（それがよいことなのかどうかはさておき……）、自動テストであれば失敗してしまいます。

　一般的に、自動化のスコープとされる範囲は、機能テストのうち、期待値が明確で、再現性が高い部分です。そうでない部分、たとえば実行するたびに結果が変わり得るようなテストや、期待値があいまいなものは自動化の対象とはなりません。

　「自動テストは開発者を助けてくれる」の項目で書いていたように、自動テストはそれぞれの機能がどのように動くのかを**具体的**に教えてくれますが、一方で、あいまいな期待をしていた部分は自動化できません。手動テストの項目を自動化した際にテストの品質を落としたくないなら、手動テストに期待していた観点をよく整理してから、**「何が自動化されるのか」**を詰めていく必要があるでしょう。

　「何をテストするのか」「どのような目的でテストするのか」「どのようなアプローチでテストするのか」などを考えるアクティビティとして、**テスト分析**、**テスト設計**と呼ばれるものがあります。これらは第3章でもう少し詳しく説明します。

1-4-3　実行サイクルの違い

　もう1つのギャップとして、実行サイクルの違いがあります。「自動テストは開発者を助けてくれる」の節で、自動テストは**いつでも**フィードバックをもたらしてくれると書きました。しかし、テスターによる手動テストの結果を待たないといけなかったのは、単にテスターの人数が限られていたからでしょうか。

　ここで、V字モデルを紹介しましょう。V字モデルとは、システム開発のそれぞれのアクティビティに対して、対応するテストレベルをV字型に並べたものです（図1-6）。

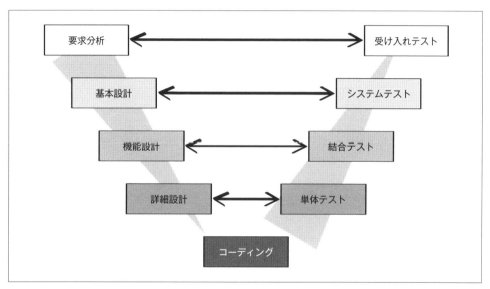

図1-6　V字モデル
出所：Wikipedia「Vモデル」（https://ja.wikipedia.org/wiki/Vモデル）をもとに作成

　横向きの矢印は、要求分析や設計を含めた開発のアクティビティと、それぞれのテストレベルが相互に対応していることを表しています。たとえば、要求分析によって得られたユーザー要求は、そのまま「受け入れテスト」と呼ばれるテストのテストケースを作成する材料として利用できます。

　しかし、受け入れテストが実際に実行できるのはV字の流れの最後、つまりリリースの直前となります。開発のアクティビティとテストのアクティビティは時系列に大きなギャップがあります。テスターが関わるのは、多くの場合、システムテスト以上のテストレベルでしょう。つまり、V字の上方、テスターが行っていたテストをただ自動化しただけでは、開発者の助けになる**素早いフィードバック**は得られないことにな

ります。自動だろうと手動だろうと、フィードバックのタイミングが遅いままでは開発者にとっては大した違いはありません。

しかし、V字の上方にいけばいくほど、理想的な自動テストを構築するのは容易でなくなります。上に向かうほどシステムの結合度は高く、複雑で、環境構築などの手間がかかります。

1-5　素朴なテスト自動化

手動テストのテストケースをただ自動化しただけでは、テストの品質は落ち、開発者の助けにもならないということがわかってきました。筆者はこのようなテスト自動化を「**素朴なテスト自動化**」と呼んでいます。「素朴な」ではなく「安直な」などと言い換えてもよいでしょう。

素朴なテスト自動化の状態では、手動テストと自動テストの悪いところ取りになります（**表1-1**）。手動テストにあった柔軟で発見的だったテストは厳密で保証的なものになり、それでいて開発者を助けるような高頻度な実行サイクルは実現できません。

表1-1　手動テストと自動テストの比較

	手動テスト	素朴なテスト自動化	開発を支える自動テスト
実行サイクル	リリースサイクル	リリースサイクル	開発サイクル
頻度	少	少	多
実行手順	柔軟	厳密	厳密
検証方法	発見的	保証的	保証的

手動テストと自動テストのギャップをよく理解して、このような素朴なテスト自動化に陥るのを回避し、開発者を支える自動テストを構築するのが、ゴールになるでしょう。

まとめ

この章では、自動テストの目的を次のように定義しました。

安全にリリースできる状態を、持続可能なコストでキープし続ける

また、自動化の注意点として、以下のような点を取り上げました。これらを改善しないままの自動化は手動テストと自動テストの悪いところ取りの「素朴なテスト自動化」に陥りやすいことを説明しました。

- 手動テストのテストケースをただ自動化しただけではテストの品質は落ちる
- 自動化しただけではリリースサイクルは縮まらない（V字そのものの改善にはならない）

逆に、開発を支える自動テストの特徴として、以下のような点を挙げました。

- ソフトウェアがどのように動くかを説明してくれる
- 開発者が開発中に自由に実行し、フィードバックを得られる

これらが達成できれば、開発者とテスターどちらにとってもベネフィットがあります。一方で、特に結合度の高いテストレベルにおいては、こうした自動テストの構築には多くのハードルがあります。本書全体を通じて、これらのハードルを乗り越え、理想的な自動テストを構築していきましょう。

第2章 | 開発を支える自動テスト

　第1章では、テストが様々な目的を持つこと、自動テストのベネフィット、そして自動テストと手動テストのギャップについて解説しました。自動テストは開発を支えてくれますが、ただ手動テストを自動化しただけでは、開発を支えるものにはなりません。

　そこでこの章では、開発を支える自動テストが具体的にどのようなもので、どのように開発を支えてくれるのかなどについて詳細に説明します。また、品質保証などソフトウェア開発の一部分のみにしか関わった経験のない読者の方のために、一般的な開発の流れなどについても簡単に説明します。

2-1　一般的な開発の流れ

　まずは、Webアプリケーション開発などでよく使われる開発の流れを説明しておきます。

2-1-1　Gitを用いたバージョン管理

　ソフトウェアの開発をしていてうまく動作しなくなったとき、以前の状態に戻したいことがあります。また、複数人で1つのソフトウェアを開発しているとき、開発中はそれぞれの編集内容を分けて管理しておき、最後に1つにまとめることがあります。そういったときに使われるのが「バージョン管理ツール」です。これは読んで字のごとく、ソフトウェアのバージョンを管理するためのものです。よく利用されているのは**Git**というツールです。

- **Git**
  https://git-scm.com/

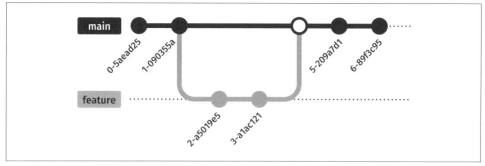

図2-1　Gitのブランチ

　Gitには**ブランチ**というものがあります（図2-1）。何か新機能を作ったり、バグを直したりするときは、メインとなるブランチ（デフォルトでは「main」ブランチ）からコードを派生させた**機能（feature）ブランチ**を作って、その中で開発を進めます。

　コードの追加・変更が一通り終わったら、この機能ブランチをメインブランチに**マージ**する必要があります。マージとは、機能ブランチとメインブランチの間の差分だけをメインブランチに取り込むことです。

　機能ブランチの中での変更や、メインブランチへのマージなどは、**コミット**という単位で表されます。これによって、たとえばバグがどのコミットで混入したかを後から確かめたり、特定のコミットの時点のコードを参照したりします。

　これがGitの基本的な考え方[※1]です。Gitは多彩な機能を持つツールで、ここで紹介したもの以外にも様々なことができるのですが、開発の流れをつかむ上では、本書で紹介した内容を理解できていれば十分でしょう。

2-1-2　GitHubを用いたチーム開発

　Gitを利用して開発する際は、**GitHub**などのサービスを併用するのが一般的です（図2-2）。これは、Gitの基本機能に加え、コードレビューや課題管理など、チーム開発に必要な機能をサポートするものです。

- GitHub
  https://github.co.jp/

[※1]　正確には、これは「git-flow」というブランチモデル（ブランチの管理手法）を用いた開発の流れです。Gitは柔軟なツールで、ここで紹介した以外にも様々なブランチモデルがあります。本書では一番わかりやすいgit-flowを例に取り上げていますが、最近ではトランクベース開発と呼ばれる、よりシンプルなモデルもよく使われています。

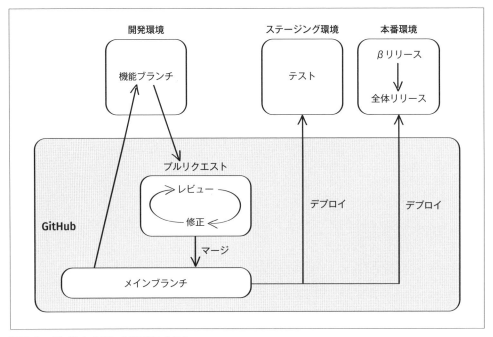

図2-2　GitHubを用いた開発サイクル

●プルリクエストとコードレビュー

　たとえば、機能ブランチをメインブランチへとマージする前に、他のチームメンバー
からのコードレビューを受けるとします。この際、**プルリクエスト**というものを
GitHub上で作成します。**図2-3**は、筆者が自動テストフレームワークCodeceptJSに
プルリクエストを送信したときのスクリーンショットです。

図2-3　GitHubのプルリクエストの例

　プルリクエスト上には、機能ブランチでどのような変更が行われたのかを確認したり、特定の変更箇所について質問したり、レビュワー側から変更をリクエストしたりする機能があります。図2-4のスクリーンショットでは、CodeceptJSの制作者Davert Mik氏がコードの変更点にコメントをし、筆者が指摘事項を修正しているのがわかります。

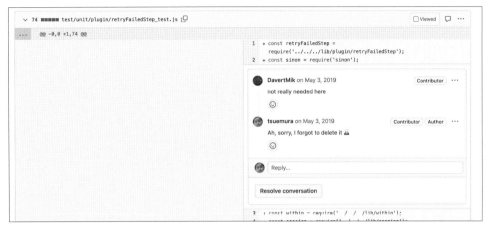

図2-4　プルリクエスト上でコードをレビューする例

　レビューと、指摘事項の承認が終わると、レビュワーが承認し、機能ブランチの内容をメインブランチにマージします。これでプルリクエストは完了です。

　複数人で開発する場合、これらの一連の流れを複数人で同時並行的に繰り返すことになります。

2-1-3　デプロイとリリース

　リリース予定のすべての変更が終わったら、この変更を本番環境に**デプロイ**します。デプロイとは、本番環境に現在のコードを反映させることです。デプロイで実際にどのようなことが行われるのかは、アプリケーションのインフラストラクチャーと呼ばれる、サーバーやネットワークなどの構成によって異なります。たとえば、1つの物理的な社内サーバーで運用している場合は、コードを最新のものへと差し替える作業になるでしょう。クラウドを利用している場合、新しいマシンイメージからサーバーのインスタンスを作って、古いインスタンスと差し替えたりするかもしれません。また、データベースへの新しい列の追加なども、このタイミングで行います。

　すぐに本番環境にデプロイしてしまうこともありますが、多くの場合は**ステージング**

環境という本番相当の環境を用意しておいて、ここで最終確認をした上で本番環境にデプロイします。テスター・QAエンジニアのような役割の人はこのタイミングでテストをすることが多く、自動化するテストもこの段階で実施することが多いでしょう。

　場合によっては、デプロイとリリースを分けていることもあります。つまり、変更後のコードを本番環境に反映させた後、**フィーチャートグル**というスイッチを使ってリリース範囲を切り替えることがあります。

　たとえば、デプロイした後、社内でまず試しに使ってみたり、一部のユーザーにのみ公開して反応を見たりすることがあります。これらは**αテスト**や**βテスト**のように呼ばれることがあります。十分にテストができたら、全体向けにリリースします。

2-1-4　開発サイクルとリリースサイクル

　開発とデプロイ、リリースは一連の作業にも見えますが、実は少し異なっています。あくまで筆者のイメージにはなりますが、開発サイクルは内側のサイクル、リリースサイクルは外側のサイクルになります。開発が一通り終わってから、リリースのサイクルに入ります（**図2-5**）。

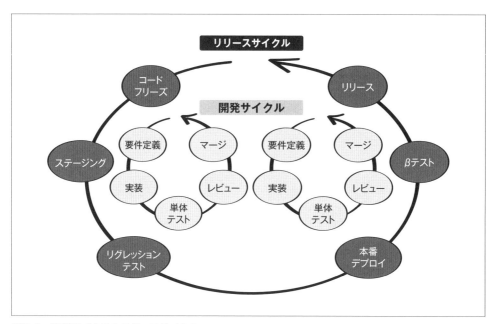

図2-5　開発サイクルとリリースサイクル

開発が一通り終わり、デプロイ予定の変更内容を確定させ、他の変更が入らないようにします。これを「コードフリーズ」と呼びます。Git を利用している場合は、リリース用のブランチを作成したり、特定のコミットにバージョンのタグを付けたりすることが多いでしょう。

開発サイクルとリリースサイクルのフェーズは以下のようになっています。

- **開発サイクル**：ローカル環境での開発からマージまで
- **リリースサイクル**：コードフリーズからリリースまで

リリースサイクルの中では様々なテストが行われます。第1章で説明したような**リグレッションテスト**が行われることもあるでしょう。β 版の機能であればクローズド β、オープン β テストをしたりすることもあるでしょう。デプロイやリリースの前後を問わず、様々なテストがここで行われます。

そうしたテストを含むデプロイ・リリースのサイクルと並行して、次のバージョンの開発はどんどん進んでいきます。もちろん、開発しなければデプロイもリリースもされませんが、かといって完全に同期しているものでもありません。

2-1-5　開発を支える素早い自動テスト

ここで、自動テストの話に戻りましょう。第1章はV字モデルを使って実行サイクルの説明をしましたが、ここでは開発とリリースのサイクルの違いを用いて説明します。

テスターがテストを行うタイミングは、多くの場合リリースサイクルの中、本番へデプロイする直前あたりになります。つまり、このタイミングでリグレッションを含めたバグを見つけると、開発者はもう一度開発サイクルの部分をやり直さなければいけません。もちろん、コードに変更が加わったので、場合によってはテスター側もテストをやり直さないといけないでしょう（図2-6）。

このテストがそのまま自動化されたとしても、テストがリリースサイクルの中にあることには変わりがありません。これが、第1章で「素朴なテスト自動化」と表現されていたものです。開発者がリズムよく開発を進めていくためには、開発サイクルの中でテストが実行されていなければいけません。

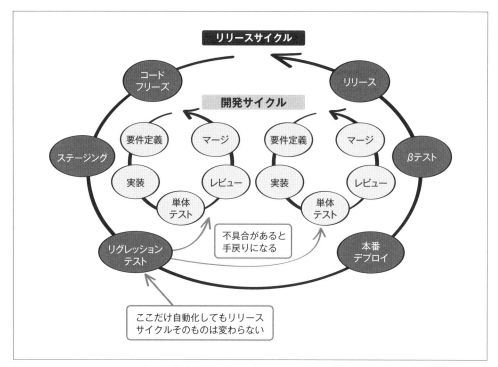

図2-6　リリースサイクルの中での自動化は手戻りを招く

　もし、あなたがテスターで、リリースサイクルの中でのテストを主に担当しており、それを自動化したいと思うならば、こうしたサイクルの違いをよく理解しておく必要があります。

　また、リリースサイクルの中のテストを自動化する場合、テストコード自体のメンテナンス性にも問題を抱えることがあります。これらについてはこの章の「2-4　アンチパターン：腐りやすいE2Eテスト」で説明します。

2-2　テストに支えられた開発サイクル

　それでは、もし理想的な自動テストがあった場合、開発サイクルはどう変わるのでしょうか。ここでいう「理想的な自動テスト」とは以下のようなものを指します。

- 十分に高速
- 安定している
- 開発サイクルの中で実行できる

また、ここでは自動テストと非常に深い関わりがある、**継続的インテグレーション**（Continuous Integration：**CI**）ツールについても触れます。

2-2-1　何を作るかを考える

開発というと、ソフトウェアの実装部分をイメージしがちですが、実装に入る前には**これから何を作るか**あるいは**これから何を変えるか**を考えます。これらは、**要件定義**や**仕様書**という形になる場合もありますし、アジャイル開発の場合は**プロダクトバックログアイテム**（Product Backlog Item：**PBI**）と呼ばれる、機能の概要や変更点をシンプルに表したものになるでしょう。以降はこれらを総称して**チケット**と呼ぶことにします。

チケットを書くときは、どうしても「何をどう変えたいか」ということに着目してしまいがちですが、実は最も重要なのは**受け入れ条件**（Acceptance Criteria）を決めることです。

たとえば、バグフィックスであれば「現在はどのように動いているか」「どのように動けば『バグが直った』とみなせるのか」を具体的に考えておきます。新機能の開発であれば、どのような機能を作り、ユーザーがどのような操作をできるようになれば、その機能開発が「完了」とみなせるかを具体的に定義します。

2-2-2　実装とテスト

受け入れ条件が明確になっていると、その機能をどうテストすればよいかがわかります。別の言い方をすると、受け入れ条件は**最もハイレベルなテストケース**と言い換えることもできます。

機能を実装すると同時に、受け入れ条件を満たすことを確認できる**自動テスト**も一緒に実装していれば、作ったものが受け入れ条件を満たしていることをコードレベルで保証できるようになります。同時に、仕様が変更されない限りは、その受け入れ条件が自動テストで恒久的に担保されている状態を作れるようになります。

受け入れテスト駆動開発（ATDD）

　本書では、受け入れ条件をもとにしたテストを核にして開発を進める手法を紹介していますが、これをより洗練させたものを**受け入れテスト駆動開発**（Acceptance Test Driven Development：**ATDD**）と呼びます。ここでは総称して**ATDD**と呼称します。

　ATDDは、受け入れ基準を定義した後、機能の実装を進める**前**にテストケースの作成と自動テストコードの記述を行い、その後でそのテストが成功するように機能の実装を進めていくやり方です。

　受け入れ基準も含めて自動テストの一部として扱うのが特徴的で、代表的なフレームワークである**Gauge**（https://gauge.org）では、以下のようなMarkdown形式のドキュメントで受け入れ基準（＝仕様）を記述します。

```
# 検索機能の仕様

Tags: 検索 , 管理者

管理者ユーザーは、検索ページで利用可能な製品を検索できる。

## 検索成功

Tags: 成功

既存の製品名については、検索結果に製品名が含まれる。

- ユーザーは "admin" としてログインしている
- 製品検索ページを開く
- "Cup Cakes" という製品を検索する
- "Cup Cakes" が検索結果に表示される

## 検索失敗

存在しない製品名を検索すると、検索結果は空になる。

- ユーザーは "admin" としてログインしている
- 製品検索ページを開く
- "unknown" という製品を検索する
- 検索結果は空になる
```

　このMarkdownの各行に対応するテストスクリプトを書くと、自動テストとして実行できるようになります。受け入れ基準の作成から自動テストの実行までを一連の流れとして実施できるのがGaugeなどのATDDフレームワークの強みです。

　ATDDの採用にかかわらず、受け入れ基準は、実装に着手する前にテスト可能なレベルまで具体的にしておくのが理想的ですが、ATDDはこの運用をより厳格にします。つまり、受け入れテストを書かないと実装が始められないので、受け入れ条件をテスト可能にしておくのは実装に着手するための必須要件になります。

2-2-3　自動テストをローカル環境で実行する

　新機能の実装や修正において、既存のコードをまったく変えないということはまずあり得ません。そのため、コードのどこかを変更したら、これまでに書いた自動テストをまずローカル環境で実行します。すべてのテストケースがパスしたら、少なくとも自動テストが確認できる限りでは「何も壊れていない」ことになります。もし、自分の書いたコードが読みにくいなと感じたら、テストがパスする限りは自由に変更できます。

　開発者は、自分が何も壊していないことに自信を持って開発を進め、コードをGitHubなどのリモートリポジトリに送信し、プルリクエストを作ります。

2-2-4　プルリクエスト、コードレビュー、CI

　すでに説明したように、プルリクエストを作成したらコードをレビューします。ここで、レビュワーからの指摘事項やアドバイスをもとに修正をしていきますが、このときもやはり自動テストが活躍します。

　また、多くの場合、このタイミングからCIツールが登場します。CIツールはプルリクエストなどに対して自動テストや静的解析などを自動的に実行してくれます。CIによるチェックと、レビュワーからの承認が得られたら、メインブランチにマージします。

2-2-5　デプロイとリリース

　変更をメインブランチにマージしたら、CIツールがまずメインブランチに対して自動テストを実行します。メインブランチには複数人の変更が入るので、それによって

何かが壊れている事態も考えられるためです。その後、CIツールはメインブランチの内容を自動的にステージング環境にデプロイしてくれます。

いくつかのテストは、このタイミングでしか実行できないでしょう。ステージング環境は本番環境にできるだけ近い検証用の環境です。この環境でしか実行できないテストは、いわば「最後の砦」となります。デプロイやリリースの前後にトリガーされるテストについても、CIツールが自動的に実行してくれます。

繰り返しになりますが、このタイミングでしか実行できないテストが多すぎると、このタイミングで見つかるリグレッションが非常に多くなってしまい、開発のリズムを崩したり、デプロイやリリースの期日を延ばしたりすることにつながります。

2-2-6　自動テストをいつでも実行できるメリット

自動テストがどのように開発を支えるのか、何となくイメージがつかめてきたでしょうか。開発の最中からコードレビュー、デプロイまで、様々なタイミングで継続的に自動テストが実行されることで、開発者は要所要所でバグやリグレッションを検出できます。

テストというと、どうしても品質保証のアクティビティの1つとして思われがちですが、開発サイクルの中で行われるテストは、開発者にも多くのメリットをもたらします。

代表的なのが「内部構造を自由に変えることが可能になる」ことです。これは**リファクタリング**と呼ばれる活動において実感しやすいメリットの1つです。リファクタリングは、読みにくかったり、拡張が困難になっているコードを改善する活動ですが、もともとの振る舞いを変えないように気をつける必要があります。

いかにプロのソフトウェアエンジニアといえど、いつでもよいコードが書けるわけではありませんし、書いた時点ではよいと思っていても、それがいつまでもよいコードのままであるとは限りません。市場やビジネスのニーズの変化により、提供すべき製品も変わります。提供すべき製品が変われば、よいコード、よいアーキテクチャの基準も変わります。

よくある例ですが、プロダクト側で「Doll」という名前だったものを、あるときマーケティング上の都合で「Figure」に変えたとしましょう。このとき、コードの中で使われているDollをFigureにすべて変更したほうが、長期的に見てコードは読みやすくなるでしょう。しかし、その変更が何かを壊してしまう可能性があるなら、このような変更はしないほうがよい、という判断になるかもしれません。

開発サイクルの中で自動テストが実行されていると、こうした**開発者のための**変更がやりやすくなります。コードベースをきれいで理解しやすく拡張性の高い状態にキープし続ければ、コード量が多くなっても開発の生産性を保ち続けられます。

2-3　自動テストは「どう動くのか」を説明してくれる

自動テストは、バグを防ぎ、安全な変更を支えられるということを説明しましたが、メリットはそれだけではありません。自動テストは、アプリケーションが**「どう動くのか」**を説明してくれる、優秀なドキュメントにもなり得ます。いくつかの例を紹介しましょう。

2-3-1　単体テストでの例

イメージをつかむために、まずは単体テストの例を見てみます。単体テストとは、関数やメソッドなど、単体と呼ばれるプログラムの中の小さなパーツに対するテストと考えてください。

たとえば、以下のような消費税計算をする関数に対するテストを考えましょう。税抜の値段priceと税率rateを渡すと税込み額が返ってきます。100円の商品に対して10%の税額がかかる場合、110円になります。

```
calculateTax(price: 100, rate: 0.1) == 110
```

あなたはこのcalculateTaxの開発には関わったことがありませんが、この関数を使った別の機能を開発する必要があります。その過程で、以下のような疑問を持ちました。

- 0以下の値段を渡すとどうなるのだろう？
- マイナスの税率を渡すとどうなるだろう？
- 端数が出る場合はどうなるのだろう？

ここで、単体テストがないと、以下のようにそれぞれのテストについて手動で確認しなければいけません。

```
> calculateTax(price:0, rate:0.1)
> InvalidArgumentError('price は 1 以上にしてください')

> calculateTax(price:0. rate:-0.1)
> InvalidArgumentError('rate は 0 または正の数にしてください')

> calculateTax(price:10, rate:0.5)
> 11 // 切り上げられている

> calculateTax(price:10, rate:0.4)
> 10 // 切り捨てられている、つまりこの関数は四捨五入
```

　しかし、これらを単体テストにしておけば、テストを読めばどのような挙動になるのかわかります。

```
test('税込みの金額を返す') {
  assert(calculateTax(price:100, rate:10)).expect(110)
}

test('金額が 0 ならエラー') {
  assert(calculateTax(price:0, rate:0.1)).expect(InvalidArgumentError)
}

test('税率がマイナスならエラー') {
  assert(calculateTax(price:100, rate:-0.1)).expect(InvalidArgumentError)
}

test('端数は四捨五入される') {
  assert(calculateTax(price:10, rate:0.5)).equal(11)
  assert(calculateTax(price:10, rate:0.4)).equal(10)
}
```

　このように、単体テストは特定の関数やメソッドがどのように動くのかを実例とともに示してくれます。今回の例では、「金額が0だとエラーになります。たとえば金額が0円、税率が0.1だとInvalidArgumentErrorというクラスのエラーが発生します」という意味合いを、コードで説明しています。
　具体例で説明してあると、calculateTaxの実装についてコードをわざわざ読み返さなくても、どのような動きをするのかがひと目でわかります。

2-3-2　E2E テストでの例

次に、E2E テストでの例を見てみましょう。E2E テストでは、ある画面がどのように ユーザーに使われるかが、具体的にコードとして記述されます。

ログインの画面なら、**ログインの際にメールアドレスとパスワードが必要である**ことや、**どちらかが間違っている場合にはログインできない**ことなどが書かれているでしょう。あるいは、商品の購買画面であれば、**カートの中身が空だと決済画面に進めない**、**決済画面でカート内の数量を変更できる**、といったことが書いてあります。

E2E テストが説明してくれるのは、ユーザーが完成したシステムをどう使うか、つまり具体的なユースケースです。これは、たとえば仕様書やユーザーストーリー、あるいはユーザー向けのチュートリアルのようなものに近い形となるでしょう。また、自動テストであるため、実行可能なレベルで具体的に書かれており、もちろん実際に動きます。

2-3-3　テストは振る舞いの具体的な例

単体テストも E2E テストも、それぞれのテスト対象がどのように動くのか（振る舞い）を具体的に説明するドキュメントとして動作しています。新たに入った開発者がコードの動きを追う際に、このような具体例があると理解がスムーズに進みます。

仕様変更や機能追加などでシステムの振る舞いが変わるときには、仕様書やユーザーマニュアルも同時にメンテナンスすることになります。それと同じく、テストはソフトウェアの振る舞いが変わったときにだけ失敗し、メンテナンスを促します。

改めてまとめると、自動テストは開発者を以下のような形で助けてくれます。

- 意図せぬ変更から守ってくれる
- ソフトウェアの振る舞いの理解を促してくれる

2-4　アンチパターン：腐りやすいE2Eテスト

さて、ここまでの説明を踏まえて、E2E テスト特有の事情に移りましょう。E2E テストは、一般的に以下のような弱点があるとされています。

- アプリケーションの変更に対してテストが追従しない
- 頻繁なメンテナンスが必要になる

これらについて、原因を探っていきましょう。

2-4-1　開発サイクルの中で実行されない

まずは、「**アプリケーションの変更に対してテストが追従しない**」原因を説明します。すでに述べたとおり、E2Eテストはシステムが完全に統合されるまで実行されません。統合されるタイミングが開発サイクルの外、つまりリリースサイクルの側にあると、リリース直前までシステムのE2Eレベルの振る舞いが変更されたかどうかがわからないということになります。

この段階でバグやリグレッションが発見された場合、開発者はもう一度開発サイクルを**やり直す**必要があります。つまり、機能ブランチを作って、コードレビューを受け、メインブランチにマージして、ようやくE2Eテストからのフィードバックを受けられます。

逆に、E2Eテストコードが最新の振る舞いに追従しているかどうかも、このタイミングでしかわかりません。この場合もE2Eテストを更新し、改めて実行し直す必要があります。

リリースサイクルの中ではなく、開発サイクルの中でもE2Eテストが実行され、メンテナンスされていれば、開発者は自分たちの変更がシステムレベルの振る舞いを変えていないこと（または、変えていること）をチェックした上で開発を進められます。

2-4-2　振る舞いをテストしていない

次に、「**頻繁なメンテナンスが必要になる**」原因について説明します。度々書いていますが、自動テストはソフトウェアの振る舞いをテストするものです。内部構造をテストするものではありません。E2Eテストの場合は、ユーザーがUIを用いて観測可能なシステムの振る舞いを指します。

この**UIを用いて**という部分がやっかいです。たとえば、あるWebページにフォームの送信ボタンがあるとしましょう。

```
<form>
  <input type="text" placeholder="名前" />
  <input type="text" placeholder="会社名" />
  <input type="number" placeholder="年齢" />
  <input type="submit" value="送信" />
</form>
```

このフォームをクリックするためのコードを、以下のように書いたとします。

```
findElement('input[type="submit"]').click()
```

このコードは動作しますが、壊れやすいものになっています。たとえば、実装側の都合でtype="submit"を削除した場合に、このテストは失敗してしまいます。

また、ユーザーはあくまで「送信」というラベルを頼りに探しているのですから、type="submit"という内部的な値に依拠して要素を探すのは不自然です。そこで、次のようにテストコードを書き換えてみます。

```
findElement('input[value="送信"]')
```

このコードも、一見するとユーザー目線で「送信ボタン」を探しているように見えますが、まだ不十分です。実装が次のように変更された場合、このテストは失敗する可能性があるからです。

```
<form>
  <input type=text placeholder="名前" />
  <input type=text placeholder="会社名" />
  <input type=number placeholder="年齢" />
  <button>送信</button> ←──────────── 修正
</form>
```

どちらの書き方でも、ユーザーにとっての見え方は変わりませんが、テストは失敗します。

理想的なのは、以下のような形でテストコードを書けることです。これは「ボタン」という役割を持つコンポーネントのうち、「送信」ラベルを持つものを探索するコードです。

```
findElement(role: button, label: "送信").click
```

ソフトウェアの内部構造に依存したテストを書いている限り、内部構造を変えたときにテストコードを**必ず**変更しなければならなくなります。いわゆる「ダブルメンテ」のような状態です。これはE2Eテストに限りません。

振る舞いではなく内部構造に依存したテストコードを書いている限り、リファクタリングは不可能です。「振る舞いを変えずに内部構造をきれいにする」のがリファクタリングなのですから、テストが内部構造を直接参照してしまっている限り、安全に変更することは不可能です。

2-4-3　E2Eテストの目的をどう捉えるか

前述したとおり、E2Eテストをリリースサイクルから開発サイクルの中に移動してきたり、きちんと振る舞いをテストできるようなテストコードを書いたりすることで、E2Eテストにありがちな問題を回避できます。これらをどう実現していくかは後の章でも書いていきますが、そもそもなぜリリース前にしかテストが実行できなかったのかについてもより詳しく説明しておきましょう。

E2Eテストのテスト対象は、完全に結合された状態のシステムであることはすでに説明しました。それゆえに、E2Eテストでチェックしたいものは、コンポーネントレベルのテストでは実現できないものも多いです。

たとえば、本番環境やステージング環境にしか準備されていない特定のデータを用いてテストしたいことがあります。特定の大口顧客のみ大量のデータが入っているような場合、それによるパフォーマンスリグレッションを検知するのは、E2Eテストのようなシステムレベルのテストでなければ困難でしょう。

また、開発サイクルの中に持っていきやすいように、テストコードを作り変えれば作り変えるほど、E2Eテストらしさを失ってしまうというジレンマもあります。開発サイクルの中で実行できるようにテストコード側で工夫できることとすれば、以下のようなものが挙げられます。

- テストの独立性を高め、他のテストからの影響を受けにくくする
- テストの冪等性を高め、繰り返しテストしても同じ結果が出るようにする
- 実行時間を短くし、頻繁な実行に耐え得るようにする
- 実行環境に依存する要素を減らし、様々な環境で実行できるようにする

こうした工夫を繰り返した結果、たとえばユーザーのユースケースそのものがテストされなくなってしまう、といったことも十分考えられます。あるいは、実行環境に依存する要素を減らそうとするあまり、サードパーティのツールに対する通信をモックにしてしまい、実環境でのバグに気づかないこともあります。または、冪等性や実行速

度改善のためにユーザーのワークフロー全体をテストするのをやめ、細かな画面単位のテストに切り替えたことで、リリースサイクルの中のE2Eテストでは見つけられたものが見つけられなくなってしまうといったケースも考えられます。

　そのため、環境に依存するテストや、いわゆる「最後の砦」のようにリリースサイクルの中で実行されるE2Eテストがあることそのものについて筆者は否定しませんし、歓迎します。ただし、その量が多すぎたり、逆に開発サイクルの中で実行できる量が少なすぎたりすると、バランスが悪く開発の邪魔になるテストになりやすくなります。それぞれのE2Eテストについて、開発サイクルとリリースサイクルのどちらに寄せたいものなのかを考えることが重要です。

　ちなみに、そもそもテストコードでの改善ばかりに期待せず、テスト環境を充実させることで開発サイクルの中にE2Eテストを組み込んでいくこともできます。たとえば、プルリクエストごとにテスト用の環境を用意して、その環境に対してE2Eテストを実行すれば、マージされる前にほとんどのE2Eテストを実行できるでしょう。

Column

DevOpsとCI/CD

　この章では、開発サイクルとリリースサイクルを別のサイクルとして捉えました。一方で、近年のデファクトスタンダードともいえる考え方である**DevOps**や、**継続的インテグレーション**（**CI**）、**継続的デリバリー**（**CD**）などでは、これらを一連のサイクルとして捉えています。

　DevOpsでは、要件定義やプログラミングなどの開発系の活動と、ビルドやデプロイ、リリースなどの運用系の活動をひとつながりのものとして捉えます。**図2-7**の左側が開発系の活動で、右側が運用系の活動です。かつて、別々のものとして扱われることが多かったこの2つを、ひとつながりのフィードバックループとして扱うのがDevOpsの考え方です。

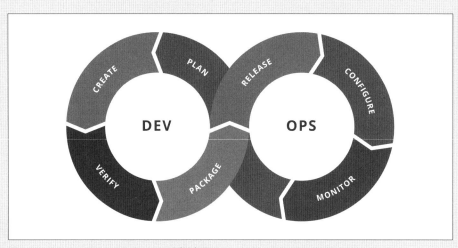

図2-7　DevOpsのツールチェーンの概念図
出典：Wikipediaの「DevOps」（https://ja.wikipedia.org/wiki/DevOps）をもとに作成

　本書で、あえて開発とリリースを別々のサイクルとして表現したのは、CIツールを使っていたり、アジャイル開発を採用していたりするチームでも、これらが事実上別々のものとして扱われていることが多いからです。

まとめ

　この章では、第1章で触れた「開発を支える自動テスト」の特徴や、その前提となる一般的な開発フロー、そして実際にどうやってテストによって開発を支えていくのかについて説明しました。また、開発サイクルとリリースサイクルという2つのサイクルがあり、これらのどちら側でテストが実行されるのかが、開発者体験に強く影響することについても説明しました。

　続く第3章では、「様々な手段を組み合わせてバグを見つけ出す」ということに着目します。開発を支える「だけ」が自動テストの役割ではありません。本来テストに期待されていた、バグを十分に検出し、品質を保つという目的が達成できなければ本末転倒です。逆に、テストだけがその手段でもありません。テストも含め、プロセス全体でバグを見つけ出すにはどうしたらよいかを説明していきます。

第3章 | 見つけたいバグを明確にする

　第2章では開発を支える自動テストについて説明しました。テストをリリースサイクルから開発サイクルに寄せていくことで、自動テストが開発を支え、同時に自動テスト自体も開発サイクルの中でメンテナンスされるようになります。これは、第1章で手動テストと自動テストのギャップとして説明したもののうち、テストの実行サイクルの違いを解決するために使われます。

　しかし、もう1つのギャップである「人の目で見つけられていたバグが、自動テストでは見つけられなくなる」点についてはまだ解決できていません。自動テストはあいまいな期待をテストするには弱く、厳密に定義されたものしかチェックしてくれません。

　逆にいえば、自動テストでうまくバグを見つけるには「何を見つけたいのか」をよく考える必要があります。この章では、どのようなバグを見つけたいのかを明らかにしつつ、それらをできる限り早い段階でキャッチするためのアプローチについて解説します。

3-1　これまでの流れと課題

　さて、第1章で説明した「素朴なテスト自動化」のことを覚えているでしょうか。改めておさらいしておきましょう。表3-1を見てください。

表3-1　手動テストと自動テストの比較（表1-1再掲）

	手動テスト	素朴なテスト自動化	開発を支える自動テスト
実行サイクル	リリースサイクル	リリースサイクル	開発サイクル
頻度	少	少	多
実行手順	柔軟	厳密	厳密
検証方法	発見的	保証的	保証的

　手動テストは、人手が足りないなどの理由から、リリースサイクルの中で実行されます。そのため実行の頻度が少なく、開発者へのフィードバックも遅くなりがちです。代わりに実行手順などについては多少の融通が利いたり、検証についてもテストケースに書かれていないところまで見つけてくれたりするかもしれないというメリットがありました。

　一方、開発者にとって、よりメリットのある自動テスト（**表3-1**の「開発を支える自動テスト」）は、開発サイクルの中で実行およびメンテナンスされ、高頻度で実行されます。代わりに実行手順や検証方法は厳密で、書かれていることだけしかテストしません。

　これらの特徴の悪いところ取りが、筆者が「素朴なテスト自動化」と呼ぶものでした。人の目が入らない分、これまで暗黙のうちにキャッチできていたバグを見つけられなくなってしまいます。おまけに、実行サイクルは依然としてリリースサイクルの中にあり、開発サイクルの中にはありません。そのため、開発者へのフィードバックは遅く、開発サイクルの中でもメンテナンスされません。

　そのため、第2章では開発者を支えてくれるような自動テストがどのようなものかを説明しました。一方で、自動テストが融通の利かない「一番頭の固いテスター」であることには変わりありません。これまでテスターたちが経験と勘で見つけてきたようなバグは、自動テストでは見つけられないままなのでしょうか。そして、自動テストは開発を支えるだけで、バグを見つけるのは手動テストでしかできないのでしょうか。

　残念ながら、自動テストの特徴そのものを変えることはできません。「知られていないリスクやバグを見つける」ような活動は、人間が知恵を絞ってやるべきです。そのため、自動テストがきちんとバグを見つけてくれるようにするには、人間があらかじめテスト対象やテストそのものに対する要求を明らかにして、どんなテストが必要なのか詳細まで煮詰めておかなければなりません。

　素早い自動テストで開発サイクルを支えつつ、バグもしっかり検出できるようにす

るには、これまで人の目で見つけていたものをできるだけ具体化する必要があります。つまり、これまでヒューマンテスターが何をリスクだと捉え、何を探そうとしていたのかを分析し、明確にするのが、この章で取り組む課題です。

3-2　何を見つけるかを考える

まずは、自分たちが何をテストしようとしているのか、テストする対象の理解を深めるところから始めます。テストの対象となる機能や、その機能でユーザーが達成したいことを洗い出します。そして、どのようなバグが想定され、それらがどのようにユーザーやビジネス上のリスクとなり得るかを検討します。

3-2-1　機能をリストアップする

ここでは、シンプルなWebメーラーを例にして考えましょう。このソフトウェアは以下のような機能を備えています。

- メールボックスの作成
- メールの受信
- 受信したメールの閲覧
- 受信したメールの一覧表示

それぞれの機能は、次のような事柄を達成すると想定されています（表3-2）。

表3-2　Webメーラーの機能一覧

機能	達成する事柄
メールボックスの作成	・ユーザーは任意の名前のメールアドレスを作成できる ・メールアドレスは同一ユーザー／別ユーザー間にかかわらずシステム全体で一意である
メールの受信	・外部のユーザーから送信されたメールを受信できる
受信したメールの閲覧	・受信したメールをWeb上で閲覧できる ・添付ファイルがある場合はダウンロードできる
受信したメールの一覧表示	・受信したメールを一覧表示できる ・日付とタイトルで並び替えられる ・メールは10件ずつページングされる

3-2-2　想定されるバグやリスクをリストアップする

　機能をリストアップしたら、これらに対してどのようなバグやリスクが想定されるかを検討します（表3-3）。

表3-3　Webメーラーの機能で想定されるバグやリスク

機能	想定されるバグやリスク
メールボックスの作成	・新しいメールアドレスが作成できない ・メールアドレスが重複してしまう
メールの受信	・メールの受信ができない ・メールの受信に遅延が起きる
受信したメールの閲覧	・メールが表示できない ・メールの文字化け ・添付ファイルの破損 ・他のユーザーのメールが表示できてしまう
受信したメールの一覧表示	・言語によっては並び替えが正しく機能しない ・ページングが正しく機能しない ・他のユーザーのメールが表示されてしまう

　また、直接のリスクやバグであるとはいえないものの、「このようなケースではどうなるのだろう？」という疑問が出てきたら、それらもメモしておくとよいでしょう。たとえば、以下のようなものです。

- まったく同じタイミングで、同時に同一のメールアドレスを作成しようとするとどうなるか？
- 非常に巨大なメールを受信した際に何が起きるか？

TIPS ---

テスト分析について

　説明を簡単にするために、ここではごく単純な機能やリスクをリストアップするにとどめましたが、これらは本来「テスト分析」として知られる活動です。テストする対象や、テストに求められる要求を分析して、どのような機能に対してどのようなテストが求められるのかを整理します。

　本書では扱いませんが、国内では「HAYST法」「VSTeP」「ゆもつよメソッド」などの技法が有名です。テストする対象や、それを取り巻く環境を十分に整理し、何をテ

ストすべきかを明確にするために、こうした技法を導入するのも1つの手でしょう。

3-3　どこで見つけるかを考える

テスト対象の持つ機能とその機能が達成する事柄、そして想定されるリスクについて整理できたら、次にそれらの情報をどこで見つけるかを考えます。

3-3-1　テストレベル

テストにも様々な種類があることはこれまでに何度も触れてきましたが、ここで「**テストレベル**」という概念についても触れておきましょう。テストレベルとは、テストを目的やアプローチ、想定されるバグなどによりグルーピングしたものです。利用可能なテストレベルは、現在のテスト対象のテスタビリティ（テスト容易性）や、採用している技術によっても様々です。重要なのは、自動テストの中にも段階が存在することと、自分たちが現時点で取り得る手段がどのような重ね合わせで成り立つかを考えておくことです。

たとえば、**表3-4**のようなテストレベルを開発チーム内で定義すれば、どのテストレベルでどのようなテストをするのかのイメージがつかめるでしょう。**表3-4**では、上から順番にテストレベルの高い順になっています。

表3-4　テストレベル

テストレベル名	テスト対象	想定されるバグ	責務
E2Eテスト	完全に結合された環境に対する、エンドツーエンドでのユースケースのテスト	ユースケースが達成できないこと	ユーザーが特定のユースケースを完了できることの検証
結合テスト	バックエンドシステムなどが他システムに対して公開するインターフェースのテスト	ドキュメントとの相違、特定の状態におけるバグなど	インターフェースが他システムの想定どおりに動作することの検証
単体テスト	コードレベルでの様々なユニット（関数、クラス、メソッド等）に対するテスト	境界値や異常値におけるバグ	開発者自身による動作の確認

テストレベルは高ければ高いほどよいわけではありません。必ずトレードオフが存在します。たとえば、一般的に単体テストは高速に動作しますが、現実のユーザー体験からは離れており、むしろ開発者にとっての関心事をテストしています。一方、E2Eテストは一般的に低速ですが、ユーザーにとっての関心事をテストしています。

3-3-2 バグをどのテストレベルで見つけるかを考える

テストレベルを意識するのは、「どのようなバグを、どのテストレベルで見つけたいか」を事前に考えておくためです。

たとえば、先ほどリストアップした機能のうち、「受信したメールの閲覧」について考えてみましょう。ここでは以下のようなバグが想定されていました。

- メールが表示できない
- メールの文字化け
- 添付ファイルの破損
- 他のユーザーのメールが表示できてしまう

このうち、「メールが表示できない」ケースについて、もっと具体的なケースをリストアップするとします（表3-5）。今回は、過去に発生したバグを参考にリストアップすることにしました。

表3-5 「メールが表示できない」ケースの洗い出し

実際に起きたバグ	発生した コンポーネント	原因
想定外の文字コードで届いたメールが表示できなかった	メールパーサー	メールパーサーが一部の文字コードしか考慮していなかった
転送されたメールが表示できなかった	メールパーサー	特定のメールクライアントから転送されたメールヘッダーをメールパーサーが解釈できなかった
bccされたメールが表示できなかった	画面表示	メールを表示する際にメールのToヘッダーを参照していたため、Toヘッダーを持たないメールを表示する際にエラーが起きた
添付ファイルが複数あるときに片方しか表示されなかった	画面表示	パースされたメールを表示する際に、1つの添付ファイルしか表示していなかった

これらのケースは、どのテストレベルで見つけるべきでしょうか。「メールが表示されない」という、ユーザーに見える形のバグなので、E2Eテストでももちろん見つけられます。しかし、ほとんどの問題はメールパーサーが考慮していないフォーマットのメールを受信したことに起因しています。そのため、メールパーサーに対して様々なフォーマットのメールをテストデータとして渡せば、それらが正しくパースできることを確認できます。

　「bccされたメールが表示できなかった」「添付ファイルが複数あるときに片方しか表示されなかった」ケースは表示系のバグですが、これもE2Eテスト以外の部分で見つけられるかもしれません。たとえば、フロントエンドとバックエンドが分割され、JSONファイルを受け渡して画面を表示しているようなケースなら、フロントエンドとバックエンドそれぞれでテストができるでしょう。

　実際にどの箇所にテストを書くべきかを決めるのは、開発者自身が最も適切でしょう。この章ではシンプルに「メールパーサー」と表現していますが、これ自体も複数のコンポーネントから成り立っている可能性が高いです。関連するコンポーネントにそれぞれテストを書くか、それともひとまとめにメールパーサー部分の結合テストにするかは、現在のアーキテクチャや、コードのテスタビリティに依存する部分が大きいでしょう。

TIPS --

知らないものをテストする

　ここでは「過去に発生したバグ」をベースにテストするものを導き出しましたが、そもそも「具体的にどのようなバグが考えられるか」を考えるのは大変なことです。前述の「3-2-2　想定されるバグやリスクをリストアップする」では、以下のようなものは具体的な例ではなく「疑問」として挙げられていました。

- まったく同じタイミングで、同時に同一のメールアドレスを作成しようとするとどうなるか？
- 非常に巨大なメールを受信した際に何が起きるか？

　自動テストでカバーできるのは「すでにわかっている事柄」であったり、「このように動作すべき」という決めごとだけです。逆にいえば、テストする対象を分析して「こういうときに何が起こるのか？」といった疑問を提示し、それらを仕様レベルで検討したり、実際にテストしたりしなければ、問題を見つけることはできません。

「手動テストをただ自動化するとテストの質が落ちる」というのは、手を動かす過程で暗黙のうちに「こう動かしたらどうなるのだろう？」という疑問を抱いているからです。この章で取り組んでいるのは、そうした疑問を「テスト以外の手段で洗い出す」というものです。

たとえば、「まったく同じタイミングで、同時に同一のメールアドレスを作成しようとするとどうなるか？」という疑問に対しては、テストを駆使して同じタイミングでメールアドレスを作ろうとするより、メールアドレスの一意性をどのようなアルゴリズムで担保しているのかを確認するほうがより効率的です。これらはコードレビューなどで確認すべきでしょう。

「非常に巨大なメールを受信した際に何が起きるか？」という疑問に対しては、事前のテストでは巨大なメールが複数届いた際にインフラ上のどの箇所がボトルネックになるのか、それによって何が起きるのか、などを明らかにするとよいでしょう。また、仕様上の取り決め（×××メガバイトまでのメールは受信・表示できる、など）により、大量の巨大なメールが一度に受信されて他のメールの遅延を引き起こすようなケースも防げるでしょう。

3-4 テスト以外の方法でバグを見つける

ここまでは、テストレベルを使い分けることで、様々な種類のバグに効率よくアプローチできることを示しました。しかし、バグが見つかるのはテスト中だけではありません。そもそも開発のフェーズに入る前に、仕様のレビューやテスト分析からバグを見つけたり、リリースした後にバグが見つかったりすることもあるでしょう。自分たちで気づくケースもあれば、残念ながらユーザーからの報告、あるいは障害として生じるケースもあります。

ユーザーに影響を及ぼすような見つけ方は、できる限り防ぐのが当然ではありますが、完全にゼロにすることはできません。見つかったこと自体は喜ばしいことですし、自分たちがよくテストできていなかった部分を知るきっかけになります。事前のテストでは極めて見つけにくいケースに気づかせてくれることもあります。

要するに、バグはテスト以外のタイミングで見つかることも当然あるということです。見つかるタイミングが早ければ早いほどよいのです。たとえば、開発に着手してからリリースの前後までで、以下のようなタイミングでバグを見つけることがあるでしょう。

- 静的解析・フォーマッター
- 自動テスト
- コードレビュー
- リリース前後の監視
- ユーザーからの報告

　自動テストについてはすでに説明しているので、ここからは、自動テスト以外の項目について簡単に説明しておきます。

3-4-1　静的解析ツールとフォーマッター

　静的解析ツールは、一般的なコーディングミスを防ぎます。たとえば、未定義の変数が意図せず使われているのを防いだり、型の誤りや、途中でreturnされて到達できない箇所がないかを確認できます。また、コードの循環的複雑度を計測して、品質を測定するツールなども存在します。近年、よく利用されているコードエディタのほとんどが、こうした静的解析ツールの実行をプラグインとしてサポートしており、必要に応じてエディタ上にリアルタイムで警告を表示してくれます（図3-1）。

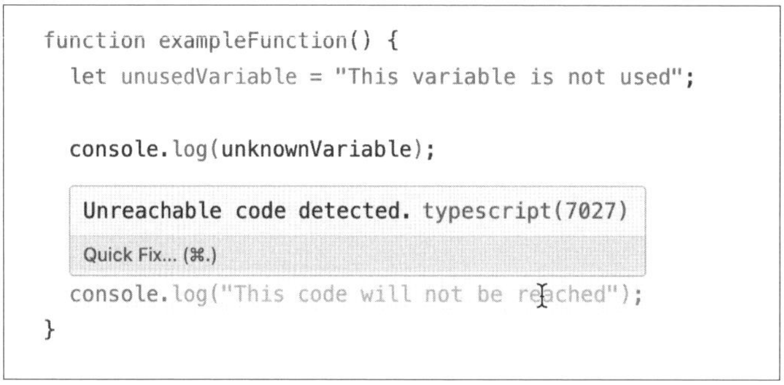

```
function exampleFunction() {
  let unusedVariable = "This variable is not used";

  console.log(unknownVariable);

  Unreachable code detected. typescript(7027)
  Quick Fix... (⌘.)
  console.log("This code will not be reached");
}
```

図3-1　静的解析ツールを使うと、一般的なコーディングミスに警告を出してくれる

　静的解析ツールは、しばしばフォーマッターとともに利用されます。フォーマッターは、ルールに従ってコードを自動的に整形してくれるツールです。静的解析ツールと併用すると、コードレビューなどでコーディング規約違反を指摘されることがなくなります。これはレビュワーの負荷を下げることにつながり、もっと別の重要な問題に注意を向けられるようになります。

3-4-2　コードレビュー

　コードレビューは、バグにつながりそうな実装を指摘したり、もっと可読性が高くテストしやすい実装を提案したりします。コードレビューの観点はチームによってそれぞれですが、どちらかといえば、バグを見つけるというよりは、長期的にコードをきれいに保ち、バグを防ぐための活動といえるでしょう。

　コードレビューの観点が人によってバラつくのを避けるため、ガイドラインを設定するのを推奨します。ガイドラインは、自分たちのチームで用意してもよいですし、公開されているものを使ってもよいでしょう。たとえば、Googleが公開しているレビューガイドラインは非常に有名で、Google以外の組織でもよく利用されています。ガイドラインは以下のURLから閲覧できます。

- Google Engineering Practices Documentation（英語版）
  https://google.github.io/eng-practices/
- Google's Engineering Practices documentation日本語訳（有志による日本語訳）
  https://fujiharuka.github.io/google-eng-practices-ja/ja/review/reviewer/standard.html

　コードレビューと静的解析、フォーマッターは非常に密接に関連しています。機械的に判断できるようなものは静的解析やフォーマッターでキャッチし、そうでないものをコードレビューでキャッチするようにしましょう。コードレビューで上がった指摘事項を、静的解析やフォーマッターのルールで追加するようなサイクルができると理想的です。

3-4-3　監視

　リリース後のサービスは継続的に監視します。実際の利用状況を監視することで、特定のエラーの発生率の上昇や、パフォーマンスの劣化、ユーザーサイドでの深刻なエラーなどが見つかります。

　たとえば、先ほどのWebメーラーの例であれば、メール受信の遅延率などを定期的に監視しておけば、遅延の発生にいち早く気がついて対処も可能です。データ量の増加によって特定のユーザーや画面におけるパフォーマンスが突然悪くなった場合などにも対応できるでしょう。

　他にも、システム内で適切にハンドリングされなかった深刻なエラーを監視しておけば、事前のテストでどうしても気づけなかったバグも検出できます。認証のエラー

件数の増加に対してアラートを入れておけば、バグによって特定のユーザーがログインできないなどのケースに気づくこともあるでしょう。

3-4-4　ユーザーからの報告

ユーザーからの報告はユーザーが実際に遭遇したバグの報告です。逆にいえば、それまでのすべての箇所で見つけられなかったバグということになります。ユーザーが遭遇したすべてのバグを報告してくれるとは限りません。その結果、多くのバグが開発チームには気づかれず**見過ごされる**ことになります。たとえば、ごく一部の環境でのみ発生するバグや、リモートでのログ送信が許可されていない環境で発生した問題については報告を待つしかありません。

3-4-5　それぞれの役割

開発工程や担当するシステムの種類などによって、見つけておきたいバグやリスクは異なります。たとえば、静的解析は画面フォーマットの崩れやコーディング規約違反、型エラーなど、機械的にコードを実行しなくてもバグなどを見つけてくれます。これらをコードレビューの段階で（多くの場合は目視で）見つけようとすると、レビュワーの負荷を高め、注意力を散逸させ、本来ならレビューで見つけられるものを見つけられなくすることもあります。

実際のところ、自動テストでそうしたものを見つけようとするよりも、静的解析の段階で見つけられるように工夫したほうが開発はスムーズに進みます。自動テストで無理にパフォーマンスを計測するよりも、ステージング環境や本番環境でパフォーマンスを監視するほうが効率がよいこともあるでしょう。

表3-6に挙げているように、アプローチと役割を明確にしておくと、どこで何を見つけるかについて開発チーム内での認識合わせができるようになります。

表3-6　バグ検出のアプローチと役割

アプローチ	役割
静的解析	一般的なコーディングミスの発見、コーディング規約違反の検知
自動テスト	コンポーネントやシステムの振る舞いの検証
コードレビュー	バグにつながる実装の指摘、より読みやすい記述の提案、質問
監視	実環境における動作状況の確認
ユーザーからの報告	限定的な利用環境でのみ発生する問題

　それぞれのアプローチは異なる目的を持っています。そのため、複数のアプローチに同じテストケースが登場すること自体は問題ありません。たとえば、「3-3-2　バグをどのテストレベルで見つけるかを考える」で例示した「メールが表示できない」というバグは、E2Eテストと結合テストのどちらでも発見できるでしょう。ただし、E2Eテストのテストケースはよりユースケースに近いものとなり、結合テストのテストケースはより細かいものになるでしょう。

まとめ

　この章では、これまで手動テストで得られていた重要な気づきや、そもそも何をテストすべきか、そしてそれらをどのように自動テストにしていくかについて説明しました。また、自動テスト以外にも様々な手段でバグがキャッチできることもおおまかに説明してきました。

　次の第4章ではE2Eテストそのものについて説明し、第1部の締めくくりとします。

第4章 | E2Eテストとは何か

これまでの章では、自動テストと手動テストの違いや、自動テストの主な役割と特徴などについて取り上げてきました。

この章では、次から始まる第2部に向けて、E2Eテスト特有の事柄について見ていきます。E2Eテストは他のテストレベルとどう違うのか、E2Eで何をテストすべきで何をテストすべきでないか、などを考えてみましょう。

4-1　E2Eテストの目的と責務

第3章の「3-3-1　テストレベル」でごく簡単に説明しましたが、E2Eテストの特徴について、もう少し詳しく説明しておきます。もちろん、E2Eテストをどのように定義するかは開発チームによって変わってきます。以下の説明は、あくまで本書における定義として理解してください。

- E2Eテストで使用するインターフェースは**ユーザーインターフェース**になります。システムとしてユーザーに提供するものをテストするので、これはある意味当然ともいえるでしょう
- E2Eテストのテストベース、つまりテストケースのもとになるのは**ユーザーストーリー**です。ユーザーストーリーとは、ユーザーがその機能を用いて達成したいことです。ただし、テスト対象のソフトウェアのテスタビリティ（テスト容易性）が低く、利用できるテストレベルが限定されるケースなど、技術的制約などによってそれ以外のものをテストすることもあります
- E2Eテストのテスト対象は**完全に統合されたシステム全体**です。「システム全体」が何を表すかはシステムの大きさにもよりますが、たとえばマイクロサー

ビスアーキテクチャを採用するチームの場合、すべてのマイクロサービスが揃った完全な状態での動作を確認するためにE2Eテストを利用することがあります

- E2Eテストで想定されるバグは「ログインできない」「商品がカートに入らない」など、**ユーザーストーリーそのものの失敗**です

4-2　E2Eテストのアップサイドとダウンサイド

テストレベルとしてのE2Eテストの特徴は前節に挙げたとおりですが、それ以外の特徴についてもアップサイドとダウンサイド、両面を見ていきましょう。ここでは特に、ブラウザやモバイルデバイスなどによるGUIを提供するシステムに関するものを取り上げます。

4-2-1　幅広い用途に利用できる

E2Eテストの最も有力なアップサイドとしては、その用途の幅広さでしょう。他のテストレベルでは難しい様々なテストに利用できます。

たとえば**互換性テスト**として、複数のブラウザ、OS、デバイスを利用したテストを行うことがあります。パターンが増えれば、テストケースの数は何倍にも膨れ上がります。手動でのテスト実施が非現実的なケースも多いでしょう。

ただし、古いデバイスやブラウザなどは、自動化ツール側でサポートされていなかったり、テスト実行時に不可解なエラーが発生することも多く、手動テストと同様に自動テストもやっかいなことがよくあります。

E2Eテストは**仕様化テスト**として利用されることもあります。仕様化テストとは、自動テストが存在せず、仕様書すらも残っていないようなアプリケーションに対して、現在の振る舞いを正しいものとして作成するテストコードのことです。そもそもソフトウェアがテスト可能な設計になっていないようなときに、最初に書くテストとなることが多いでしょう。もちろんE2E以外のテストレベルでも可能ですが、UIを操作点・観測点として利用するというE2Eテストの特性上、利用されることが多いです。他のテストレベルでは、テスト可能な設計になっていない（操作点・観測点が存在しない）こともありますが、E2Eテストは最低でもユーザーが実行できるレベルの操作は可能なためです。

もちろん、現在のソフトウェアの振る舞いを単にテストに起こすということは、バグがある状態でテストコードが書かれてしまう可能性もあります。とはいえ、最初の一歩としては十分すぎるものですし、その後の改善に大いに役立ちます。

　あるいは、**生きたドキュメント**として利用できる場合もあります。ユーザーにとって、このソフトウェアはどのように操作するものなのか、どのように価値を生み出すものなのかを説明し、それが達成されることを常に検証し続けてくれます。もし振る舞いが変わった場合には、テストが失敗して教えてくれて、常に最新のドキュメントを提供してくれます。このような考え方は、第2章のコラムで登場した受け入れテスト駆動開発（ATDD）などでよく利用されます。

　少し毛色の異なるものとしては、**監視**に使われることも多いでしょう。システムの監視といえば、データベースやWebサーバーへのコネクション数（接続数）などを思い浮かべる人も多いかもしれませんが、他にも、E2Eテストを実行してそのテストが成功・失敗するかを監視することもあります。これは**シンセティックモニタリング**（synthetic monitoring）と呼ばれる手法で、ユーザーレベルで本番環境がアクセシブルかどうかをテストする監視手法です。

　シンセティックモニタリングで利用されるのは、一般的なE2Eテストと同様のブラウザ自動化ツールであることが多いです。ここで実行するのはいわゆる**スモークテスト**と呼ばれる部類のものが多く、その名のとおり、システムを実行して"煙が出ないか"（目に見えてわかるバグが出ていないか）をチェックするレベルのシンプルなテストを行います。ツールによっては、たとえば、特定の国からアクセスできないといった、アラートを出してくれるものもあります。

4-2-2　ユーザーストーリーそのものをテストできる

　もう1つのアップサイドとして、ユーザーストーリーをそのままテスト可能な、ほぼ唯一のテストレベルであることが挙げられるでしょう。

　この章の冒頭で述べたように、E2Eテストはユーザーインターフェースを用いてユーザーストーリーをテストします。これが実現できるのはE2Eテストだけです。例外として、たとえばユーザー向けに公開されたWeb APIなどのテストも、ユーザーストーリーのテストといえますが、この場合は、むしろそのWeb APIのテストがE2Eテストでもあると考えられるでしょう。

　E2Eテストが想定する「ユーザーストーリーの失敗」というバグは、シナリオとして

想定できる中では、およそ最悪のものです。ユーザーは、いつものようにソフトウェアを利用しようとしただけなのに、期待していた機能が動作していないことに気づきます。すぐに大量のクレームにつながるでしょうし、開発者やテスターは「こんな簡単なこともテストしていないのか」というそしりを受けることになるでしょう。

4-2-3　自動化そのものの難易度や複雑性が高い

E2E テストの大きなダウンサイドとして、自動化そのものに必要な作業が複雑で、それゆえに思わぬ落とし穴にハマることがある、というものが挙げられます。

E2E テストを自動実行するには、最低でも以下のようなものが必要になります。

- **テスト対象のシステム**そのもの：基本的にはシステム全体が統合され、実ユーザーが利用するのと同等の環境を整える必要があります
- システムが動作する**クライアント**：たとえば、ブラウザやモバイルデバイスなどを指します。場合によってはリアルデバイスではなく、エミュレーターなどを用いて代替することもあります
- ユーザーインターフェースを自動操作する**オートメーションツール**：これらはブラウザなどのクライアントソフトウェア自身が提供している場合もあれば、サードパーティのツールを利用する場合もあります

あなたがテストしたいのは、テスト対象のシステムそのもののはずです。しかし、ときにはクライアントやオートメーションツールのバグに遭遇してしまうこともあります。

たとえば、Google Chrome を自動操作するための ChromeDriver というツールがあります。これは Chromium プロジェクトがメンテナンスしているものですが、ソフトウェアである以上、当然バグが含まれることはあります。以下の URL は ChromeDriver のバージョン 101 ～ 103 のバグに関する issue ですが、日々様々なバグがレポートされています。

- Issue 4121: WebDriver command sometimes fails with "unexpected command response"
  https://bugs.chromium.org/p/chromedriver/issues/detail?id=4121

新しいブラウザ、多種多様なブラウザをテストしたいという欲求とは裏腹に、それら自身が抱える問題により、自動テスト**だけ**がうまく動かないといったケースは起こり

がちです。ここではChromeDriverを例に取り上げましたが、クライアントがモバイルデバイスなどのシミュレーターやエミュレーターを利用している場合、これらがトラブルを引き起こす可能性もあります。あるいは、セキュリティ設定など、開発中のシステム特有の考慮事項もあるでしょう。

E2Eテストはシステムをテストします。そして、システムは**外から利用されて価値を生む**ものです。別の表現をすれば、E2Eテストは他のテストレベルとは異なり、**システムの外に大きく依存する**テストです。そのため、実装における考慮事項は非常に多くなります。

4-2-4　テストしやすさに配慮する余地が少ない

テストレベルとしてのE2Eテストの特徴には、「ユーザーインターフェースを用いる」というものがありました。逆にいえば、テストに使えるのはそれしかありません。そもそもユーザーインターフェースはテストのために作られているわけではなく、ユーザーにとって不要な情報は積極的に隠されていることもよくある話です。そのため、E2Eテストの実行中にやむを得ずシステム内部の状態を取得したいような場合では、テストコードの実装に苦慮する場合があります。

たとえば、以下のような仕様のECアプリケーションがあるとします。

1. 商品をカートに入れると、在庫が1つ「予約」状態になり、総在庫数から1つ少なくなる
2. 在庫数は10個以上の場合は「在庫あり」として表示され、9個以下の場合は実際の在庫数が表示される

このようなケースでは、在庫数が10個以上の場合、**1.**のケースをE2Eでテストすることは難しいです。総在庫数が1つ減ったことは画面に表示されないためです。総在庫数を確認できる別のユーザー（EC事業者側の管理者）で在庫数を確認したり、在庫数を9個以下にしておいたり、他のユーザーで大量購入してみたりなど、別の方法で確認する必要があります。

また、他のテストレベルでは頻繁に利用される「モック」「スタブ」などの利用も、大きく限定されます。モックとは、あるコンポーネントを置き換えて、そのコンポーネントが呼び出されたことを確認するためのものです。スタブも同様にあるコンポーネントを置き換えて、テストに必要な固定の値を返します。

サードパーティのAPIを利用したテストを行う場合などには、それらのAPIのレスポンスを固定したい場合があります。たとえば、天気予報を提供するWeb APIは明日の天気を提供します。当然、天気は毎日変わるものなので、常に「晴れ」や「雨」のデータを返してくれるスタブAPIを準備するケースが考えられます。このような形でスタブを利用すること自体は可能ですが、E2Eテストそのものの価値、つまり「完全に統合された状態のシステムのテスト」という特徴を台無しにしてしまう場合もあります。モック、スタブの利用は他のテストレベルでも注意が必要ですが、E2Eテストでは特に気をつけるべきでしょう。

4-2-5　高コスト

最も気をつけないといけないのは、**コスト**が高くつくことです。ここでいうコストとは、時間的なものと金銭的なものの両方を意味します。

時間の面でいえば、E2Eテストは本物のブラウザやモバイルデバイスなどを利用するため、それらの起動やページロードなども含め、長い実行時間がかかります。特に、ネットワーク的に離れた環境に対してテストする場合は、より多くの時間がかかります。また、ログインが必要なシステムでは、すべてのテストケースでログインページを経由する必要があるなど、テストケースの作りによっては相当な時間を要する場合があります。

金銭的な面では、複数の環境や実デバイスを利用するため、それらに比例してコストがかかります。テスト対象のシステムを完全に統合した状態で起動する必要があるため、場合によっては本番環境と同等の環境を準備する必要があります。もちろん、実際に完全に同じ環境を用意するのは非現実的ですが、データベースのパフォーマンスなどは十分なデータ量が入っていないと事前に検証が難しい場合もあります。たとえば、本番環境にのみ存在する大口の顧客でのみパフォーマンスが劣化するようなケースを事前にテストしたいとしたら、同等のデータ量とスペックを持つ環境がないと十分なテストはできないかもしれません。

4-3　どのようにE2Eテストを利用するか

これまでの説明で、E2Eテストは様々な用途に利用できつつも、その取り扱いは難しいことがわかってきました。また、様々な用途に利用できるとはいえ、メインの目的

はユーザーのユースケースをテストすることで、画面の機能テストなどに利用しすぎるとダウンサイドに苦しむことになります。

　E2Eテストは非常に範囲が広く、汎用的に使えるテストレベルです。自動テストなんて考えたこともないような人が最初に扱うものとしても有効ですし、受け入れテスト駆動開発（ATDD）などの高度なプラクティスにも利用できます。しかし、その便利さに依存してしまうと、ここまでで紹介してきたダウンサイドが徐々に目立ってきます。汎用性に依存せず、それぞれのテストレベルでやるべきこと、やるべきでないことを決めるべきです。これは第3章の「3-3　どこで見つけるかを考える」でも説明したことです。

　ここからは、E2Eテストをどのように利用し、安全な開発に利用するかを実例も交えて紹介していきます。

4-3-1　短期的な戦略と長期的な戦略を分けて考える

　自動テストには、よく知られているベストプラクティスとして**テストピラミッド**というものがあります。これは、第3章で説明した**テストレベル**を、どのぐらいの分量に収めると最もテスト実行の効率が高くなるかを表したモデルです。

　テストピラミッドとは真逆のバッドプラクティスとして**アイスクリームコーン**というものもよく知られています（図4-1）。これは、極めて少ない量の自動テストと、大量の手動テストに依存した状態です。

　このように、開発プロセスが大量の手動テストに依存してしまっているような状況では、その状態から脱却するために最初にE2Eテストによる自動化を行うことがあります。これは短期的な戦略で、まずは「自動テストが少ない」という状況から脱却するための戦略です。この時点では、ユースケースレベルのテストだけでなく、GUI画面を介した機能テストなども多く含みます。

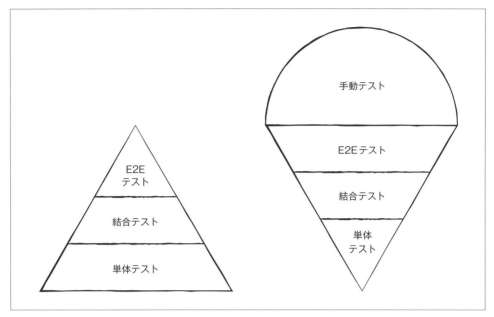

図4-1　テストピラミッドとアイスクリームコーン

　自動テストを増やすうちに、自動テストの実行時間が長期化したり、テストコードのメンテナンスコストがかさんだり、安定しないテスト（Flakyなテスト）に悩まされることも多くなります。一方で、自動テストシナリオを増やす取り組みとして、見つかったバグを防ぐためのテストをE2Eレベルで書いてしまうこともあります。この段階では、アイスクリームの部分が単に自動化されただけでなく、むしろこれまでよりも増えてしまうこともあります。

　この段階で、テストを整理しながら、下方向のテストレベルに徐々に分解していく必要があります。これまでE2Eテストでしか見つけられなかったバグや、E2Eテストでしかできないテストを、結合テストや単体テストで見つけるためのプランを考えます。

　長期的には、E2Eテストだけでなく、他のテストレベルについても目的と想定されるバグを整理して、複数のレイヤーでバグを捉えていきます（図4-2）。その上で、「E2Eテストでしか見つけられないバグ」をできるだけ少なくしていきます。

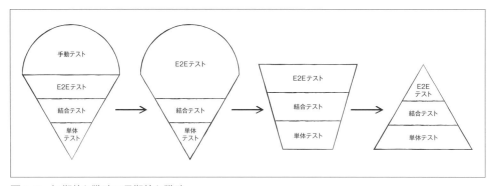

図4-2 短期的な戦略と長期的な戦略

4-3-2 目的と制約を混同しない

E2Eテスト自動化に取り組むときに重要なのが、目的と制約、特に「技術的制約」とを混同しないことです。

E2Eテストでしかできないテストと、E2Eテストでやるべきテストは必ずしも一致しません。たとえば、ブラウザの拡張機能のテストはブラウザに実際にインストールしないと実施できないように思えるかもしれません。しかし、たとえばDOM要素に対して操作する部分を jsdom（https://github.com/jsdom/jsdom）などの軽量なブラウザ実装でテストするなど、より低いテストレベルに切り出すことは十分に可能です。

「内部構造の変化が多く、単体テストに不向き」「単体テストに習熟したメンバーがいない」などの理由から、E2Eテストを好むチームもありますが、実行コストやテスタビリティなどのダウンサイドにぶつかることは予想されます。E2Eでテストしたいものと、何らかの制約でやむなくE2Eテストしているものは区別するほうがよいでしょう。

4-3-3 E2Eテストの利用の例

例として、以下のようなアプリケーションを考えてみます。

- Webアプリケーション
- ブラウザ拡張機能を持ち、他のアプリケーションにウィジェットを埋め込む
- ユーザーに対するメール送信の機能を持つ。メール機能は外部のサービスを利用している
- Webアプリケーション部分はある程度テストが書かれているが、ブラウザ拡張機能やメール送信部分はテストされていない

このアプリケーションはMVCアーキテクチャ[※1]で構築されています。初期の段階では、それぞれのテストレベルは以下のように利用されています。

- **手動テスト**：ブラウザ拡張機能の機能テスト、UI各画面の機能テスト、別システム（メール機能）との連携部分の機能テスト、新機能などのテスト
- **E2Eテスト**：拡張機能などを含まないシンプルなユースケースのテスト
- **結合テスト**：サービスクラスや公開／非公開APIのテスト
- **単体テスト**：モデルやコントローラーのテスト

この時点でのテストの構造は、アイスクリームコーン型のものになるでしょう。短期的な戦略としては、以下のようにE2Eテストにかなり依存した形を取ります。これは、まずはテストが足りず、手動テストに依存している箇所に自動テストを足していくことを優先しているためです。ただし、別システム（メール機能）については外部サービスであることと、メールクライアントの自動操作が必要となるため、E2Eでも自動テストができません。

- **手動テスト**：新機能などのテスト、別システム（メール機能）との連携部分の機能テスト
- **E2Eテスト**：メール機能を除くユースケースのテスト、ブラウザ拡張機能の機能テスト、UI各画面の機能テスト
- **結合テスト**：サービスクラスや公開／非公開APIのテスト
- **単体テスト**：モデルやコントローラーのテスト

この時点でのテストの構造はピラミッドの形を取らず、砂時計型のものになるでしょう。この状態から、長期的に分離可能な箇所を洗い出していきます。以下のような箇所が分離可能な候補として挙げられるでしょう。

- 拡張機能の機能テスト
- UI各画面の機能テスト
- 別システム（メール機能）との連携部分

[※1]　アプリケーションの構造を「モデル（Model）」「ビュー（View）」「コントローラー（Controller）」の3つの役割に分けてメンテナンス性を向上させる考え方。Ruby on Railsなど多くのWebアプリケーションフレームワークで使われています。

これらを単独で、つまりE2Eテストより低いテストレベルで実施するために、アプリケーション側のテスタビリティを改善していく必要があります。これらはコードの変更を伴うため、E2E自動テストや手動テストで、ある程度の機能性を担保した上で行う必要があります。

また、これらの取り組みの中で、E2Eテストでカバーできる領域がさらに増える可能性もあります。具体的には、別システム（メール機能）の自動化が可能になれば、テスト可能なユースケースがさらに増えます。

最終的には、以下のような形になるでしょう。

- **手動テスト**：新機能などの探索的テスト
- **E2Eテスト**：拡張機能やメール機能も含めたユースケースのテスト
- **結合テスト**：サービスクラスや公開／非公開APIのテスト、別システム（メール機能）との連携部分の機能テスト、ブラウザ拡張機能の機能テスト、UI各画面の機能テスト
- **単体テスト**：モデルやコントローラーのテスト

この時点で、E2Eテストで扱うのはユースケースのテストのみとなり、より低いテストレベルでそれぞれのコンポーネントやモジュールをテストするようになります。

4-4　E2Eテストの価値

さて、ここまででE2Eテストの特徴やアップサイド・ダウンサイド、想定される利用方法などについて説明してきました。そして、長期的にはE2Eテストでしかキャッチできないものをできるだけ少なくし、下位のテストレベルに移譲するのがベストプラクティスであると説明してきました。

ここで疑問になるのが、果たしてE2Eテストは本当に必要なのか、ということです。時間的、金銭的にもコストが高くつく可能性のあるE2Eテストを実施する意義はあるのでしょうか。また、E2Eテストのケースはテストピラミッドで表されるように、非常に少ないのが理想的なのでしょうか。

そこでこの章の最後に、E2Eテストがもたらす価値について、改めて整理してみたいと思います。

4-4-1　初めに書かれる最も基本的なテストである

　第2章で触れたように、何らかの機能を追加したり、バグを修正したりするときには、その変更点に対する**受け入れ条件**を整理しておく必要があります。そして、その受け入れ条件はそのまま最もハイレベルなテストケースとして使えます。

　そのため、E2Eテストのテストケースは、理論的にはチケットを作り終えたタイミングで準備できています。別の表現をすれば、単体テストなどの他のテストレベルのテストを書くよりもずっと早い段階でE2Eテストのテストケースを考え始められるということです。

4-4-2　利用するユーザーが目的を達成できることを保証する

　すでに何度か述べましたが、**E2Eテストはユーザーがシステムを利用するときと同じようにテストする、ただ1つのテストレベル**です。機能そのものの仕様ではなく、システムがユーザーによってどのように使われるのかをテストします。

　ユーザーマニュアルをイメージするのがわかりやすいでしょう。初めて使うプロダクトを前にしたとき、ユーザーはそれぞれの機能の仕様について書かれたドキュメントよりも、真っ先にチュートリアルを読むはずです。E2Eテストは、チュートリアルのようなテストケースをそのまま自動テストにしたいときに利用できる、唯一のテストレベルです。

4-4-3　ユースケースのリストになる

　さらに、そのシステムが「どのように使われるか」をよく考えて、それらをテストコードにしていくことを続けていけば、最終的にE2Eテストスイートはユースケースのリストになります。

　このリストには、次のような情報が具体的に含まれているはずです。

- ユーザーは誰か
- そのユーザーは何を達成したいのか
- そのためにどのような操作をするのか
- どのような環境で操作するのか

　開発者の多くは、新しいチームやプロジェクトに参加したときに、まずテストコードを見ます。そうすることで、手を加えようとしている機能の仕様のイメージをつかみま

す。多くの場合は単体テストなどですが、E2Eテストも同じようにシステムとそのユースケースをつかむ重要な情報になるでしょう。

　プロジェクトに参加するメンバーが、ソフトウェアの使われ方について常に熟知しているとは限りません。ドキュメント化されていない特殊なユースケースでのバグも、場合によっては大きなクレームになり得ます。たとえば、大口の顧客だけに提供している特殊な機能などです。E2Eテストコードを読む中でそうした事情について知ったり、あるいはそれ自体をテストできたりすることは、開発者がソフトウェアの使われ方を熟知するためのよい手段になります。

まとめ

　突き詰めて考えてみると、E2Eテストでしかできないことは徐々に少なくなっています。たいていのテストはE2Eテスト以外のテストレベルでもカバーできます。しかしこれは、決して悪いことではありません。

　中期的には、E2Eテストがカバーするシナリオは少なくなることが多いでしょう。アプリケーションのテスタビリティが成熟するにつれ、技術的な制約からE2Eでテストせざるを得なかったシナリオは、他のテストレベルでカバーされるようになるためです。しかし、長期的には、ユースケースの増大とともにE2Eテストの数はさらに増えていきます。

　そこで筆者は、ユースケースの数とE2Eテストの数が、正比例するのが最良だと考えます。ユースケースが増えるということは、それだけビジネスが成熟しているともいえるからです。E2Eテストの一番の弱点であるともいえる高い実行コストに対して、バランスよく投資を続けるには、**ビジネスの成長とともにE2Eテストが順次増えていく**形が理想的でしょう。

　これで第1部は終わりです。続く第2部からはいよいよ実践として、手を動かしながらE2Eテストを書き始めましょう。エディタとコーヒー、それからお気に入りのキーボードを用意してからページをめくってください！

<u>Column</u>

テストレベルの配分について

　本書では、テストの理想的な配分として**テストピラミッド**パターンを紹介しました（**図4-3**）。テストピラミッドは、テストの実行時間を現実的な量に抑える上で優れた考え方ですが、一方で**必要なテストケースの量**は表していません。言い換えると、テストピラミッドは単に実行時間という**技術的制約**だけを表しているとも言えます。

　そのため、多くの人がテストレベルの配分について様々な考え方を打ち出しています。おそらく最も有名なのは、Kent C. Dodds が提唱している **Testing Trophy**という考え方です[※1]。これは、単体テストよりも、より信頼性の高い結合テストに重点を置く考え方です。Kentは、特にフロントエンドで利用することを想定していますが、バックエンドなどでも同様に利用可能であると筆者は考えています。

図4-3　Testing Trophy

　さらにKentは、「ピラミッドの上位に行くほどテストの信頼性が高くなるが、そのことをピラミッドは示していない」と自身のブログに書いています[※2]。この点については筆者も同意します。

［※1］　https://kentcdodds.com/blog/the-testing-trophy-and-testing-classifications
［※2］　https://kentcdodds.com/blog/write-tests

筆者の考えでは、テストレベルの配分は、常にユースケースなどの**テストしたいこと**と、実行速度やメンテナンス性などの**技術的制約**とのトレードオフになります。このような違いが生じたのは、オリジナルのテストピラミッドが発案されたころは、結合テストやE2Eテストの実装や実行、メンテナンスに今よりも多くのコストを割いていたためだと推察しています。しかし、その後のアプリケーションフレームワークのテスト容易性の進歩やテストツールの普及により、徐々に技術的制約がゆるくなってきました。

　それにもかかわらず、E2Eテストは依然として**高コスト**な選択肢です。E2Eテストという、最もユーザー目線に近いテストが技術的制約によって十分に実施できないのは、開発者にとってもユーザーにとっても残念なことです。

　今後、E2Eテストを縛る技術的制約が飛躍的に改善されれば、将来のベストプラクティスはむしろ**アイスクリームコーン型**に近い形になるかもしれません。開発者たちが必要とする最低限の単体テストと、信頼性を保つための多くの結合テスト、そしてユーザー目線での品質を保つ大規模なE2Eテスト群を備えたテストスイートは、さながら**アイスクリームパフェ**のような形になるでしょう（図4-4）。

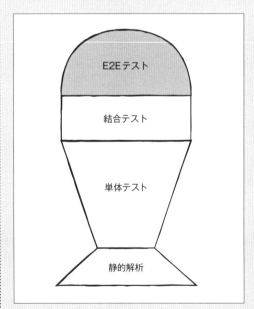

図4-4　アイスクリームパフェ型のテストレベル配分

　もちろん、どのようなテスト配分の戦略を採るかは開発チームの考え方次第

です。いついかなるときも「E2Eテストは最小限に留めるべき」という考え方が正しいとは限りません。自分たちのチームとプロダクトにとって一番フィットする形を探ってみてください。

アプリケーションに E2Eテストを導入する

　第1部では、「テスト」と呼ばれるものにどのようなものがあるのかについて説明しました。さらに、いわゆる「テスト自動化」と呼ばれるものがどのようなものか、それらのメリットとデメリットについても解説しました。

　続く第2部では、既存のアプリケーションに対してE2E自動テストを作成し、運用に進めるまでの実践的な手順をハンズオン形式で解説していきます。ただ単にテストの書き方を解説するだけではなく、できあがったテストをどのように他の開発者に広め、開発サイクルの中で欠かせないものにしていくのかについて学びます。

　第1部では、テストの理想的なあるべき姿について取り上げたのに対し、第2部は徹底して実践を意識しています。第2部を読んだ皆さんが、明日にでも開発現場で自動テストを試せるように、テスト対象のアプリケーションも含め、読者の皆さんが実際に触って試せるように構成されています。

■第2部の流れ

　本書では、自動テストを書こうとしている皆さんが、ご自身の関わっているプロジェクトやプロダクトに**段階的に**自動テストを導入していく方法を紹介しています。言い換えれば、3か月かけて完璧な自動テスト群を準備するのではなく、最初の1日で最小限のテストを開発プロセスの中に導入することを目指します。

　そこで第2部では、以下のような流れで、既存プロジェクトに自動テストを導入し、運用していく流れを作っていきます。

1. 最小限のテストを作り、デプロイする
2. 基本的なビジネスプロセスをカバーするような、素朴なテストを作成する
3. 作成したテストコードを構造化し、より可読性を高める
4. テストケースを増やす。そのために、テストコードのスコープを絞り、目的が明確で独立性の高いテストケースに変えていく

　第5章「サンプルアプリケーションのセットアップ」では、テスト対象のサンプルアプリケーションをローカル環境で立ち上げます。ここで、サンプルアプリケーションがどのような仕様で、どのようなテストをしたいのかを簡単に説明しています。

　第6章「最小限のテストをデプロイする」では、ほとんど自動化らしい自動化は行いません。まずは自動テストが継続的に実行される環境を作り、開発サイクルの中に自動テストを組み入れるところからスタートします。

　第7章「ビジネスプロセスをカバーするテストを作成する」では、アプリケーションの主要な導線を通るごくシンプルなビジネスプロセスを自動化していきます。ここでは、普段のテスト手順を自動化することだけを考え、テストコードの読みやすさや再利用性などへの配慮は最小限にとどめます。

　第8章「ユーザーストーリーをカバーするテストケースを作る」では、ビジネスプロセスよりも粒度の細かいユーザーストーリーベースのテストケースを追加し、テストの網羅性を高めていきます。その際、単に既存のテストのコピー＆ペーストになってしまわないように、テストのスコープを絞り、可読性を保ちながら安定して動作するテストケースを作っていきます。

　第9章「テストコードに意図を込める」では、ここまでで作成したテストコードにいくつかのプラクティスを適用して、テストコードに**構造**を与えます。それにより、コードのコメントに頼らずテストコードの意図を読み解けるようにします。

第5章 | サンプルアプリケーションのセットアップ

第2部では、架空のお弁当注文アプリケーションにE2Eテストコードを追加していきます。

単に既存のテストを自動化するだけでなく、開発プロセスの中で継続的にメンテナンスされるテストコードを目指します。そのため、事前に開発者と同様にアプリケーションをビルドし、ローカル環境で実行し、クラウド環境にデプロイできるようにしておきましょう。

なお、正しく動作しているかどうか確認するために、事前にデプロイされたサイトfastify-webapp-sample.takuyasuemura.devも用意してあります。

サンプルアプリケーションの技術構成について

本書のサンプルアプリケーションは、フレームワークなどを**使用せず**、できるだけレガシーなWebアプリケーションを模して作っています。

一般に、Webアプリケーションを作るときは、Ruby on RailsやLaravel、Next.jsのようなフレームワークを使うことが多いです。フレームワークを使えば、世の中でよく使われている機能を改めて実装する、いわゆる**車輪の再開発**のようなことを防げます。さらに、フレームワークの考え方に従うことでコードの可読性を高めたり、チーム開発をスムーズに進められます。「はじめに」でも述べたように、フレームワークの多くはテストコードについても十分に考慮されており、E2Eテストも含めた自動テストを書きやすいように設計されています。

しかし、世の中のすべてのソフトウェアプロジェクトがこのようなフレームワークで実装されているわけではありません。むしろ、歴史が長く、売れている製品のほうが、開発初期に流行っていた技術をそのまま使い続けていたり、当時の開発チームが独自に作った簡易的なフレームワークを用いている場合が

多いでしょう。テストについて十分考慮せずに作られているものも少なくありません。そこで本書では、このようなプロジェクトの開発状況を再現するために、モダンなアプリケーションフレームワークは使わず、様々な（ときには一般的ではない）ライブラリを寄せ集めて作るようにしています。

5-1　必要な環境

本書では説明をシンプルにするため、アプリケーションとテストコードで、できるだけ技術スタックを合わせるようにしてあります。特に注釈がない限り、以下がインストールされていることを前提としています。

- Visual Studio Code などのテキストエディタや IDE（統合実行環境）
- Git
- Node.js
- Docker（`docker-compose` コマンド）

コマンドラインから、それぞれがインストールされているか確認してみましょう。

```
Git

$ git --version
git version 2.39.3 (Apple Git-146)

# Node.js と NPM コマンド
$ node --version
v20.14.0

$ npm version
10.7.0

# Docker と docker compose コマンド
$ docker --version
Docker version 20.10.11, build dea9396

$ docker compose version
Docker Compose version v2.2.1
```

以降、この章の説明は、LinuxやmacOSなどのUNIX系OSでの操作を前提にしています。Windowsの場合はコマンドやファイルパスなどが異なるため、仮想環境を利用してUbuntuなどのLinuxディストリビューションを利用してください。使い勝手のよさから、本書ではWSL2（Windows Subsystem for Linux 2）の利用を推奨します。WSL2については、本書の「はじめに」に記載しています。

5-1-1　fnm（Fast Node Manager）を利用してNode.jsをインストールする

fnm（Fast Node Manager）[※1]はクロスプラットフォームで動作するNode.jsのバージョンマネージャーです。複数のバージョンのNode.jsを動作させることができ、インストールも比較的簡単なため、本書ではNode.js公式サイトからダウンロードするのではなくfnmを使うようにします。すでに他の方法でNode.jsをインストールしている場合は、fnmを利用しなくても問題ありません。

インストールはコマンドで行います。コマンドラインから以下のコマンドを入力してください。

```
$ curl -fsSL https://fnm.vercel.app/install | bash
```

また、macOSを使っていてHomebrewを利用できる場合は、以下の方法でもインストールできます。

```
$ brew install fnm
```

fnmをインストールしたら、次のコマンドでNode.js 20系をインストールします。

```
# Node.js 20系をインストール
$ fnm install 20
Installing Node v20.14.0 (arm64)
# Node.js 20系を使用
$ fnm use 20
Using Node v20.14.0
```

[※1]　GitHub - Schniz/fnm　https://github.com/Schniz/fnm

5-1-2　Gitをインストールする

Gitは昨今の開発現場で広く採用されているソースコードのバージョン管理システムです。本書では、サンプルアプリケーションのバージョン管理に用いています。他にも、`commit`（コミット。ソースコードの差分をgitに登録する）や`push`（プッシュ。ローカルの変更点をリモートリポジトリに送信する）など、開発の区切りのタイミングでテストコードを自動実行することを目的に使用しています。

Linux環境であれば、OS標準のパッケージマネージャーを利用してインストールするのが手っ取り早いでしょう。たとえば、UbuntuなどのDebian系ディストリビューションでは以下のように`apt-get`を利用します。

```
$ sudo apt-get install git-all
```

macOSの場合は、単に`git`コマンドを実行しようとするだけでインストールされるはずです。

```
$ git --version
```

5-1-3　GitHubの設定をする

本書のサンプルアプリケーションはGitHub上で管理されています。GitHubは、第1部でも紹介しましたが、Gitのリモートリポジトリとしての機能に加え、チケット管理やコードレビューなどのチーム開発に便利な機能を提供してくれます。まさしく開発におけるハブとなるようなサービスです。

GitHubの利用にはユーザー登録が必要になるため、まだ登録していない場合は以下のURLから登録しておきましょう。本書では細かい手順については省きますが、［Sign Up］メニューから進めば特に難しいことはないはずです。

- GitHub
  https://github.com/

登録したら、`git`コマンドでGitHub上のリポジトリにアクセスする設定をします。設定にはいくつかの方法がありますが、ここでは**GitHub CLI**を使う方法を説明します。

● GitHub CLI をインストールする

　GitHub CLI（以下 gh コマンド）は、GitHub をコマンドラインから操作するための便利なツールです。git コマンドとは別物なので、混乱しないように注意しましょう。

　gh コマンドは OS ごとにインストール方法が異なります。macOS や Linux で brew コマンドが使える場合は brew install gh でインストールできます。それ以外の OS の場合や、何らかの理由で brew が使えない場合は、公式ドキュメントからインストール方法を確認してください。

- GitHub - cli/cli
  https://github.com/cli/cli#installation

　インストールしたら、コマンドライン上で gh auth login を実行します。いくつかメッセージが表示されるので、指示に従って設定していきましょう。以下は、筆者が設定した際の履歴です。

```
$ gh auth login
? What account do you want to log into? GitHub.com
? What is your preferred protocol for Git operations? HTTPS
? Authenticate Git with your GitHub credentials? Yes
? How would you like to authenticate GitHub CLI? Login with a web browser

! First copy your one-time code: AB12-3456
Press Enter to open github.com in your browser...
```

　すると、Web ブラウザが起動します。「First copy your one-time code」の後に書かれている文字列（上記のログ内のAB12-3456 に相当する部分）を入力します（図5-1）。

図5-1　GitHubのサイト上でログインを求められる

これで、`git`コマンドでGitHub上のリポジトリを確認できるようになりました。

5-1-4　Dockerをインストールする

Windows、macOSを利用している場合は、Docker Desktopを利用するのが一般的です。前述のWSL2を用いている場合でも、Docker Desktopは利用できます。Docker Desktopは以下からダウンロードできます。

- Docker Desktop | Docker
  https://www.docker.com/products/docker-desktop

Linuxの場合は少し手順が複雑になります。Dockerの公式サイトの中に、ディストリビューションごとのインストール方法が記載されていますので、そちらを参照してください。

- Install Docker Engine on Ubuntu | Docker Docs
  https://docs.docker.com/engine/install/ubuntu/

これらのインストール方法はバージョンによって変わる可能性があります。本書で説明する方法でうまくいかない場合、以下のURLから最新の情報を取得してください。

- Git
  https://git-scm.com/
- Node.js
  https://nodejs.org/ja/
- Get Docker | Docker Docs
  https://docs.docker.com/get-docker/

5-2　サンプルアプリを動かす

それでは、実際にサンプルアプリを動かしてみましょう。なお、本節で説明する内容はGitHubやRailwayなどのサービスのUI変更により、見た目や手順が大きく変わることがあります。そのため、筆者のリポジトリ（https://github.com/tsuemura/fastify-webapp-sample）のREADME.mdにできるだけ最新の情報を掲載するように

しています。もし、書籍およびリポジトリいずれの記述も間違っていると思われる場合は、筆者のリポジトリのIssues（問題や改善点などを報告する場所、https://github.com/tsuemura/fastify-webapp-sample/issues）、または2ページの「書籍に関するお問い合わせ」よりご連絡ください。

5-2-1　リポジトリのインポートまたはフォーク

　サンプルアプリケーションのソースコードは著者のGitHubアカウントのリポジトリに配置されています。本書ではこのソースコードを編集したり、テストコードを書いたりすることがあります。単に編集するだけでなくテストコードを定期実行するように設定したり、ビルドパイプライン[※2]に自動テストを組み込むように設定したりするには、ソースコードをあなたのGitHubリポジトリにコピーする必要があります。コピーの方法には主に次の2つがあります。

- **フォーク（fork）する**：公開範囲がpublicでもよい場合
- **インポート（import）する**：公開範囲をprivateにしたい場合

　フォーク（fork）は公開されているOSSに独自の修正を加えたり、その修正を元のリポジトリにPull Request（修正リクエスト）としてフィードバックしたりするための仕組みです。フォークを選択する場合、新しく作られたリポジトリの公開設定はpublicになります。また、元のリポジトリとの関係を引き継ぎ、元のリポジトリとフォーク先のリポジトリそれぞれをリモートリポジトリとして持つ状態になります。

　インポート（import）は、他のバージョン管理システムからGitHubにソースコードをインポートするための仕組みですが、GitHub内でリポジトリをコピーするのにも使用できます。インポートを使用する場合、元のリポジトリとの関係は引き継がれません。そのため、公開設定をprivateに設定できます。

　ソースコードを公開する場合、APIトークンや秘密鍵などの秘匿情報を誤って公開しないように気をつける必要があります。本書のサンプルコードは原則として公開可能にしていますが、Gitの操作に不慣れな人は、念のためにインポートを使って

[※2]　ソフトウェアに変更を加えてから、顧客に提供する形にするまでの一連の流れのことを指します。これらを繰り返し行うことを「CI/CD」と呼びます。ビルドパイプラインに自動テストを組み込むというのは、開発〜ビルド〜提供までの一連の流れのどこかで自動テストが実行されて、意識しなくてもいつの間にか自動テストが回っているような状況を作ることを指します。詳細については第6章で扱います。

privateリポジトリを作成したほうがよいでしょう。以下ではインポートを使う方法について説明します。

なお、プライベートリポジトリの利用にお金はかかりませんが、後の章で触れるGitHub ActionsというCI/CDツールは、プライベートリポジトリのみ無料枠の実行時間に制限があります。

●リポジトリをインポートする

GitHubのUIから［Import repository］を選択します（図5-2）。

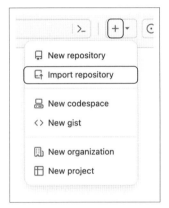

図5-2　［Import repository］を選択

次に、インポート元とインポート先のリポジトリを設定します（図5-3）。［Your old repository's clone URL *］には、インポート元のリポジトリURL（https://github.com/tsuemura/fastify-webapp-sample）を設定します。［Your new repository details］には、新しいリポジトリの名前を入力します。こちらは好きなものを入力してかまいません。公開範囲をPrivateに設定し、［Begin import］ボタンをクリックするとインポートが始まります。

図5-3　インポートの設定

　インポートには1〜2分程度時間がかかります。完了するとGitHubに登録されているメールアドレス宛てに完了通知が届きます。

5-2-2　ローカル環境を立ち上げる

　次に、手元のPC上でサンプルアプリケーションを起動します。最初に、上記でフォークまたはインポートしたリポジトリを `git clone` コマンドで取得します（図5-4）。

図5-4　GitHub上で複製するためのURLを取得する

```
// Gitリポジトリをローカル環境にダウンロードする
// たとえば、筆者のリポジトリであれば以下のようになる
$ git clone git@github.com:tsuemura/fastify-webapp-sample.git

// forkまたはimportしたURLを「git clone」の後に記載する
$ git clone {URL}
```

　次に、複製したアプリケーションのフォルダに移動し、インストールします。npm installコマンドは、アプリケーション内で利用しているパッケージを一括でインストールします。

```
$ cd fastify-webapp-sample
$ npm install
```

　次に、アプリの起動に必要な情報を生成します。env.exampleというファイルにサンプルを用意してあるので、これをそのままコピーしてしまいましょう。

```
$ cp .env.example .env
```

　次に、開発用サーバーを起動します。このときにデータベースなどのバックエンドも一緒に起動されます。

```
$ npm run dev

> fastify-react-sample@1.0.0 dev
> docker compose up -d && nodemon src/index.js

[+] Running 1/0
 ⸬ Container fastify-react-sample-db-1  Running          0.0s
[nodemon] 2.0.20
[nodemon] to restart at any time, enter `rs`
[nodemon] watching path(s): src/**/*
[nodemon] watching extensions: ts,mjs,ejs,js,json,graphql
[nodemon] starting `node src/index.js`

Server listening at http://0.0.0.0:8080
```

　最後に、データベースのマイグレーションを行います。マイグレーションとは、データベースのテーブル作成などのセットアップ作業のことを指します。別のターミナルをもう1つ起動して、以下のコマンドを実行しましょう。

```
$ npm run db:migrate
```

　これで準備完了です。先ほどのターミナルに出力されていた「http://0.0.0.0:808」というページにアクセスすると、図5-5のようなWebサイトが表示されます。

図5-5　サンプルアプリケーションが正常に起動した

5-2-3 デプロイする

次は、このサンプルアプリケーションをデプロイ、つまりインターネット上に公開してみましょう。デプロイには**Railway**というサービスを利用します。RailwayはいわゆるPaaS（Platform as a Service）と呼ばれるサービスの1つで、アプリケーションのデプロイに関わる煩雑なことを代わりに実行し、迅速な公開を手助けしてくれます。

Railwayを使うと、以下のようなことができます。

- データベース（PostgreSQL）付きの環境を用意できる
- GitHubリポジトリの特定のブランチをウォッチし、変更があれば自動的にデプロイしてくれる
- ブランチごとの環境を自動的に用意してくれる

Railwayは、最初の5ドル分は無料、以降は月額5ドル＋従量課金という契約形態になっています。本書の執筆時点では、無料枠の利用にクレジットカードの登録は必要ありません。

● Railwayの登録から新しいプロジェクトの作成まで

Railwayでは、プロジェクトという管理単位の中に複数のサービスを動作させることができます。今回は、テスト対象のアプリケーションのサービスと、利用するデータベースであるPostgreSQLのサービスを起動します。

Railwayを初めて利用する場合は、https://railway.app にアクセスし、［Start New Project］ボタンをクリックします（図5-6）。

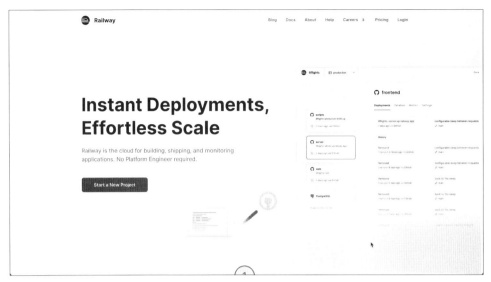

図5-6　Railwayに登録する

　Railwayを利用したことがある場合は、同様にhttps://railway.appにアクセスし、ログイン後に［+ New Project］ボタンをクリックして新規プロジェクトを作成します（図5-7）。

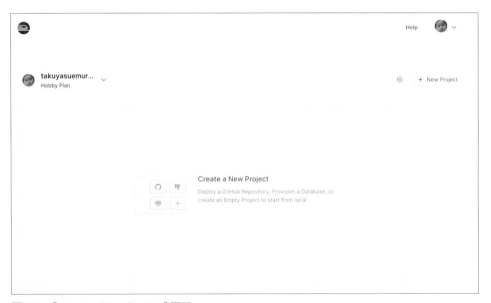

図5-7　［Create a New Project］画面

すると、プロジェクト内にデプロイするサービスを選択するダイアログが表示されるので、PostgreSQLのサービスをデプロイしましょう。Railwayでは、プロジェクトの作成時に［Deploy PostgreSQL］を選択するだけで（**図5-8**）、すぐに利用可能なデータベースのサービスが立ち上がります（**図5-9**）。

図5-8　［Deploy PostgreSQL］を選択

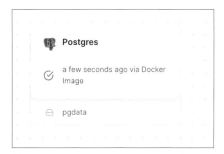

図5-9　PostgreSQLがセットアップされた

　次に、アプリケーションのサービスをデプロイします。PostgreSQLのサービスをデプロイした際と同じプロジェクトの中で［New］ボタンをクリックし、今度は［Deploy from GitHub repo］を選択しましょう。

●**GitHubリポジトリと接続する**

　PostgreSQLのセットアップが完了したら、引き続き［+ New］ボタンをクリックし（**図5-10**）、同じ要領でGitHubのリポジトリを追加します。ここでは93ページの「リポジトリをインポートする」でインポートしたリポジトリを選択します（**図5-11**）。

図5-10 ［+ New］ボタンをクリック

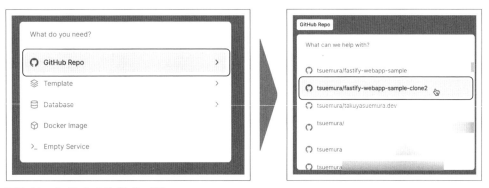

図5-11 GitHubリポジトリの追加

　作成されると、**図5-12**のように2種類のサービスが起動していることになります。
GitHubリポジトリはアプリケーションサーバー、PostgreSQLはデータベースサー
バーとして動作しています。

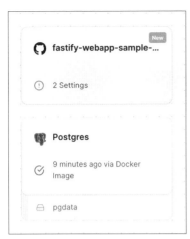

図5-12　GitHubリポジトリから、アプリケーションサーバーを作成した

●環境変数をセットする

　続いて、環境変数を設定していきます。環境変数とは、文字どおり環境ごとに異なる変数です。たとえば、現在の環境が本番環境か開発環境かによって、デバッグ用のメニューを表示させるかどうかを決定するような場合、サーバーに ENV=production ENV=development などの環境変数をセットし、それをアプリケーション側で読み込むのが一般的です。

　今回のサンプルアプリケーションでは、**データベースへのアクセス情報**と**セッショントークン**という2種類の用途に環境変数を利用しています。

　データベースへの接続情報をアプリケーション側に設定します。データベースの接続は図5-13のように設定します。

図5-13　データベースの接続情報を設定する

今回のサンプルアプリケーションでは、セッショントークンへの署名のために任意のランダムな値を`SESSION_SECRET`環境変数にセットします（図5-14）。この値はセキュリティのため、必ず**読者自身が生成したランダムな値**を設定してください。ランダムな値は次のコマンドで作成できます。

```
$ openssl rand -hex 16
2551b17402e6ff6666bc8adda8f47ecd
```

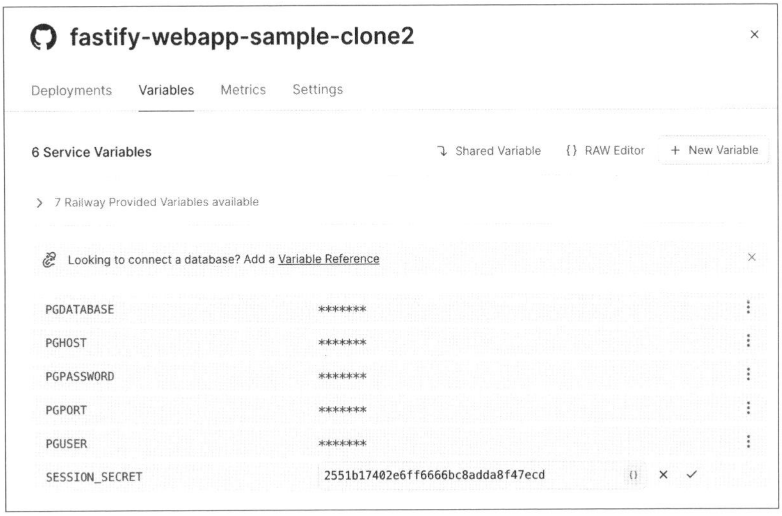

図5-14　SESSION_SECRETを環境変数に設定する

ここで発行したセッションシークレットは、アプリケーションがログインセッションを検証し、不正な値でないことを確認するための大切なものです。そのため、本書から書き写すのではなく、**必ずご自身の環境で作成し、漏洩させないようにしてください。**

5-3　サンプルアプリケーションを理解する

事前準備はこれで終了ですが、せっかくなのでデプロイしたばかりのサイトを触ってみましょう。

5-3-1　サンプルアプリケーションについて

サンプルサイトはお弁当注文アプリケーションを模した架空のものです。お客様と

店舗（お弁当屋さん）という2つのアクター（利用者）がいて、それぞれ相互にアプリケーションを使うような想定のものになっています。シングルテナント型、つまり1つの店舗だけが利用するシステムです。

5-3-2　画面構成

以下は、サンプルアプリケーションの主要な画面の一覧です。

●商品一覧

商品一覧は、どのユーザーも一番最初に見る箇所です（**図5-15**）。商品名、説明、値段が表示されており、カートに商品を入れることができます。未ログインのユーザーも注文できます。

図5-15　商品一覧

●カートの中の商品

商品をカートに入れると、カートの中の商品が表示されます（**図5-16**）。ここから、数量を変更したり、商品をカートから削除したりできる他、電話番号などの情報を入力して商品を注文できます。

図5-16　カートの中の商品

●注文完了

注文が完了すると、注文番号が表示されます（図5-17）。

図5-17　注文完了

●注文履歴（ログイン済みユーザー）

　ユーザー登録とログインを済ませたユーザーは、自分が注文した商品の注文履歴を見ることができます（図5-18）。

図5-18　注文履歴（ログイン済みユーザー）

●商品追加

　商品追加は、店舗だけに表示される画面です（図5-19）。ここから新しい商品を追加します。

図5-19　商品追加

●注文管理（店舗）

　店舗は、注文管理画面からすべてのお客様の注文を見ることができます（図5-20、図5-21）。

図5-20　注文管理（店舗）

図5-21　注文管理（店舗）引き渡し済み

5-3-3　ビジネスプロセスとユーザーストーリーについて

　アプリケーションがどのように使われるのかを理解するには、アプリケーションの**ビジネスプロセス**と**ユーザーストーリー**を理解するのがよいでしょう。

　ビジネスプロセスとは、業務の一連の流れのことです。たとえば、本書のサンプルアプリケーションはお弁当注文のシステムなので、お弁当を注文・購入するお客様と、お弁当を作るお弁当屋さんという2種類のユーザーがいます。お客様がお弁当を

注文し、お弁当屋さんがお弁当を作り、お客様がお店に来店し、お弁当屋さんがお弁当を引き渡すまでの一連の流れがビジネスプロセスです。

ユーザーストーリーは、それぞれの機能が、ユーザーのどのようなニーズを満たし、どのような価値を提供するのかを表す短い文です。たとえば、商品一覧のユーザーストーリーは次のようなものになります。

1. ユーザーとして、私は商品一覧を見られる
2. そうすることで私は好きなお弁当を選ぶことができる

この2つは、E2Eテストシナリオを書くときの**テストベース**になります。テストベースとは、テストシナリオを書く際の元ネタとなる、仕様などが記述されたドキュメントです。第6章以降では、これらをテストベースとして使って、自動テストコードを作成していきます。

5-3-4　サンプルアプリケーションのビジネスプロセス

以下は、このサンプルアプリケーションの代表的なビジネスプロセスです。

- お客様はお弁当をカートに入れられる
- お客様はお名前、電話番号、引取予定日時を入力してお弁当を注文できる
- お弁当屋さんはお客様が注文した一覧を見ることができる
- お弁当屋さんは引き渡しが完了した注文を「引き渡し済み」とマークする

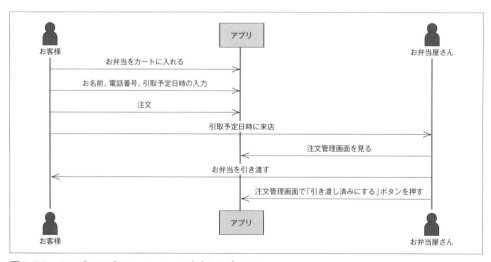

図5-22　サンプルアプリケーションのビジネスプロセス

5-3-5　サンプルアプリケーションのユーザーストーリー

以下は、このサンプルアプリケーションのユーザーストーリーです。

商品
- ユーザーは商品一覧を確認できる
  - ユーザーは商品ごとの名前、説明、価格を確認できる
  - ログインしている場合、お気に入りの商品が上位に表示される
- 店舗スタッフは商品を追加できる
- 店舗スタッフは商品を編集できる

カート
- ユーザーはログインせずに商品詳細から商品をカートに入れられる
- ユーザーは、カートの中の商品の数量を編集できる
- ユーザーは、カートの中の商品を削除できる

注文
- ユーザーは名前と電話番号、受け取り予定時間を入力して、商品を注文できる
- ユーザーは受け取り予定時間を30分単位で指定できる
- ユーザーはログインしなくても商品を注文できる

認証・ユーザー管理
- 店舗スタッフとしてログインできる
  - デフォルトのID・PW は admin/admin
- ユーザー登録できる
- ユーザーは名前と電話番号を登録できる
- ユーザーは登録済みの名前と電話番号を使って注文できる
- ユーザーはログアウトできる

注文履歴
- ユーザーはログインするとこれまでの注文履歴を確認できる
  - まだ一度も注文したことがない状態では、「注文がありません」と表示される

お気に入り

● ユーザーはログインすると商品をお気に入りに追加できる

注文管理

● 店舗スタッフは注文管理画面から全ユーザーの注文履歴を確認できる
● 店舗スタッフは注文管理画面からユーザーの注文を完了扱いにできる
  ● 未完了の注文は、注文管理画面で「この注文を引き渡しました」をクリックすると、完了済みにできる
  ● 完了済みの注文は、注文管理画面で「引き渡し済みの注文です」と表示される
  ● 完了済みの注文は、ユーザーの注文履歴からも「引き渡し済みの注文です」と表示される

在庫管理

● 店舗スタッフは商品に一日の注文可能数を設定できる
  ● 店舗スタッフは、商品にデフォルトの注文可能数と、現時点での注文可能数を設定できる
    ● 店舗スタッフは、デフォルトの注文可能数を変更できる。ユーザーは、デフォルトの注文可能数まで商品を注文できる
    ● 店舗スタッフは、現時点での注文可能数を変更できる。ユーザーは、現時点での注文可能数まで商品を注文できる
    ● 店舗スタッフがデフォルトの注文可能数を設定し、現時点での注文可能数を設定しなかった場合、ユーザーが商品を注文すると、現時点での注文可能数は（デフォルトの注文可能数 − ユーザーの注文可能数）に自動的に設定される
    ● 店舗スタッフがデフォルトの注文可能数を変更した場合、すでに現時点での注文可能数が計算されている場合には、その数量は変更されない
  ● 店舗スタッフは商品編集画面から商品の注文可能数を増やしたり、減らしたりできる
  ● ユーザーは、商品一覧画面から、商品の注文可能数を「残りn個注文可能です」という表記で確認できる
  ● ユーザーは、一日の注文可能数を超えた注文は、注文できなくなる

- ユーザーは、注文可能数が設定されていない商品は、いくつでも注文できる
- ユーザーは、一日の注文可能数を超える場合でも、異なる日付であればそれぞれ注文可能である

ナビゲーション
- ユーザーは各ページ上のナビゲーションバーからページ遷移できる

まとめ

　この章では、サンプルアプリケーションのセットアップとデプロイ、それから基本的な使い方について学びました。普段からアプリケーション開発に慣れ親しんでいる人たちにとっては簡単だったかもしれませんが、そうでない人たちにとっては少し大変だったかもしれません。自動テストを実装する上で、テスト対象の環境構築は欠かせないパートなので、この章で流れをつかんだら、ぜひ実際のプロジェクトでも試してみてください。

　次の章では、この章で実施した内容に加え、最小限の自動テストを作り、それを開発サイクルの中に組み込んでいきます。

第6章 | 最小限のテストをデプロイする

　この章では、開発サイクルの中に自動テストを組み込み、開発サイクルの中で常に自動テストを実行するようにします。この段階では、自動テストのコードは一部分しかできていませんが、自動テストの最も重要な部分、すなわち**アプリケーションが継続的に検証され続ける**状態を作ります。また、同時に**チームメンバーへのデモ**をして、これから開発を続けるたびにテストコードを増やしていく土台を作ります。

【サンプルコード】

　この章のサンプルコードは`fastify-webapp-sample`リポジトリの`ch06`ブランチから確認できます。手元のコードを利用する場合は、以下のコマンドで`ch06`ブランチにチェックアウトしてください。

```
$ git checkout ch06
```

Webブラウザ上で確認したい場合は、以下のURLから確認してください。

https://github.com/tsuemura/fastify-webapp-sample/tree/ch06

6-1　テストを書き始める前に

　自動テストの1行目を書き始める前に、まずはテストの進め方や方針についておさらいしましょう。

6-1-1　おおまかな流れ

この章の記述では、以下のような開発とリリースの流れを想定しています（図6-1）。

●開発の流れ

1. まず、開発者は`main`ブランチから、機能ブランチを作ります。これはある機能やバグフィックスを表すブランチです
2. GitHub上でコードレビューなどが完了したら、機能ブランチを`main`ブランチにマージ（merge）します

●リリースの流れ

1. Railwayは、最新の`main`ブランチを自動的に本番環境にリリースします

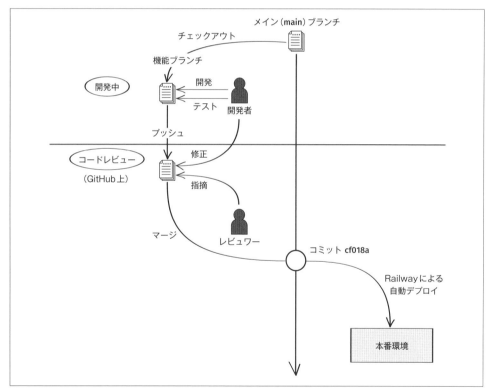

図6-1　開発とリリースの流れ

この流れに自動テストを追加します。全体の流れは**図6-2**のように変わります。

●自動テストがある状態での開発の流れ

1. まず、開発者は`main`ブランチから、機能ブランチを作ります。これは特定の機能やバグフィックスを表すブランチです

2. 開発者は開発中からテストコードを書きます。また、開発者のローカル開発環境ですべてのテストケースがパスするまで、次の段階には進めません

3. GitHub上でコードレビューなどが完了したら、機能ブランチを`main`ブランチにマージ（merge）します

●自動テストがある状態でのリリースの流れ

1. CI/CDツールは`main`ブランチへのマージをトリガーにして、そのコミットをステージング環境にデプロイします

2. CI/CDツールはステージング環境に対してテストを実行します

3. すべての自動テストを通過したら、CI/CDツールは本番環境にデプロイします。これでリリース作業は完了です

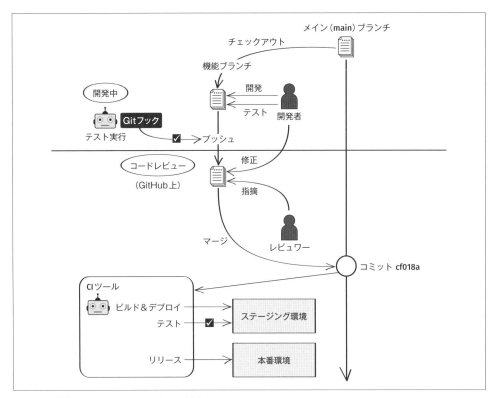

図6-2　開発、テスト、リリースまでの流れ

これまでは、マージされた変更を自動的にデプロイしていましたが、これからは「すべての自動テストを通過したら」という条件付きになりました。そのため、Railwayによる自動デプロイを止めて、ステージング環境で検証済みのものだけを本番環境にデプロイするように変更します。

6-1-2　パイプラインから始める

ところで、なぜ**まだテストコードもできていないのに、開発サイクルに自動テストを組み込み、アプリケーションが継続的に検証され続ける**状態を作り始めるのでしょうか。これは筆者の個人的な哲学として、最小限のものを使える状態にすることから始めて、徐々にその価値を高めていくのが、テストコードだけでなくソフトウェア開発における定石だと考えているからです[※1]。

ありがちな失敗は、最初にローカル環境で多くのものを作り込んでしまって、後からデプロイする段階になってうまく動かないことに気づいたり、それによって多くの修正を余儀なくされたり、最悪のパターンではすべてを一度捨ててやり直したりするようなケースです。これは、たとえば、現在利用しているCI/CDツールや自動テストフレームワークとの相性など、技術的な制約に**後から気づく**ために生まれます。

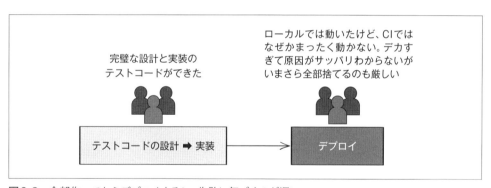

図6-3　全部作ってからデプロイすると、失敗に気づくのが遅い

一方で、ミニマムなものを先に作って**とりあえず全体の流れを通しておく**と、後になって深刻な決定ミスに気づくようなことは少なくなります。Webアプリケーション開発でいえば、最初に完成品を作り上げてしまうよりも、まずはミニマムなものを作り

[※1]　筆者は駆け出しの頃、「Ruby on Rails チュートリアル」(https://railstutorial.jp/) を読んで学びました。このチュートリアルも、やはり最初にheroku（本書で紹介しているRailwayのようなサービスの先駆けとなったもの）に「hello world」程度のWebアプリケーションをデプロイするところから始まります。

上げ、サーバーにデプロイするところから始めるべきです。また、その流れが自動で行われるようになっていれば、開発の過程で**アプリケーションはできているけど、デプロイはうまくいかない**というような深刻な状態に気づくのが早くなります。これは、先ほど述べたように、技術的な制約や、現在使っているツールとの相性などを確認するためにも重要です。

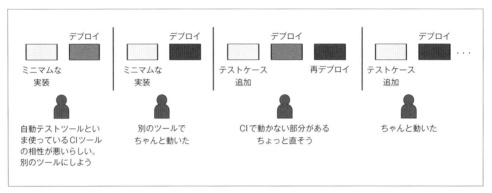

図6-4　ミニマムなものから始めれば誤りに素早く気づけるようになる

テストコードにおける「デプロイ」とは、開発プロセスの中でテストコードが継続的に実行されている状態を指します。たとえば、CIにより定期的にステージング環境に対してテストが実行されたり、コミットフックによりテストコードが実行されたりすることを指します。

最初にデプロイから始めれば、あなたのチームは自動テストのメリットを最速で確認できます。たとえ、それがごくごく小さなメリットだとしても、ゼロであるよりは大きいはずです。そのため、まず目指すのは、主要なテストケースを網羅することよりも、テストを継続して実行する**パイプライン**を作ることだと念頭に置いておきましょう。

6-1-3　開発中からテストをする

第1部でも述べたように、自動テストを開発中から実行するのは、開発がすべて終わってから実行するよりも多くのメリットがあります。

開発チームと別のQAチームが編成されている組織では、多くの場合、開発が終わってからテストを行います。このような場合、開発者たちはテスト工程が完了するまで、自分たちの実装が正しいかどうかを確認することができません。また、もしかしたら不完全なソフトウェアをQAチームに渡してしまい、彼らのテストを阻害してし

まう可能性もあるかもしれません。

　そのため、テストケースがもともとQAチームが（多くの場合手動で）実施していた
ものだとしても、ひとたび自動化されたなら、それらはできる限り開発中に実行され
るように整備すべきです。そうすることで、開発チームは自分たちの仕事が正しいこ
とをすぐに確認でき、QAチームは新たなバグやリスクを見つけることに専念できま
す。

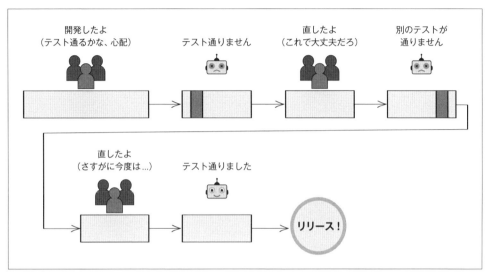

図6-5　開発が終わってからテストする

　QAチームがテストをする場合、ステージング環境など、複数の機能ブランチが
マージされた環境でテストを実行することが多いでしょう。一方、開発中にテストを
する、という場合には、主に以下のような環境に実行することを指します。

- 開発者個人の開発（ローカル）環境
- 機能ブランチごとのテスト環境

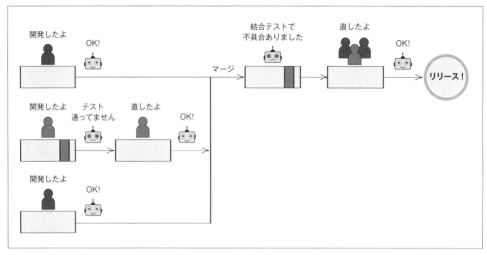

図6-6　開発サイクルの様々なタイミングでテストする

　いずれの場合も、メインまたはそれに近いブランチにマージされる前にテストを実行する、というのが基本的なアイデアです。また、どのような環境で実行する場合でも、手動で実行を開始するのではなく、自動実行されるようにフックを設定しておくのが一般的です。

6-1-4　自動テストに利用する技術を選定する

●技術選定における一般的な選定軸

　テストコードを書き始める前に、どのような技術（ライブラリ、ツールなど）を使って実装するかを検討する**技術選定**が必要になります。選定の要素は様々ですが、例として以下のような点を配慮しながら技術選定を進めるとスムーズでしょう。

- テストする対象は**システムすべて**なのか、それとも**UIのみ**なのか
- テストケースやテストの結果を見るのは主に**開発者**なのか、それとも**関心のあるすべてのステークホルダー**なのか
- テストをいつ実行するのか。**リリースの直前**なのか、それとも**開発中から実行する**のか
- 機能性以外に確認したいものはあるか。たとえば、実行されるデバイスやOSなどの**互換性**にどれだけ気を配るか

もちろん、この他にも**十分にメンテナンスがされているか・枯れているか（長期間運

用され、バグが少ないか）・導入は容易かなどの一般的な観点も必要になります。

●アプリケーションやチームの特色から考える

　上記に挙げたような一般的な選定軸を踏まえつつ、アプリケーションやチームの特色、そして自動テストに求められる**要求**から考えることも重要になってきます。たとえば、今回のサンプルコード`fastify-webapp-sample`は、以下のような想定で作成しています。

- まず、単体テストなども含め**まったくテストコードを書いていません**。そのため、開発チームは最初にE2Eレベルでの**システム全体**のテストを自動化したいと考えています。E2Eテストであれば、コードに大きな変更を加えなくてもミニマムな自動テストを実装でき、かつユースケースレベルでの動作を保証できることから、これから単体テストなどのE2E以外のテストコードを追加するための足がかりになると考えているからです。

- 次に、テストケースやテストの結果は**関心のあるステークホルダー**すべてに見てもらいたいと考えています。そうすることで、開発者のみならず、コードの読み書きに慣れていない他のチームにも成果を共有しやすいと考えています。将来的には**開発中から実行したい**と考えていますが、当面はまずミニマムな達成目標として**リリースの直前**に実施している手動テストの自動化から入りたいと考えています。

- そして、マーケティングチームからの要望で、モダンブラウザ（ここではGoogle Chrome、Firefox、Edge、Safari）での動作確認は最低限実施したいです。つまり、ブラウザ間の**互換性**をテストしたいと思っています。

●最終的な選定結果

　上記の事柄を踏まえ、本書では（＝つまり、本書のサンプルコードである`fastify-sample-app`の開発チームは）**CodeceptJS＋Playwright**の組み合わせを使うことにしました。CodeceptJSはE2Eテストのためのライブラリで、テストコードを**利用者目線**で記述することに特化しています。テストコードは英語などの自然言語に近い形で記述され、開発者以外にも読みやすいコードになります。Playwrightはクロスブラウザ（Chromium、Firefox、WebKit）でのテスト実行をサポートし、かつインストールに必要な手順が少ないため、開発者にもスムーズに利用してもらえることが期待で

きます。この2つの組み合わせはライブラリ側で公式にサポートされているものです。

状況次第では、次のような選択肢もあったでしょう。

- **Ruby on Rails** や **Laravel** などのフレームワークには、E2Eテストも含めた自動テストを記述するためのライブラリや、自動テストについての公式ドキュメントが存在します。テストのためにあえて別のツールを入れるよりも、フレームワークが提供するやり方を踏襲したほうが、余計な手間を省けることも多いです。
- テスト対象がシステムレベルでなくてもよく、かつそれぞれのコンポーネントがテスト可能な設計になっているのであれば、それらの単体テスト、結合テストを書くという選択肢もあります。たとえば、**Karate** のようなツールでバックエンドのREST APIのテストを書いたり、逆にバックエンド側をスタブ[※2]したりして、**Jest** のようなツールでUIのみのテストを書くのもよいでしょう。**React** などのUIフレームワークは、公式ドキュメントの中でUI単体のテストに利用する推奨ツールを紹介しています。
- クロスブラウザテストを諦めてもよい場合は、**Cypress Puppeteer** などのツールも検討材料に入るでしょう。
- より利用者目線でテストコードを記述したい場合、**Gauge** や **Cucumber** のようなツールを使ってテストシナリオを自然言語に近い形で書くという選択肢もあります。前者はMarkdown、後者はGherkin[※3]でテストコードを記述します。

本書では触れませんが、E2E自動テストを様々なフレームワークで簡易的に実装してみるのもよいでしょう。本書の内容を一通り試した後、上記のライブラリで同様のことを試して、皆さんのチームにどのツールが最適なのか検討してみるのもよいかもしれません。こうした取り組みは開発者の間で**素振り**と呼ばれることがあります。手慣れた開発者であれば素振りのネタをいくつか持っています。たとえば、ToDoアプリは

[※2] 特定の関数やメソッド、APIの偽物を作り、任意の値を返すようにして（スタブ）テストをしやすくするテクニック。

[※3] Cucumberで使われている独自の記法で、テストシナリオをGiven（前提）・When（アクション）・Then（期待される結果）という3つのキーワードで定式化して、それらに対応するテストコードを実装します。

CRUD[※4]を実装するサンプルとして適しており、新しいフレームワークの書き味を試すのに適しています。同様に、本書の内容を素振りのネタとしてストックしておけば、今後新しいテストツールを試す際に役立つかもしれません。

6-2　ツールのインストール

この章で実施する内容や、利用するツールについて理解できたでしょうか。それではいよいよツールをインストールして、最初のテストを書き始めましょう。ライブラリやブラウザなど容量の大きなファイルをダウンロードするので、ある程度高速なネットワーク環境で実施するのをおすすめします。

6-2-1　利用するバージョン

本書で利用するライブラリのバージョンは以下のとおりです。

- CodeceptJS v3.3.7
- Playwright v1.30.0

6-2-2　動作確認用のコードを書く

第5章で準備したサンプルアプリケーションにテストコードを追加します。まずは、e2eフォルダを追加します。以下のコマンドを実行して追加しましょう。

```
# カレントワーキングディレクトリがfastify-webapp-sample直下であることを確認
$ pwd
/Users/takuyasuemura/fastify-webapp-sample

$ mkdir e2e
$ cd e2e
```

ディレクトリ構成は以下のようになります。

[※4]　Create（作成）・Read（読み込み）・Update（更新）・Delete（削除）の略。1つのデータモデルに対して行われる代表的な4つの操作を表します。

```
.
├── db
├── e2e  ●───────────────── このディレクトリを追加した
├── images
├── node_modules
└── src
```

次に、ディレクトリ内で必要なツールをインストールします。

```
$ npm init -y
$ npm install codeceptjs@3.3.7 playwright@1.30.0
```

　ここで利用した npm というコマンドは、Node.js のパッケージマネージャーです。パッケージマネージャーとは、プロジェクト内で利用しているライブラリのバージョンの管理などを行うツールです。npm によってインストールされたファイルは .node_modules フォルダに格納されます。プロジェクトごとにライブラリをインストールするので、他の環境とのバージョンの競合を避けたり、複数の開発者間で同じ環境を準備するのに適しています。

6-2-3　Git の設定

　ここで Git の設定をしておきましょう。Git を設定するには、e2e ディレクトリの中に .gitignore ファイルを作成し、以下のように入力します。

```
e2e/.gitignore
node_modules
output
```

この 2 つの設定は、Git の管理対象から以下のファイルを除外します。

- node_modules にインストールされたライブラリ
- output フォルダに出力される、テスト実行によって生成されたスクリーンショットなどのアセット

どうして .node_modules フォルダが2つあるの？

CodeceptJSとPlaywrightをインストールすると、以下のように2つの.node_modulesフォルダができます。

```
.
├── db
│   ├── init
│   └── migrations
├── e2e
│   └── node_modules
├── images
├── node_modules
...
```

　これは、本体のアプリケーション側と、E2Eテストコードとで、パッケージ管理を分けているからです。今回はサンプルアプリケーションもJavaScript（Node.js）で実装しているので、npmを使って同じパッケージ管理システムにまとめることもできます。ただし、読者の皆さんが現場でNode.jsを使ったアプリケーション開発をしているとは限らないことや、今後別の言語やフレームワークを使うときに簡単にE2Eテスト部分だけを切り出せるように、ポータビリティ（可搬性）を意識して、パッケージ管理やソースコードの記述場所なども含めe2eフォルダ内で完結するように記述しています。

　同様に、.gitignoreファイルについても、アプリケーション用のものとは別にe2eフォルダにも作成しています。

6-2-4　CodeceptJS のセットアップ

　次に、CodeceptJSの初回セットアップを行います。以下のコマンドを実行すると、対話式の設定画面が表示されます。ここでは、先ほど使ったnpmではなく、npxという別のコマンドを使っている点に気をつけてください。npx は、npm コマンドを用いてインストールしたパッケージをコマンドラインから実行するための専用のコマンドです。よくわからなければ、npx codeceptjs コマンドでCodeceptJSを呼び出せるということだけ覚えておいてください。

```
$ npx codeceptjs init
```

　以下に、本書における設定内容を示します。Enterキーを押すとデフォルト値が利用されるので、基本的にEnterキーを押していくだけで問題ありません。途中、「Feature which is being tested」という選択肢だけは入力必須ですので、smokeと入力しましょう。この後にも紹介しますが、**スモークテスト**[※5]とは、アプリケーションから深刻なエラーが発生しないことを確かめるだけの簡単なテストのことです。

```
$ npx codeceptjs init

  Welcome to CodeceptJS initialization tool
  It will prepare and configure a test environment for you

 Useful links:

   ☞ How to start testing ASAP: https://codecept.io/quickstart/#init
   ☞ How to select helper: https://codecept.io/basics/#architecture
   ☞ TypeScript setup: https://codecept.io/typescript/#getting-started

Installing to /Users/takuyasuemura/ghq/github.com/tsuemura/fastify-⇨
webapp-sample/e2e
? Do you plan to write tests in TypeScript? No
? Where are your tests located? ./*_test.js
? What helpers do you want to use? Playwright
? Where should logs, screenshots, and reports to be stored? ./output
? Do you want to enable localization for tests? http://bit.ly/3GNUB⇨
bh English (no localization)
Configure helpers...
? [Playwright] Base url of site to be tested http://localhost
? [Playwright] Show browser window Yes
? [Playwright] Browser in which testing will be performed. Possible ⇨
options: chromium, firefox, webkit or electron chromium

                                          すべてデフォルトのままEnter
Steps file created at ./steps_file.js
Config created at /Users/takuyasuemura/ghq/github.com/tsuemura/fastify-⇨
webapp-sample/e2e/codecept.conf.js
Directory for temporary output files created at './output'
Intellisense enabled in /Users/takuyasuemura/ghq/github.com/tsuemura/⇨
```

[※5]　電源を入れても煙が出ないことを確認する、というニュアンスからこう呼ばれているそうです。

```
fastify-webapp-sample/e2e/jsconfig.json
Installing packages:

...

Creating a new test...
----------------------
? Feature which is being tested (ex: account, login, etc) smoke
? Filename of a test smoke_test.js

Test for smoke_test.js was created in /Users/takuyasuemura/ghq/github.⇨
com/tsuemura/fastify-webapp-sample/e2e/smoke_test.js

--
CodeceptJS Installed! Enjoy supercharged testing! 😎
Find more information at https://codecept.io
```

最初に作るテスト
ケースの名前

プロジェクトの初期化が完了すると、次のようなファイルが生成されます。

```
.
├── codecept.conf.js  // CodeceptJSの設定ファイル
├── jsconfig.json
├── node_modules
├── output
├── package-lock.json
├── steps.d.ts
├── steps_file.js
└── smoke_test.js  // テストを記述するファイル
```

6-2-5　動作確認

　インストールが正しく行われたかどうか、実際にテストを実行して確認します。
smoke_test.jsに以下のように記述してください。

```
e2e/smoke_test.js
```
```
Feature('スモークテスト');

Scenario('example.comにアクセスする', ({ I }) => {
  I.amOnPage('https://example.com')
  I.see('Example Domain')
});
```

以下のコマンドでテストを実行します。一瞬だけブラウザが立ち上がり、続いてコンソールに「OK | 1 passed」と表示されればOKです。

```
$ npx codeceptjs run

CodeceptJS v3.3.7 #StandWithUkraine
Using test root "/Users/takuyasuemura/ghq/github.com/tsuemura/fastify-⇨
webapp-sample/e2e"

スモークテスト --
  ✓ example.comにアクセスする in 1359ms

  OK  | 1 passed   // 2s
```

● 文法の確認

ここで、簡単にCodeceptJSの文法を解説しておきましょう。

・I

すべての操作はIから始まる英文の形を取ります。たとえばクリックならば「I click "送信"」（私は「送信」をクリックします）という英文をCodeceptJSの文法に直した記法になります。

```
// I am on page "https://example.com"
// 私は "https://example.com" ページにいます = "https://example.com" ページ⇨
に遷移する
I.amOnPage('https://example.com')

// I see "Example Domain"
// 私は "Example Domain" を見ます = "Example Domain" という文字が画面に表示さ⇨
れていることを確認する
I.see('Example Domain')

// I click "Click me!"
// 私は "Click me!" をクリックします = "Click me!" と書いてあるリンク・ボタンなど⇨
をクリックする
I.click('Click me!')
```

同様に、文字入力の場合は「I fill field "Eメール" "takuya@example.com"」（私は「Eメール」に「takuya@example.com」と入力します）という英文をCodeceptJSの文

法に直したものにします。

```
// I fill field "Eメール" "takuya@example.com"
// 私は "Eメール" フィールドに "takuya@example.com" と入力します
I.fillField('Eメール', 'takuya@example.com')
```

・Feature、Scenario

CodeceptJSでは、テストシナリオの管理に**Feature**と**Scenario**という2つを利用します。**Scenario**が1つのテストケースを表し、**Feature**が**Scenario**をまとめたものになります。たとえば、上記の例では「スモークテスト」というFeatureをテストする複数のScenarioが存在することになります。

●**テストシナリオの記法の拡張について**

ここで、Feature("スモークテスト")という記法に違和感を感じた人もいるのではないでしょうか。

一般的には、Featureという言葉は1つの機能を表します。たとえば、ログイン機能を一通りテストするためにはFeature("Login")という記述からスタートするとわかりやすいでしょう。しかし、スモークテストとは重大なエラーが出ないことを確認するという目的のテストの集まり、つまり**テストタイプ**なので、Feature("スモークテスト")という使い方は不自然です。ある目的のための一揃いのテストケースを指す用語としては、スイート（Suite）を使うのが英文としては自然でしょう。たとえば、「A suite of smoke test」のように書けば、英文として自然です。

CodeceptJSでは、テストコードの記述に使用する語彙を自由にアレンジできます。今回はFeature("スモークテスト")という言い回しの代わりにSuiteOf("スモークテスト)という言葉を使うようにします。これは、以下の2つの手順で簡単に設定できます。

1. vocabularies.jsonをe2eフォルダの中に作成して、「Feature」の代わりに使いたい用語を登録する
2. 設定ファイルcodecept.conf.jsにvocabularies.jsonを登録する

```
e2e/vocabularies.json
{
    "contexts": {
        "Feature": "SuiteOf"
    }
}
```

```
e2e/codecept.conf.js
// 省略
exports.config = {
  // 省略
  include: {
    I: './steps_file.js'
  },
  translation: 'en-US',
  vocabularies: ['./vocabularies.json'],
  name: 'e2e'
};
```
└── 追加

　すると、FeatureではなくSuiteOfという表記も使えるようになります。Feature表記も引き続き使えます。

```
e2e/smoke_test.js
SuiteOf('スモークテスト'); ←──────── 変更

Scenario('example.comにアクセスする', ({ I }) => {
  I.amOnPage('https://example.com')
  I.see('Example Domain')
});
```

　この設定は必須のものではなく、あくまでオプショナルなものですが、テストコードの可読性を高めるためにとても便利なテクニックです。**最小限のテストをデプロイする**という目標からすると細かい変更ですが、**読んで意味が伝わる**というのはテストコードにとってとても重要なことなので、このタイミングで入れておきましょう。

語彙（Vocabulary）と翻訳（Translation）

ところで、CodeceptJSをインストールする際に、「Translation」という項目があったのを覚えているでしょうか。これは**テストコードの記述**を他言語に切り替えるためのものです。たとえば日本語であれば、以下のような記述ができるようになります。

```
// English
Scenario('Can Login', ({ I }) => {
  I.amOnPage('/Login')
  I.fillField('Email', 'takuya@example.com')
  I.click('Login')
})


// 日本語
Scenario('ログインできる', ({ 私は }) => {
  私は.ページを移動する('/login')
  私は.フィールドに入力する("Email", "takuya@example.com")
  私は.クリックする('ログイン')
});
```

vocabulariesを登録するときに、一緒にtranslationという項目を追加しましたが、この部分を別の記述にすれば言語の切り替えもできます。たとえば、日本語に設定するには`translation: "ja-JP",`となります。本書では英語表記で統一しますが、日本語のほうが自然に読めるのであればそれに越したことはありません。チームの意見や反応を見ながら変えてみてください。なお、日本語に設定したとしても、デフォルトの英語表記は引き続き利用できます。

6-2-6　コミット

ここまでの変更をGitにコミットしておきましょう。コミットとは、追加・変更・削除などの履歴をGitに登録することです。無事にツールのインストールを終え、動作確認まで済んでいるこのタイミングでコミットしておけば、後で何かを間違えて戻したいと思ったときに簡単に戻すことができます。コマンドラインでの操作の場合、以下のように操作しましょう。

```
# 変更したファイルをすべてコミット対象（stage）に入れる
$ git add -A
```

```
# 必要なファイルがコミット対象に入っていることを確認する
# もしここでnode_modulesやoutputディレクトリのファイルが表示される場合、⇨
.gitignoreの設定がうまく反映されていない
$ git status


On branch main
Changes to be committed:
  (use "git restore --staged <file>..." to unstage)
        new file:   e2e/.gitignore
        new file:   e2e/codecept.conf.js
        new file:   e2e/jsconfig.json
        new file:   e2e/package-lock.json
        new file:   e2e/package.json
        new file:   e2e/smoke_test.js
        new file:   e2e/steps.d.ts
        new file:   e2e/steps_file.js
        new file:   e2e/vocabularies.json

# コミット
$ git commit -m "E2Eテストツールのインストール"
```

6-3　最初のテストを作る

6-3-1　スモークテストを作る

　環境構築が完了したところで、いよいよ最初のテストを書き始めます。5-2節「サンプルアプリを動かす」の「5-2-3　デプロイする」の手順を終えていれば、そのときに作成されたURLを使ってください。以下の説明では、筆者がデプロイした環境 (fastify-webapp-sample.takuyasuemura.dev/) を対象にテストコードを書いていきますが、必要に応じてご自身の環境のURLに差し替えてください。

　最初のテストには「スモークテスト」を作るのが効果的です。スモークテストは非常にシンプルで、ごく基本的なユースケースしかテストしません。スモークテストでバグが見つかる可能性は極めて低いのですが、最悪の事態 (たとえば、サイトがまったく動作しない、特定の画面がサーバーエラーになるなど) は事前に防ぐことができます。

　最初はコードの書き方に慣れるために、トップページが表示できることと、ログインできることを確認しましょう (図6-7〜図6-9)。

- デプロイ環境（今回は fastify-webapp-sample.takuyasuemura.dev/）にアクセスする
- ユーザー名「user1」、パスワード「super-strong-passphrase」でログインする
- 「user1さん」と表示されていることを確認する

図6-7　ログイン前のトップページ

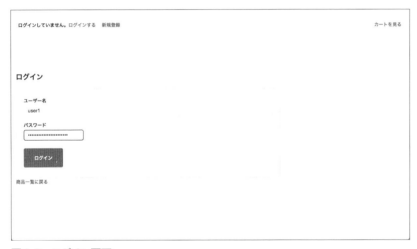

図6-8　ログイン画面

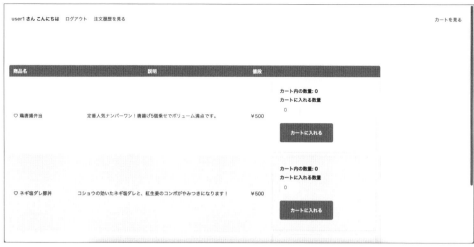

図6-9　ログイン後のトップページ

なぜスモークテストから始めるのか？

　スモークテストがバグを見つけることはほとんどありません。なぜなら、そもそも目に見えておかしい状態のプロダクトをリリースする開発者なんてどこにもいないからです（いないですよね？）。特に、E2Eテストをステージング環境などでのみ実行する場合はなおさらでしょう。言い換えれば、バグを防ぐ目的でスモークテストをしてもあまり効果はありません。

　スモークテストはバグをリリースすることを防ぎませんが、開発効率を高めてくれます。開発者がこれまで手動でやってきたごく簡単な確認手順を置き換えて、開発をスムーズに進める手助けをしてくれます。これは開発者にE2Eテストを広めるのにも効果的です。

　新しいバグを見つけるためには、頻繁に変更される箇所にテストを書くのが効果的ですが、あまり早い段階から変更の多い箇所にテストを書き始めてしまうと、E2Eテストの導入とともにメンテナンスコストが急にのしかかるようになってしまいます。書き始めたばかりのE2Eテストはそのままでは安定性が低く、継続して運用していく中で安定性を高めていくのがベターです。そのため、まずは導入をスムーズに進めるのを優先し、スモークテストから始めることをおすすめしています。

6-3-2 インタラクティブシェルを使ってテストコードを書く

テストコードを書くときに、ブラウザとエディタを行ったり来たりしながらコードを書くのは面倒です。CodeceptJSのインタラクティブシェル（Interactive Shell）を使うと、「結果を確認しながら1行ずつテストコードを書く」ことができるようになります。

以下のコマンドを実行すると、ブラウザが開き、待受状態になります。

```
$ npx codeceptjs shell
```

シェル側は`I.`に続く文字列を待ち受けている状態になります（**図6-10**）。

```
String interactive shell for current suite...
Interactive shell started
Use JavaScript syntax to try steps in action
- Press ENTER to run the next step
- Press TAB twice to see all available commands
- Type exit + Enter to exit the interactive shell
- Prefix => to run js commands
I.
```

図6-10　インタラクティブシェル

この状態で、インタラクティブシェルに次のように入力すると、ページ遷移が発生するはずです。ここでは筆者が事前にデプロイしておいたサイトに遷移するように書いていますが、必要に応じて書き換えてください。後でテストコードとして保存する際に書き直しても問題ありません。

```
// URLは必要に応じて書き換えてください
I.amOnPage('https://fastify-webapp-sample.takuyasuemura.dev/')
```

続けて入力していきます。

```
I.click('ログインする')
I.fillField('ユーザー名', 'user1')
I.fillField('パスワード', 'super-strong-passphrase')
I.click('ログイン')
I.see('user1 さん')
```

一通り書き終えたら、プロンプトの`I.`の後に、何も入力せずにEnterを入力すると、インタラクティブシェルが終了し、ファイルが保存されたパスが表示されます。

生成されたファイルを確認すると、タイムスタンプ付きで実行した操作が記録されています。また、途中でタイプミスなどで失敗したステップは無視されます。

コマンド全体の例を以下に記します。

```
$ npx codeceptjs shell

Starting interactive shell for current suite...
 Interactive shell started
 Use JavaScript syntax to try steps in action
 - Press ENTER to run the next step
 - Press TAB twice to see all available commands
 - Type exit + Enter to exit the interactive shell
 - Prefix => to run js commands
 I.amOnPage('fastify-webapp-sample.takuyasuemura.dev/')
 I.click('ログイン')
 I.fillField('ユーザー名', 'user1')
 I.fillField('パスワード', 'super-strong-passphrase')
 I.click('ログイン')
 I.see('user1さん')
 FAIL  expected web application to include "user1さん"
 ERROR
 I.see('user1 さん')
  OK   I.see('user1 さん')
 I.   #ここでEnterを入力し、Shellを終了する
Exiting interactive shell....
 Commands have been saved to /Users/takuyasuemura/fastify-webapp-sample⇨
/e2e/output/cli-history
```

出力されたファイルは次のようになっているはずです。

```
<<< Recorded commands on Mon Feb 13 2023 21:41:04 GMT+0900 (Japan ⇨
Standard Time)
I.amOnPage('fastify-webapp-sample.takuyasuemura.dev/')
I.click('ログインする')
I.fillField('ユーザー名', 'user1')
I.fillField('パスワード', 'super-strong-passphrase')
I.click('ログイン')
I.see('user1 さん')
```

記録されたコードをテストコードの形に直しましょう。smoke_test.jsに新たなシナリオを追加します。

```
e2e/smoke_test.js
SuiteOf('スモークテスト')

Scenario('example.comにアクセスする', ({ I }) => {
  I.amOnPage('https://example.com')
  I.see('Example Domain')
});

Scenario('Webサイトを開きログインする', ({ I }) => {
  I.amOnPage('fastify-webapp-sample.takuyasuemura.dev/')
  I.click('ログインする')
  I.fillField('ユーザー名', 'user1')
  I.fillField('パスワード', 'super-strong-passphrase')
  I.click('ログイン')
  I.see('user1 さん')
});
```

追加

TIPS --

CodeceptJS の要素探索 「Semantic Locator」について

　過去にテストコードを書いた経験のある方は、CodeceptJS がどのように「ログイン」「Email」などの要素を見つけているのか疑問に思われる方もいるかもしれません。要素を見つける際には、CSS セレクタや XPath などを使って要素を探すのが一般的ですが、CodeceptJS は単に「ログイン」などの文言をクリックするだけで要素を特定しているように見えます。

　CodeceptJS には**Semantic Locator**という機能があり、CSS や XPath 以外の文字を指定すると、その文言を含む要素を自動的に見つけてきます。探索対象の要素はメソッドによって異なり、たとえば**click**であれば<a>や<button>などのタグから、指定された文字列を持つものを探します。この機能とインタラクティブシェルの組み合わせで、基本的なテストを素早く書くことができます。

6-3-3　テストを実行する

　早速、このテストを実行してみましょう。コンソールから以下のコマンドを実行してください。

```
$ npx codeceptjs run smoke_test.js --steps
```

動作確認のときにはなかった--stepsという引数がありますが、これは出力結果に
ステップを表示させるためのものです。デバッグの際に使用すると便利です。

```
npx codeceptjs run --steps
CodeceptJS v3.3.7 #StandWithUkraine
Using test root "/Users/takuyasuemura/ghq/github.com/tsuemura/fastify-⇨
webapp-sample/e2e"

スモークテスト --
  example.comにアクセスする
    I am on page "https://example.com"
    I see "Example Domain"
  ✓ OK in 713ms

  Webサイトを開きログインする
    I am on page "fastify-webapp-sample.takuyasuemura.dev/"
    I click "ログインする"
    I fill field "ユーザー名", "user1"
    I fill field "パスワード", "super-strong-passphrase"
    I click "ログイン"
    I see "user1 さん"
  ✓ OK in 3690ms


  OK  | 2 passed   // 5s
```

　毎回このコマンドを入力するのは面倒なので、パッケージマネージャーのコマンド
として登録しておきましょう。package.jsonはnpmの依存ライブラリを管理するファ
イルですが、ビルドやテストなどに使用するコマンドを登録しておくこともできます。
現在は以下のようになっています。node_modulesフォルダと同じく、package.json
もサンプルアプリのものとE2Eテストのものが2種類存在しますので、e2eフォルダ内
のものを参照してください。

```
e2e/package.json
{
  "name": "codeceptjs-sample",
  "version": "1.0.0",
  "description": "",
  "main": "index.js",
  "scripts": {
    "test": "echo \"Error: no test specified\" && exit 1"
```

```
  },
  "keywords": [],
  "author": "",
  "license": "ISC",
  "dependencies": {
    "codeceptjs": "^3.1.3",
    "playwright": "^1.15.2"
  }
}
```

`scripts -> test`の中身を以下のように書き換えてみましょう。

e2e/package.json

```
  "scripts": {
    "test": "codeceptjs run --steps" •──────────修正
  },
```

元のコマンドにあった`npx`コマンドは今回は不要です。`npx`コマンドは、npm内で管理されているパッケージをコマンドラインから直接起動するときにのみ用いるので、`package.json`の中では使いません。`package.json`にコマンドを追加すると、以下のコマンドでテストを実行できるようになります。

```
$ cd e2e
$ npm run test
```

ついでに、サンプルアプリの`package.json`にも追加しておきましょう。こうすると、サンプルアプリのルートフォルダからもコマンドを実行できるようになります。`test`ではなく`test:e2e`とした理由は、今後単体テストなど、他のテストレベルのテストなどが追加されることを想定しているためです。

package.json

```
{
  "name": "fastify-webapp-sample",
  "version": "1.0.0",
  "description": "",
  "main": "index.js",
  "type": "module",
  "scripts": {
```

```
    "db:migrate": "node db/migrate.mjs",
    "dev": "docker compose up -d && nodemon src/index.js",
    "build": "npm run db:migrate",
    "start": "node src/index.js",
    "test:e2e": "cd e2e && npm run test",  ●━━━━━━━━━━ 追加
  },
  ...
}
```

```
# サンプルアプリのルートフォルダ上で実行
$ npm run test:e2e
```

　今回のように、ビルドやテストのためのコマンドを`package.json`の中にまとめておくと、他の開発者もこのファイルを見てコマンドを参照できるようになります。

6-3-4　コミット

　先ほどと同様に、ここまでの変更点をGitにコミットしておきましょう。その前に、動作確認のために利用した`example.com`に対するテストはもう不要なので、このタイミングで削除しておくのがよいでしょう。

```
e2e/smoke_test.js
SuiteOf('スモークテスト')

Scenario('example.comにアクセスする', ({ I }) => {   ┐
  I.amOnPage('https://example.com')                │━ 削除
  I.see('Example Domain')                          │
});                                                ┘

Scenario('Webサイトを開きログインする', ({ I }) => {
  I.amOnPage('fastify-webapp-sample.takuyasuemura.dev/')
  I.click('ログインする')
  I.fillField('ユーザー名', 'user1')
  I.fillField('パスワード', 'super-strong-passphrase')
  I.click('ログイン')
  I.see('user1 さん')
});
```

　削除が終わったら、ここまでに変更した差分をコミットします。以下のコマンドは、現在の変更点をすべてコミットします。事前に`git status`などのコマンドで変更箇

所を確認し、予期しないファイルが入っていないことを確認しておくと安心でしょう。

```
$ git commit -am "ログインのスモークテストケースを追加"
```

6-4　テスト結果のレポートを出力する

　最初のテストを書いたところで、次はテスト結果の確認です。テスト結果のレポートツールは、どうしても「あるとうれしい」程度のものとして扱われがちですが、筆者の経験上、ことE2Eテストにおいては**「なくてはならない」**ものです。これは、単体テストなどに比べ予期せぬ失敗が多く発生し、失敗の分析が頻繁に発生するためです。また、第3部で触れる振り返りの材料としても、テスト結果は重要な指標になります。

　ここでは、一番簡単に導入できる**Allure Report**というOSSのレポートツールの導入方法を説明します。

6-4-1　Allure Reportのインストール

　まずはAllure Reportをインストールします。コンソール上で以下のコマンドを実行してください。

```
# e2e ディレクトリに移動
$ cd e2e
$ npm install allure-codeceptjs@2.15.1
```

　次に、Allure ReportをCodeceptJS上で有効にします。設定ファイル`codecept.conf.js`に以下を追記します。

```
e2e/codecept.conf.js
const { setHeadlessWhen, setCommonPlugins } = require('@codeceptjs/⇨
configure');
// turn on headless mode when running with HEADLESS=true environment ⇨
variable
// export HEADLESS=true && npx codeceptjs run
setHeadlessWhen(process.env.HEADLESS);

// enable all common plugins https://github.com/codeceptjs/configure#⇨
setcommonplugins
```

```
setCommonPlugins();

/** @type {CodeceptJS.MainConfig} */
exports.config = {
  tests: "./*_test.js",
  output: "./output",
  helpers: {
    Playwright: {
      url: process.env.BASE_URL, // process.env.BASE_URLに環境変数が入っている
      show: true,
      browser: "chromium",
    },
  },
  include: {
    I: "./steps_file.js",
  },
  translation: "en-US",
  vocabularies: ["./vocabularies.json"],
  name: "e2e",
  plugins: {                                        ┐
    allure: {                                       │
      enabled: true,                                │
      require: "allure-codeceptjs",                 │
    },                                              ├── 追加
    stepByStepReport: {                             │
      enabled: true,                                │
      screenshotsForAllureReport: true,             │
      deleteSuccessful: false,                      │
    },                                              ┘
  },
};
```

　Allure Reportの他に、**stepByStepReport**というプラグインも一緒にインストールしました。このプラグインはステップごとのスクリーンショットを撮影する機能があり、Allure Reportにスクリーンショットを添付することができます。各ステップごとにスクリーンショットが見られてとても便利なので、筆者はほとんどの場合一緒に使っています。

6-4-2　レポートの生成

　先ほどと同じ要領でテストを実行すると、レポートが生成されます（図6-11）。

```
$ npx codeceptjs run smoke_test.js --steps
```

```
e2e > allure-results > {} 01d2bcc3-c8e8-4118-a15e-f0ba92e3e01d-container.json > ...
  1    {
  2      "uuid": "01d2bcc3-c8e8-4118-a15e-f0ba92e3e01d",
  3      "children": [
  4        "d42f4cf6-7dae-44ee-a335-801eb9667388",
  5        "3f1455c9-0084-4e58-ae11-ff0a6bc7eb89"
  6      ],
  7      "befores": [],
  8      "afters": [],
  9      "name": "スモークテスト:"
 10    }
 11
```

図6-11　Allure Reportから生成されるテスト結果ファイル

レポートは**allure-results**ディレクトリに生成されますが、ステップごとにjson
ファイルを作成しているだけなので、このままでは読めません。レポート形式で表示
するには、Allure Reportのサーバーを起動する必要があります。以下のコマンドで
サーバーを起動します（**図6-12**、**図6-13**）。

```
$ npx allure-commandline serve
```

図6-12　Allure ReportのOverview画面

図6-13 Allure Reportからそれぞれのシナリオの実行結果を確認する

これで、ローカル環境でテストを実行するたびに、レポートを表示できるようになりました。このレポートのファイルはバージョン管理したくないので、.gitignoreファイルファイルに追加しておきます。

```
e2e/.gitignore

    node_modules
    output
    allure-results ●━━━━━━━━━━━追加
```

ちなみに、Allure Reportを使う理由の1つに、**過去のテスト結果を含めたレポートを生成できる**というものがあります。つまり、今回作成したスモークテストがリリース前に何%の確率で失敗しているのか、どのような理由で失敗しているのかなどを分析するのに使えます。次節の最後で、過去の結果も含めたレポートを作成する方法を解説します。

6-5　継続的に実行する

最初のテストができたので、このテストを開発サイクルの様々なタイミングで継続的に実行するようにセットアップしていきましょう。おおまかな流れは次のとおりです。

1. 様々な環境で実行するための準備を整える

2. コミット、プッシュなどの **Git フック** をトリガーとして実行されるように設定する

3. Jenkins や CircleCI、GitHub Actions などの **CI ツール** 上で実行する

6-5-1　様々な環境で実行するための準備を整える

最初に、これまで Railway でデプロイした環境に対して実行していたテストを、その他の環境でも実行できるように準備を整えます。

●環境変数から URL をセットする

これまでは Railway でデプロイした URL を直接記載していましたが、たとえばローカル開発環境でテストを実行したり、CI 環境でビルドしたものに対してテストを実行する場合には、また異なる URL を使うことになるでしょう。

環境ごとに変わるパラメーターを用意する場合、**環境変数** を使うのが一般的です。環境変数は、ソースコードの中で定義された変数とは異なり、ソースコードの外、実行環境側で定義されたものを保存しています。第5章で Railway を使ったデプロイをしたときに、SESSION_SECRET という環境変数にランダムな値をセットしたのを覚えているでしょうか。SESSION_SECRET 環境変数はサンプルアプリケーションがセッション情報の暗号化のために使用していました。今回は自動テストが URL などの環境ごとに変化する値を設定するために使用します。

環境変数を設定する方法はいくつかありますが、今回は開発者間での共有を容易にするために、dotenv というライブラリを使います。dotenv を用いて、BASE_URL という環境変数にテスト対象の URL を格納するようにしてみましょう。

以下のコマンドで、プロジェクトに dotenv をインストールできます。インストールの前に cd e2e を実行して、e2e フォルダに移動するのを忘れないようにしてください。

```
$ cd e2e
$ pwd
/Users/takuyasuemura/fastify-webapp-sample/e2e # e2e フォルダにいることを確認
$ npm install --save-dev dotenv
```

次に、.env ファイルを作成しましょう。dotenv は .env ファイルを読み込んで、自動的に環境変数をセットアップします。

```
e2e/.env
BASE_URL=https://fastify-webapp-sample.takuyasuemura.dev/
```

　続いて、この値をテストコードの中で使用します。設定ファイル codecept.conf.
js の中には、ベースになる URL を指定するための url というパラメーターが存在し
ます。ここで dotenv を読み込み、上記の BASE_URL を指定します。

```
e2e/codecept.conf.js
const { setHeadlessWhen, setCommonPlugins } = require('@codeceptjs/⇨
configure');
require('dotenv').config();  ●──────────────── 追加してdotenvを読み込む

// turn on headless mode when running with HEADLESS=true environment ⇨
variable
// export HEADLESS=true && npx codeceptjs run
setHeadlessWhen(process.env.HEADLESS);

// enable all common plugins https://github.com/codeceptjs/configure#⇨
setcommonplugins
setCommonPlugins();

exports.config = {
  tests: "./*_test.js",
  output: "./output",
  helpers: {
    Playwright: {
      url: 'http://localhost',  ●──────────────── 削除
      url: process.env.BASE_URL,  ●──────────────── 変更 (process.env.BASE_URL
      show: true,                                    に環境変数が入っている)
      browser: "chromium",
    },
  },
```

　この例では、URL に process.env.BASE_URL を指定しています。Node.js では、
環境変数の読み込みは process モジュールを介して行いますので、process.env.
BASE_URL はアプリケーションが立ち上げた環境で設定されている環境変数を表しま
す。dotenv の仕事は .env ファイルの内容を process.env に設定することです。も
し、.env 以外の方法で環境変数がすでに設定されていた場合は、dotenv はその値
を上書きしません。これは、今後 CI などで .env ファイルを使わずに環境変数を指定

するときに役立ちます。

次に、先ほど作成した smoke_test.js を以下のように書き換えてみましょう。

e2e/smoke_test.js
```
Scenario('Webサイトを開きログインする', ({ I }) => {
  I.amOnPage('/') ●──────────── 修正（BASE_URL からの相対パスに書き換える）
  I.click('ログイン')
  // ...
```

テストを実行し、E2E テストが動作することを確認します。

```
# e2eフォルダの中で実行
$ npm run test

# または、サンプルアプリのルートフォルダ上で実行
$ npm run test:e2e
```

一般的に .env ファイルはコミットせず、ユーザーごとに異なる値を設定できるようにしておくことが多いです（API トークンなどを誤ってコミットしないようにする意味もあります）。「6-2-3 Git の設定」で作成した .gitignore ファイルに .env を追加し、コミット対象から除外しましょう。

e2e/.gitignore
```
node_modules
output
.env ●─────────── 追加
allure-results
```

.env をコミットから除外する場合、.env に設定される変数名のサンプルを記した .env.example ファイルを作成し、代わりにコミットしておくとよいでしょう。

e2e/.env.example
```
# テスト対象のURLを指定する
BASE_URL=https://fastify-webapp-sample.takuyasuemura.dev
```

追加・変更したファイルをすべてコミットします。

145

```
$ git add -A
$ git commit -m "URLを環境変数から渡すようにした"
```

●開発環境でテストを実行する

　環境ごとに異なるURLを利用する準備ができたので、開発環境、つまりあなたの
ローカルPC上でアプリケーションを実行し、動作させてみましょう。第5章でセット
アップをすべて完了させている場合、npm run devコマンドでアプリケーションが起
動します。カレントワーキングディレクトリをアプリケーションのルートフォルダに切
り替えるのを忘れないでください。

```
# アプリケーションのルートフォルダにいることを確認
$ pwd
/Users/takuyasuemura/fastify-webapp-sample

$ npm run dev
```

　デフォルトでは、このアプリケーションはhttp://localhost:8080で起動します。.env
を変更し、テスト対象のURLをローカルに切り替え、テストを実行してみましょう。

```
e2e/.env
BASE_URL=http://localhost:8080  ●──────────修正
```

```
$ npm run test:e2e
```

　これでも十分ですが、仕上げにnpm run test:e2eを実行するとアプリケーショ
ンも立ち上がるようにしてしまいましょう。start-server-and-testsというライブ
ラリを使います。

```
$ npm install --save-dev start-server-and-test
```

　ルートディレクトリからのE2Eテスト実行時にアプリケーションも一緒に立ち上げ
るように、ルートディレクトリのpackage.jsonに以下のように設定します。

```
package.json
    "test:e2e": "cd e2e && npm run test"                    削除
    "test:e2e": "npx start-server-and-test dev ⇒           追加
http://localhost:8080 'cd e2e && npm run test'"
```

start-server-and-testの役割は、サーバーを立ち上げるコマンドを実行し、指定したURLでサーバーが立ち上がるまで待ち、それからテストを実行することです（図6-14）。もしこのコマンドを実行するときに、すでにアプリケーションが立ち上がっていても、二重に立ち上がってしまうことはないので問題ありません。

図6-14　start-server-and-test

早速試してみましょう。プロジェクトのルートディレクトリにいる状態で、コマンドラインで以下のように入力してみてください。

```
$ npm run test:e2e
```

アプリケーションを立ち上げていなくても、E2E自動テストの実行と同時にブラウザが立ち上がり、テストが開始されれば成功です。

6-5-2　Gitフックをトリガーにして実行する

さて、自動テストを手動で実行するところまではできましたが、せっかくなので常に自動的にこのテストが実行されるようにしておきたいところです。具体的には、プルリクエストを送信する前には最低でもテストが実行されるようになっていてほしいですね。

そこで、Gitフックというものを使います。**Gitフック**とは、先ほどまで何度か登場した**コミット**や、リモートブランチへの**プッシュ**を起点にして自動テストや静的解析な

どの様々な処理をするための仕組みです。

　Gitフック自体はGitに搭載された標準的な仕組みなので、特別なライブラリを入れないといけないわけではありません。ただ、標準のままではGitフックをチーム内で共有するのは面倒という欠点があります。Gitフックも含めたGitの設定類が含まれた.gitフォルダはコミットできないためです。そこで、ここでは運用を楽にするためにhuskyというライブラリを使用します。huskyは、Node.jsプロジェクトの中でGitフックを上手に管理するためのライブラリです。本書のサンプルアプリケーションはNode.js製なのでhuskyを使いましたが、実際のプロジェクトで適用する際には、プロジェクト内で使われている言語に応じて別のライブラリを使用してください。

　まずはhuskyをプロジェクトにインストールします。

```
$ npm install --save-dev husky@8.0.3
```

　ルートディレクトリのpackage.jsonに以下を追加します。これはhuskyの初期設定用のコマンドで、.husky以下に保存されたスクリプトをGitフックとして扱うための設定を行います。

```
package.json
  "scripts": {
    "prepare": "husky install",  ●──────────── 追加
    "db:migrate": "node db/migrate.mjs",
    "dev": "docker compose up -d && nodemon src/index.js",
    "build": "npm run db:migrate",
    "start": "node src/index.js",
    "test:e2e": "npx start-server-and-test dev http://localhost:8080 ⇨
'cd e2e && npm run test'"
  },
```

　追加できたら、以下のように先ほど追加したprepareコマンドを実行します。

```
$ npm run prepare
```

　このコマンドで実行されるhusky installは、プロジェクトに.huskyフォルダを作成します。すべてのGitフックはこのフォルダの中に作成されます。先述のように、Gitフックも含めたGitの設定が含まれた.gitフォルダはGitでバージョン管理でき

ないため、代わりに.huskyフォルダを作成して、この中のファイルをGitフックとして扱うような仕組みになっています。

　prepareコマンドは、npm installコマンドの実行時に一緒に実行されるので、新しくこのプロジェクトに参加する人（つまり、新たにこのリポジトリをセットアップする人）は実行する必要がありません。そのため、一度設定してしまえば、チーム内で同じGitフックを共有することができますし、特別な設定を意識する必要もなくなります。

　次に、Gitフックがプッシュの前に必ずE2Eテストを実行するように設定します。

```
$ npx husky add .husky/pre-push "npm run test:e2e"

husky - created .husky/pre-push
```

　すると、.huskyフォルダの中にpre-pushというファイルが作成されます。これで、リモートリポジトリにプッシュする前に、必ずnpm run test:e2eコマンドが実行され、E2Eテストが実行されるようになりました。

●試してみる

　では、実際に動作するかどうか試してみましょう。pre-pushフックは文字どおりgit pushコマンドの実行時に動きます。特に新しいファイルをコミットしておく必要はないので、そのままgit pushしてみましょう。なお、初めてプッシュするときには、--set-upstreamオプションを付けて、プッシュ先のリモートリポジトリとブランチを設定する必要があります。

```
# 初回のみ --set-upstream オプションが必要
$ git push --set-upstream origin main

> fastify-react-sample@1.0.0 test:e2e
> npx start-server-and-test dev http://localhost:8080 'cd e2e && npm ⇨
run test'

1: starting server using command "npm run dev"
and when url "[ 'http://localhost:8080' ]" is responding with HTTP ⇨
status code 200
running tests using command "cd e2e && npm run test"
```

```
> fastify-react-sample@1.0.0 dev
> docker compose up -d && nodemon src/index.js


[+] Running 1/0
 ⠿ Container fastify-webapp-sample-db-1  Running           0.0s
[nodemon] 2.0.20
[nodemon] to restart at any time, enter `rs`
[nodemon] watching path(s): src/**/*
[nodemon] watching extensions: ts,mjs,ejs,js,json,graphql
[nodemon] starting `node src/index.js`
Server listening at http://0.0.0.0:8080


> e2e@1.0.0 test
> codeceptjs run --steps


CodeceptJS v3.3.7 #StandWithUkraine
Using test root "/Users/takuyasuemura/ghq/github.com/tsuemura/fastify-⇨
webapp-sample/e2e"


スモークテスト --

  Webサイトを開きログインする
    I am on page "/"
    I click "ログインする"
    I fill field "ユーザー名", "user1"
    I fill field "パスワード", "super-strong-passphrase"
    I click "ログイン"
    I see "user1 さん"
  ✓ OK in 1339ms



  OK  | 2 passed   // 3s


Everything up-to-date
```

　最後にEverything up-to-dateというメッセージが出ていますが、これはローカルブランチとリモートブランチの間に変更点がなかったことを表します。

　念のため、テストコードがパスしなかった場合にプッシュされないことも確認しておきましょう。テストコードを以下のように変更します。

```
e2e/smoke_test.js
SuiteOf('スモークテスト');

Scenario('Webサイトを開きログインする', ({ I }) => {
  I.amOnPage('fastify-webapp-sample.takuyasuemura.dev/')
  I.click('ログインする')
  I.fillField('ユーザー名', 'user1')
  I.fillField('パスワード', 'super-strong-passphrase')
  I.click('ログイン')
  I.see('user1 さん') ←――――――――― 削除
  I.see('わざと失敗する') ←―――――― 追加
});
```

再度、`git push`を行います。

```
$ git push

> fastify-react-sample@1.0.0 test:e2e
> npx start-server-and-test dev http://localhost:8080 'cd e2e && npm ⇨
run test'

1: starting server using command "npm run dev"
and when url "[ 'http://localhost:8080' ]" is responding with HTTP ⇨
status code 200
running tests using command "cd e2e && npm run test"


> fastify-react-sample@1.0.0 dev
> docker compose up -d && nodemon src/index.js

[+] Running 1/0
 :: Container fastify-webapp-sample-db-1  Running          0.0s
[nodemon] 2.0.20
[nodemon] to restart at any time, enter `rs`
[nodemon] watching path(s): src/**/*
[nodemon] watching extensions: ts,mjs,ejs,js,json,graphql
[nodemon] starting `node src/index.js`
Server listening at http://0.0.0.0:8080

> e2e@1.0.0 test
> codeceptjs run --steps

CodeceptJS v3.3.7 #StandWithUkraine
Using test root "/Users/takuyasuemura/ghq/github.com/tsuemura/fastify-⇨
```

```
webapp-sample/e2e"

スモークテスト --

  Webサイトを開きログインする
    I am on page "/"
    I click "ログインする"
    I fill field "ユーザー名", "user1"
    I fill field "パスワード", "super-strong-passphrase"
    I click "ログイン"
    I see "わざと失敗する"
  ✖ FAILED in 1419ms

(省略)

husky - pre-push hook exited with code 1 (error)
error: failed to push some refs to 'https://github.com/tsuemura/fastify⇨
-webapp-sample.git'
```

　テストコードが1つでも失敗すると、リモートリポジトリへのプッシュが実行されないことがわかりました。変更したテストコードは忘れず元に戻しておきましょう。

　最後に、ここまでの変更内容をコミットしておきます。

```
$ git add -A
$ git commit -m "push時にE2Eテストが実行されるようにした"
```

6-5-3　CIツール上で実行する

　ここまでで、開発環境上でテストが実行されてから、リモートリポジトリにプッシュされる流れができました。今度はCIツール上でテストを実行するようにしましょう。CIについては第2章でも簡単に触れていますが、ここで改めて説明しておきます。

　CIとは、大ざっぱにいえば、リリースに必要な作業を自動化する仕組みのことを指します。たとえば、静的解析やコードの自動フォーマット、ビルド、それに本書で取り組んでいるテストなどを定期的に実行するのがCIツールの役割です。

　Continuous Integration（**継続的インテグレーション**）という言葉にピンとこない人は、「インテグレーション（統合）＝ソフトウェアを使える状態にする」とイメージしてみてください。プログラムを書いただけでは、ソフトウェアは利用可能な状態になりません。ビルドやパッケージングなどと呼ばれる手順を経て、ユーザーのPC上で

実行可能な状態にしたり、Webアプリケーションとして利用可能な状態にしたりします。これらを総称して「インテグレーション」と呼ぶと考えてください。

　以前は、インテグレーションに利用可能なコンピューティングリソースが限られているなどの理由で頻繁には行わず、週1、月1といった低頻度のタイミングで実施していました。これを継続的、つまりコードの変更が行われるたびに行うのが継続的インテグレーション、つまり**CI**という考え方の基礎です。そして、これをサポートする自動化ツールが**CIツール**と呼ばれるものです。

　CIツールについては、すでに利用しているものがあれば、それを引き続き使うのがよいと思います。たとえば、Jenkins、CircleCI、GitLab CI、GitHub Actionsなどを使っているチームが多いのではないかと思います。それぞれ、できることにそれほど大きな違いがあるわけではないので、現在使っているツールをそのまま使ってください。本書ではGitHub Actionsを使った例を紹介します。

　サンプルアプリケーションは、デフォルトでは`main`ブランチがRailwayによって直接デプロイされるようになっていますが、この流れを以下のように変更します（図6-15）。

- `main`ブランチにマージする
- GitHub ActionsがRailwayのステージング（staging）環境に`main`ブランチのコードをデプロイする
- GitHub ActionsからRailwayのステージング（staging）環境にE2Eテストを実行する
- GitHub ActionsがRailwayの本番（production）環境に`main`ブランチのコードをデプロイする

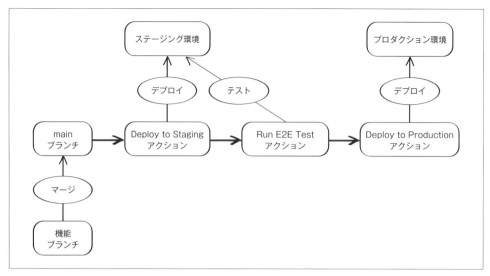

図6-15　CIの流れ

●Railwayにステージング環境を作成する

　ここでは、mainブランチへのプッシュをトリガーにして、ステージング環境へのデプロイを行うGitHub Actionsワークフローを作成します。

　ステージング環境とは、一般的に本番環境に一番近いテスト用の環境を指します。リリース直前のバージョンをテストする場として適しています。

　まずはRailwayにステージング環境を作成します（**図6-16**）。

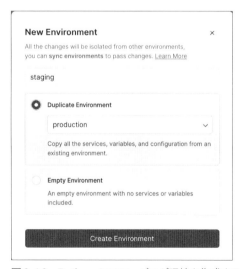

図6-16　Railwayにステージング環境を作成する

CIからデプロイするために、この環境用のアクセストークンを作成します。アクセストークンとは、コマンドラインツールなどから機械的にデプロイなどの操作を行う際に使用する、パスワードなどの代わりになる認証情報のことを指します。アクセストークンは［Project Settings］の［Settings］→［Tokens］から発行できます（図6-17）。このトークンは何度でも再発行できますが、表示されるのは発行した最初の一度だけです。そのため、忘れずにコピーして、パスワードマネージャーなどの安全な場所に保存しておいてください（図6-18）。

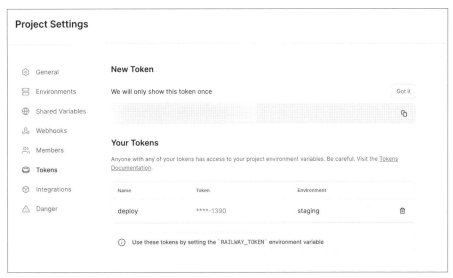

図6-17　ステージング環境用のデプロイトークンを作成する

図6-18　表示された文字列をコピーする。トークン文字列は一度しか表示されないので忘れずコピーすること

また、デフォルトの設定では本番環境（production）とステージング環境（staging）のどちらも`main`ブランチの内容がそのまま自動的にデプロイされるようになっています（図6-19）。この設定のままだと、テスト前のコードが勝手にユーザー向けの環境にデプロイされてしまうので、デプロイのトリガーをOFFにしておきましょう。

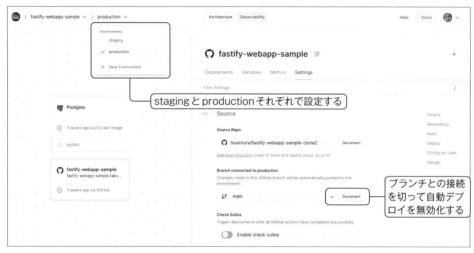

図6-19　Railwayの自動デプロイを無効にする

　それから、E2Eテストの実行のためには、この環境にアクセスするためのURLが必要になります。Production環境と同様に、Staging環境にもドメインを設定しておきましょう（図6-20）。Railwayのサブドメインを利用することになります。

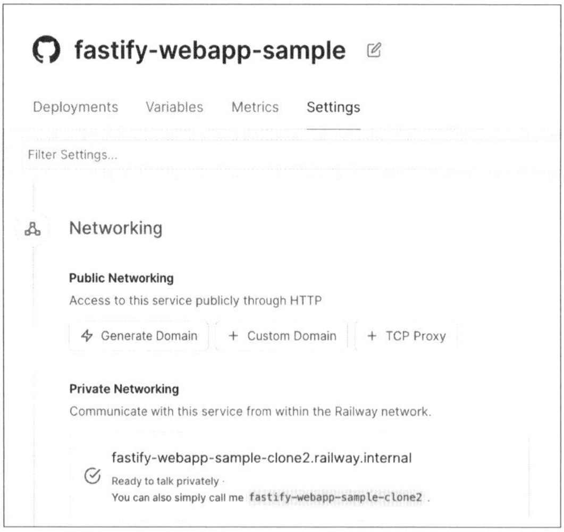

図6-20　ステージング環境用のドメインを設定する

●GitHub Actionsからステージング環境にデプロイするように設定する

次に、ローカル環境のmainブランチに、GitHub Actionsのワークフローファイル.github/workflows/deploy_to_staging.ymlを作成します。

.github/workflows/deploy_to_staging.yml

```
name: Deploy to Staging

on:
  push:
    branches:
      - main

jobs:
  deploy:
    runs-on: ubuntu-latest

    steps:
      - name: Checkout
        uses: actions/checkout@v4

      - name: Use Node 20
        uses: actions/setup-node@v4
        with:
          node-version: 20.x

      - name: Install Railway
        run: bash <(curl -fsSL cli.new)

      - name: Link to the environment
        run: railway environment staging
        env:
          RAILWAY_TOKEN: ${{ secrets.RAILWAY_STAGING_TOKEN }}

      - name: Deploy
        run: railway up --ci --service fastify-webapp-sample
        env:
          RAILWAY_TOKEN: ${{ secrets.RAILWAY_STAGING_TOKEN }}
```

最後の行でRAILWAY_TOKEN: ${{ secrets.RAILWAY_STAGING_TOKEN }}という文字列が表示されていますが、これはRAILWAY_STAGING_TOKENという環境変数の中身をRAILWAY_TOKENという環境変数に再代入し、railwayのCLIツールから利用することを指します。

この環境変数をGitHub上で設定しましょう（**図6-21**）。GitHubリポジトリの
［Settings］から［Security］→［Secrets and variables］→［Actions］の順に遷移し、
新しい`Repository Secrets`を作成します。

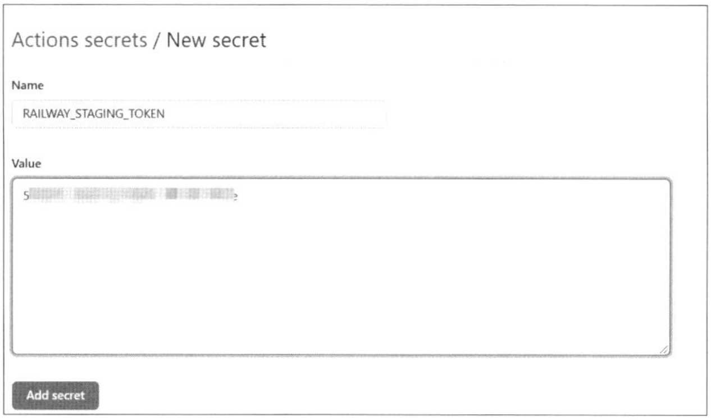

図6-21　RAILWAY_STAGING_TOKEN変数にステージング環境用のトークンをセット

これで準備ができました。先ほどの`deploy_to_staging.yml`をコミットし、リモー
トリポジトリにプッシュしましょう。

```
$ git add .github/workflows/deploy_to_staging.yml
$ git commit -m "staging環境へのデプロイワークフローを追加"
$ git push
```

プッシュすると、GitHub Actionsで実行されたワークフロー（workflow）が確認
できます（**図6-22**）。

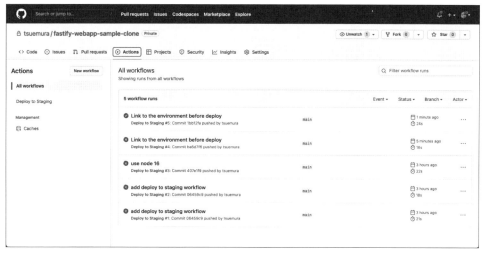

図6-22　GitHubの［Actions］タブから最近実行されたワークフローの一覧が見られる

●デプロイ後にE2Eテストを実行するようにする

　デプロイが完了したら、その環境にテストを実行するようにワークフローをセット
アップします。`.github/workflows/run-e2e-test.yml`を作成し、以下のように設
定します。

```
.github/workflows/run-e2e-test.yml
name: Run E2E test

on:
  workflow_run:
    workflows:
      - "Deploy to Staging"
    types:
      - completed

jobs:
  run-e2e:
    runs-on: ubuntu-latest
    steps:
      - name: Checkout
        uses: actions/checkout@v4

      - name: Use Node 20
        uses: actions/setup-node@v4
        with:
```

```
        node-version: 20.x

  - name: Install Playwright dependencies
    run: npx playwright install-deps
    working-directory: ./e2e

  - name: Setup E2E test
    run: npm ci
    working-directory: ./e2e

  - name: Run E2E test
    run: npm run test
    working-directory: ./e2e
    env:
      BASE_URL: 'https://fastify-webapp-sample-clone-staging.up.⇨
railway.app' ━━━━━━━━━━━━ ステージング環境のドメインをセット
      HEADLESS: true
```

BASE_URLには、ステージング環境のドメインを設定しましょう。

workflow_runフックは、他のワークフローの開始または終了をトリガーにして
ワークフローを開始します。

●E2Eテストが完了したらデプロイする

次に、ローカル環境のmainブランチに、GitHub Actionsのワークフローファイ
ル.github/workflows/deploy_to_production.ymlを作成します。

```
.github/workflows/deploy_to_production.yml
name: Deploy to Production

on:
  workflow_run:
    workflows:
      - "Run E2E test"
    types:
      - completed

jobs:
  deploy:
    runs-on: ubuntu-latest

    steps:
```

```
    - name: Checkout
      uses: actions/checkout@v4

    - name: Use Node 20
      uses: actions/setup-node@v4
      with:
        node-version: 20.x

    - name: Install Railway
      run: bash <(curl -fsSL cli.new)

    - name: Link to the environment
      run: railway environment production
      env:
        RAILWAY_TOKEN: ${{ secrets.RAILWAY_PRODUCTION_TOKEN }}

    - name: Deploy
      run: railway up --ci  --service fastify-webapp-sample
      env:
        RAILWAY_TOKEN: ${{ secrets.RAILWAY_PRODUCTION_TOKEN }}
```

　ここでは、本番環境に対してデプロイを行います。ステージング環境のときと同じ
要領で本番環境用のトークンを発行して、それを利用してください。

6-5-4　GitHub Pages でテストレポートを保存＆配信する

　さて、「6-4　テスト結果のレポートを出力する」で説明したように、実行したテスト
の結果の統計を取得できれば、後々の振り返りに役立ちます。そのためには、実行し
たテスト結果の保存と、これまでのテスト結果をまとめたレポートの出力、そしてその
レポートをWebで配信する必要があります。

　今回はサンプルとして、これらを「GitHub Pages」を使って実装しましょう。過去
のテスト結果をgh-pagesブランチに保存しておき、最新の結果と結合したレポート
を出力し、GitHub Pagesで配信します（**図6-23**）。

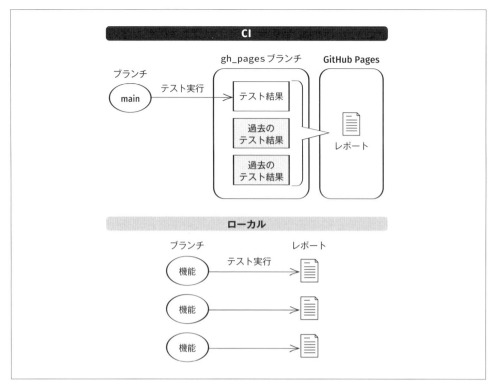

図6-23 GitHub Pagesでテストレポートを保存＆配信する

　注意点として、GitHub Pagesは、無料のFreeプランではPublicリポジトリでしか利用できません（2024年6月時点）。第5章でPrivateリポジトリとして作成した方は、ハンズオン中だけでも有償のProプランに加入しておく必要があります（2024年6月時点で月額4.00ドル）。

　また、リポジトリがPublicかPrivateかにかかわらず、GitHub Pagesはインターネット上に公開されてしまうため、この節の内容をご自身の会社で試してみたい方は、会社がGitHub Enterpriseに加入しているかどうかを確認してください。GitHub Enterpriseを利用している組織は、GitHub Pagesにアクセス制限をかけることができます。

　なお、この節の説明は公式サイトのサンプル（https://allurereport.org/docs/integrations-github/）をベースに作成しています。

●ブランチを準備する

　今回はgh-pagesブランチにレポートを保存します。まずはリモートリポジトリに

gh-pagesブランチを作成しておく必要があります。コンソール上で以下のコマンド
を実行しましょう。

```
$ git checkout -b gh-pages
$ git push origin HEAD
```

-bオプションは、チェックアウトと同時に新しいブランチを作るためのオプション
です。このオプションを忘れると、ブランチが存在しないためエラーになるので気を
つけてください。

また、`git push origin HEAD`は、リモートリポジトリoriginに、ローカルリポジ
トリと同じ名前のブランチ（つまり、gh-pagesブランチ）を作るためのオプションで
す。

● GitHub Pages の設定をする

続いて、GitHub Pages の設定をします。GitHub のリポジトリ上で［Settings］→
［Pages］を開き、以下の2箇所を設定しましょう（**図6-24**）。

- ［Source］に［Deploy from a branch］を指定する
- ［Branch］に［gh-pages］［/ (root)］を指定する

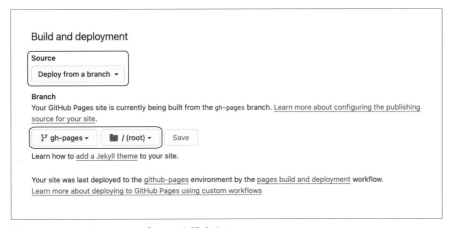

図6-24　GitHub Pagesのブランチを設定する

●GitHub Actionsにリポジトリへの書き込み権限を与える

今回の例では、リポジトリの`gh-pages`リポジトリに過去のテストデータを保存していくので、GitHub Actionsにリポジトリへの書き込み権限を与える必要があります。GitHubのリポジトリ上で［Settings］→［Actions］を開き、［Workflow Permissions］で［Read and write permissions］ラジオボタンを選択します（図6-25）。

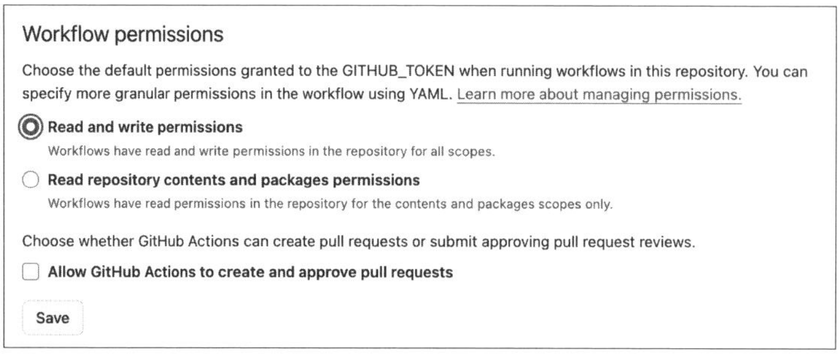

図6-25　GitHub Actionsにリポジトリへの書き込み権限を与える

●テスト実行後にテストレポートを保存する

次に、テストレポートを保存するActionを書きます。`.github/workflows/run_e2e_test.yml`に以下のように追記します。

```
.github/workflows/run_e2e_test.yml
name: Run E2E test

on:
  workflow_run:
    workflows:
      - "Deploy to Staging"
    types:
      - completed

jobs:
  run-e2e:
    runs-on: ubuntu-latest
    steps:
      - name: Checkout
        uses: actions/checkout@v4

      - name: Use Node 20
        uses: actions/setup-node@v4
```

```yaml
    with:
      node-version: 20.x

  - name: Install Playwright dependencies
    run: npx playwright install-deps
    working-directory: ./e2e

  - name: Setup E2E test
    run: npm ci
    working-directory: ./e2e

  - name: Run E2E test
    run: npm run test
    working-directory: ./e2e
    env:
      BASE_URL: 'https://fastify-webapp-sample-clone-staging.up.⇨
railway.app'
      HEADLESS: true

  - name: Load test report history
    uses: actions/checkout@v4
    if: always()
    continue-on-error: true
    with:
      ref: gh-pages
      path: gh-pages

  - name: Build test report
    uses: simple-elf/allure-report-action@v1.7
    if: always()
    with:
      gh-pages: gh-pages
      allure_history: allure-history
      allure_results: e2e/allure-results

  - name: Publish test report
    uses: peaceiris/actions-gh-pages@v4
    if: always()
    with:
      github_token: ${{ secrets.GITHUB_TOKEN }}
      publish_branch: gh-pages
      publish_dir: allure-history
```

追加

- gh-pagesブランチにチェックアウトする
- e2e/allure-resultsに出力されたレポートデータからallure-historyフォルダにレポートを生成する
- allure-historyフォルダに生成されたレポートを配信する

　この設定をコミットして、リモートリポジトリにプッシュします。必ずmainブランチに戻って実行するようにしてください。

```
$ git checkout main # 必ずmainに戻る
$ git commit -am 'テストレポートの設定'
$ git push
```

●テスト結果を確認する

　GitHub Action内でテストが完了すると、［Deployments］セクションが新たに追加されます（図6-26）。ここには、直近で作成されたテストレポートが表示されています（図6-27）。

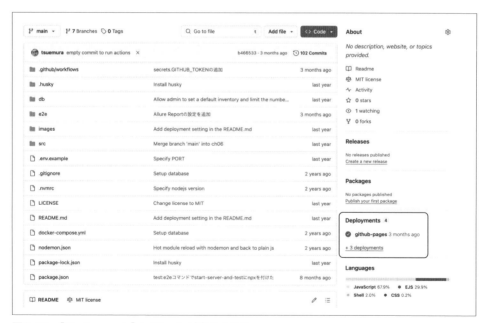

図6-26　［Deployments］セクションが表示される

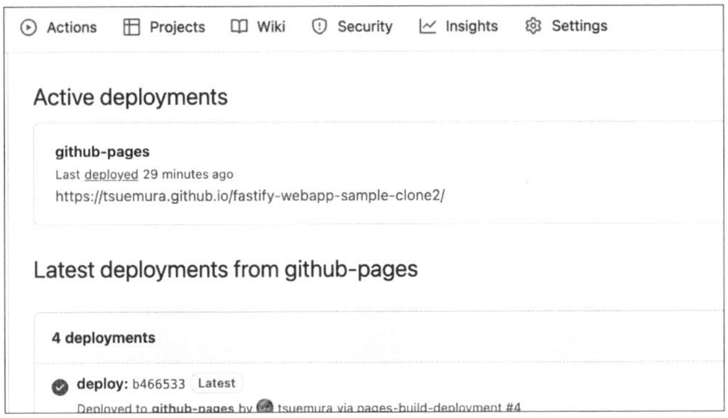

図6-27　レポート参照用のURLが表示されている

6-6　実際に試してみる&チームにデモをする

　さて、これで最小限の自動テストケースが書き終わりました。あなたが次にしないといけないことは、今回作ったパイプラインを実際に試してみることと、チームに**デモ**をして、これからどうやってテストコードを書いていくのか見てもらうことでしょう。

　たとえば、次のような変更をサンプルアプリケーションに入れたいとします。

- 存在しないURLにアクセスした場合、エラーメッセージと、商品一覧ページへのリンクを表示する

　現在、サイトにアクセスした際に何か内部エラーが発生すると、Webサーバーからのエラーメッセージがそのまま表示されてしまいます。たとえば、/not_foundというURLはアプリケーションに定義されていないので、以下のようなメッセージが表示されます。

```
// fastify-webapp-sample.takuyasuemura.dev/not_found にアクセスすると以下の⇨
ようなメッセージが表示されます

{"message":"Route GET:/undefined not found","error":"Not Found",⇨
"statusCode":404}
```

　このメッセージはとても不親切なので、何らかの理由でユーザーがリンク切れしているページにアクセスしてしまった場合、このURLが存在しないことを伝えた上で、

商品一覧ページに戻してあげるのが親切でしょう。そこで、この章の締めくくりとして、この機能を作りつつ、同時にE2E自動テストケースも書く流れを体験してみます。

6-6-1　機能ブランチを作る

　まず最初に、この機能を開発するためのブランチを作成し、チェックアウトしましょう。`git checkout -b`コマンドは、指定されたブランチを新しく作り、そのブランチにチェックアウトします。

```
$ git checkout -b show-notfound-message
```

6-6-2　テストコードを書く

　続いて、サンプルアプリケーションのコードに手を入れる前に、先にテストコードを書いてみましょう。これは**テストファースト**と呼ばれるプラクティスです。先に失敗するテストを書いておくことで機能の**受け入れ条件**（Acceptance Criteria）を明確にして、同時にテスト自体の妥当性、つまり「その機能があればテストが通るが、なければ通らない」ことを確認できる、一石二鳥の手段です。

　今回作りたい機能を簡潔に表現すると、以下のようになります。

> ユーザーがリンク切れしているページにアクセスしてしまった場合、ページが存在しないメッセージと、商品一覧ページへのリンクが表示される。リンクをクリックすると、商品一覧ページに遷移する。

　これをテスト手順として表すと、次のようになります。

1. URL/undefinedにアクセスする
2. 「お探しのページは見つかりませんでした。」と表示されることを確認する
3. 「商品一覧へ戻る」リンクをクリックする
4. ページタイトルが商品一覧であることを確認する

　このテストはスモークテストというよりは、汎用的なエラーメッセージに関するテストになるでしょう。そこで、この手順を含む新しいテストスイートを作ります。/e2eフォルダの中に、新しくgeneric_error_test.jsというファイルを作り、以下のようにテストコードを書きます。

```
e2e/generic_error_test.js
SuiteOf('一般的なエラーのテスト')

Scenario('ユーザーが存在しないURLにアクセスすると、エラーメッセージと商品一覧への⇨
リンクが表示される', ({I})=> {
  I.amOnPage('/undefined')
  I.see('お探しのページは見つかりませんでした。')
  I.click('商品一覧へ戻る')
  I.seeInTitle('商品一覧')
})
```

　このテストを実行すると、以下のように失敗します。まだ実装していないので、失敗して当然ですね。

```
$ npm run test:e2e

(省略)

一般的なエラーのテスト --
  ユーザーが存在しないURLにアクセスすると、エラーメッセージと商品一覧へのリンクが表示される
    I am on page "/undefined"
    I see "お探しのページは見つかりませんでした。"
  ✖ FAILED in 198ms

スモークテスト --
  example.comにアクセスする
    I am on page "https://example.com"
    I see "Example Domain"
  ✓ OK in 590ms
```

```
Webサイトを開きログインする
  I am on page "/"
  I click "ログインする"
  I fill field "ユーザー名", "user1"
  I fill field "パスワード", "super-strong-passphrase"
  I click "ログイン"
  I see "user1 さん"
✓ OK in 1262ms


-- FAILURES:

 1) 一般的なエラーのテスト
       ユーザーが存在しないURLにアクセスすると、エラーメッセージと商品一覧へのリンクが⇨
表示される:

       expected web application to include "お探しのページは見つかりませんで⇨
した。"
       + expected - actual

       -{"message":"Route GET:/undefined not found","error":"Not Found",⇨
"statusCode":404}
       +お探しのページは見つかりませんでした。


  Scenario Steps:
  - I.see("お探しのページは見つかりませんでした。") at Test.<anonymous> ⇨
(./generic_error_test.js:7:7)
  - I.amOnPage("/undefined") at Test.<anonymous> (./generic_error_test.⇨
js:6:7)

  Artifacts:
  - screenshot: /Users/takuyasuemura/ghq/github.com/tsuemura/fastify-⇨
webapp-sample/e2e/output/When_a_user_access_to_a_dead_link,_the_user_⇨
will_see_pretty_error_message_and_the_link_to_the_item_list.failed.png


  FAIL  | 2 passed, 1 failed   // 3s

（省略）
```

　このように、未実装の状態で、テストが失敗することをあらかじめ確認しておくことで、テストコードは書いたけど、実は**不具合があっても見落としてしまう**テストコー

ドになっていた……という事態を防げます。

6-6-3　実装する

続いて、このテストが通るように実装していきます。

まず、URLが見つからなかったときのための画面を実装します。src/views/404.
ejsファイルを新たに作り、以下のように記述します。

```
src/views/404.ejs

<%- include('layouts/header', { title: "ページが見つかりません" } ) %>
<p>
  お探しのページは見つかりませんでした。
</p>
<a href="/items">商品一覧へ戻る</a>
<%- include('layouts/footer.ejs') %>
```

次に、src/index.jsを修正します。このファイルはサーバーサイドのエントリー
ポイントになっているファイルです。ここにルーティング[※6]などの処理を記述して
います。ここでは、ページが見つからなかった場合に先ほどの404.ejsを表示する
ように記述します。

```
src/index.js

server.setNotFoundHandler(function (request, reply) {    ┐
  reply.view('src/views/404.ejs');                        ├── 追加
});                                                        ┘

server.listen({ host: '0.0.0.0', port: process.env.PORT || 8080 }, ⇨
(err, address) => {
  if (err) {
    console.error(err);
    process.exit(1);
  }
  console.log(`Server listening at ${address}`);
});
```

[※6]　あるURLにアクセスしたときに、どのようなページを表示するかを定義することです。たとえば、/items
にアクセスしたときに商品一覧ページを表示する、/items/[:id]にアクセスしたときに指定されたIDの
商品を表示する、などを定義することを指します。

実装すると、未定義のアドレスにアクセスしたときに、「お探しのページは見つかりませんでした。」というメッセージが表示されるようになります。たとえば、`http://localhost:8080/undefined`にアクセスすると、図6-28のようなメッセージが表示されます。

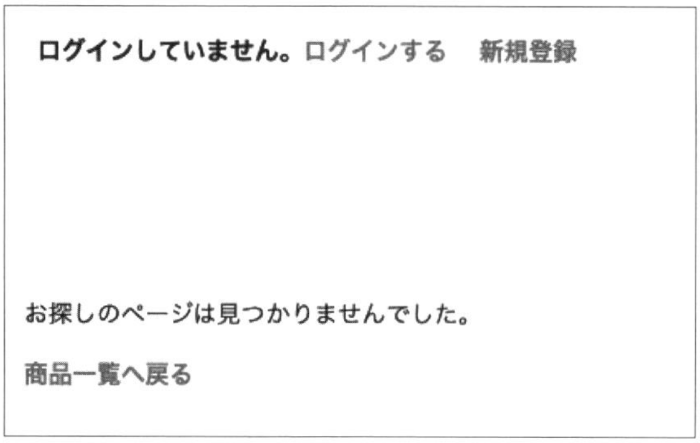

```
ログインしていません。ログインする   新規登録




お探しのページは見つかりませんでした。

商品一覧へ戻る
```

図6-28　未定義のルートにアクセスすると、「お探しのページは見つかりませんでした。」と表示される

6-6-4　テストが通ることを確認する

これで完成です。この状態で先ほどのe2eテストが通るかどうか試してみましょう。

```
$ npm run test:e2e

（省略）

一般的なエラーのテスト --
   ユーザーが存在しないURLにアクセスすると、エラーメッセージと商品一覧へのリンクが表示される
     I am on page "/undefined"
     I see "お探しのページは見つかりませんでした。"
     I click "商品一覧へ戻る"
     I see in title "商品一覧"
   ✓ OK in 494ms

スモークテスト --
   example.comに
     I am on page "https://example.com"
     I see "Example Domain"
   ✓ OK in 620ms

   Webサイトに
     I am on page "/"
     I click "ログインする"
```

```
    I fill field "ユーザー名", "user1"
    I fill field "パスワード", "super-strong-passphrase"
    I click "ログイン"
    I see "user1 さん"
✓ OK in 1215ms


OK | 3 passed  // 4s
```

　すべてのテストケースが通りました！ ここまでの内容をコミットして、リモートリポ
ジトリにプッシュします。

```
$ git add -A
$ git commit -m '404エラー用のページと、そのテストコードを追加'
$ git push origin HEAD
```

6-6-5　CIツール上で確認する

　続いて、GitHubのリポジトリにアクセスすると、先ほどプッシュしたブランチがバ
ナー表示されています（図6-29）。

図6-29　プッシュしたブランチのプルリクエストを作るボタンが表示されている

　[Compare & pull request] ボタンをクリックすると、プルリクエストが作成されま
す。実際の開発では、このタイミングで別の開発者からコードレビューを受けること
が多いですが、このハンズオンでは省略します。そのまま [Merge pull request] ボ
タンをクリックしましょう（図6-30）。

173

図6-30 ［Merge pull request］をクリックする

　これで、先ほど作成した機能ブランチ`show-notfound-message`が、`main`ブランチにマージされました。`main`ブランチに変更が入ることで、最新の`main`ブランチをステージング環境でテストし、問題なければ本番環境にデプロイするというワークフローがGitHub Actions上で実行されているはずです（図6-31）。

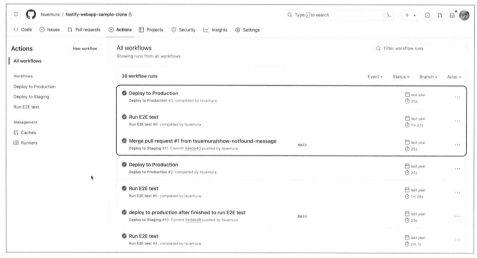

図6-31 プルリクエストのマージによってステージング環境での自動テストと本番環境へのデプロイがトリガーされた

まとめ

　おめでとうございます！　この章の内容は、人によってはとてもチャレンジングだったのではないかと思います。しかし、これを成し遂げることであなたのチームは以下のようなものを得られました。

- 　ごく簡単なE2Eテストスクリプトの例
- 　開発中に継続的にテストが実行される環境
- 　開発完了時に自動的にテストが実行され、本番環境にデプロイされる環境

　もちろん、開発を通じてテストコードを増やしていかないと意味がないですが、どのような流れでテストコードを増やしていくのかについて、この章の最後の「6-6　実際に試してみる＆チームにデモをする」で、開発チーム全体に流れを説明し終えているはずです。

　長い道のりでしたが、これさえできればもう怖いものはありません。下準備はすべて整いました。次の章からは、さらにテストコードを増やしたり、テストコードを読みやすく保ったりする方法を解説していきます。

第7章 | ビジネスプロセスをカバーする
テストを作成する

　この章では、第6章で書いたテストコードに加えて、代表的なビジネスプロセスを
カバーするシンプルなテストケースを準備していきます。この段階では、コードの読
みやすさについてはまだ考えません。その代わりに、手動テストのシナリオをできる
だけそのままテストコードに直訳して、シンプルかつ愚直にテストコードを書くこと
に集中します。テストコードをもっと洗練して読みやすくするための工夫については、
次の第8章で説明します。

【サンプルコード】

　この章のサンプルコードは fastify-webapp-sample リポジトリの ch07 ブランチ
から確認することができます。手元のコードを利用する場合は、以下のコマンドで
ch07 ブランチにチェックアウトしてください。

```
$ git checkout ch07
```

Web ブラウザ上で確認したい場合は、以下のURLから確認してください。

　　https://github.com/tsuemura/fastify-webapp-sample/tree/ch07

7-1　代表的なビジネスプロセスをカバーするテストを書く

　第5章の終わり（「5-3-4　サンプルアプリケーションのビジネスプロセス」）で紹介し
たのは、次のようなビジネスプロセスでした。

- お客様はお弁当をカートに入れられる

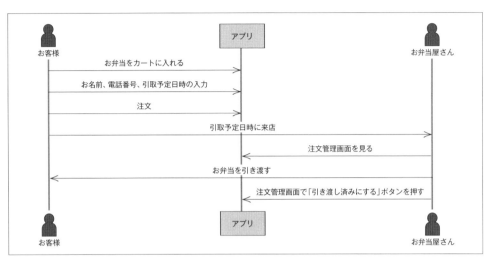

- お客様はお名前、電話番号、引取予定日時を入力してお弁当を注文できる
- お弁当屋さんはお客様が注文した一覧を見ることができる
- お弁当屋さんは引き渡しが完了した注文を「引き渡し済み」とマークする

図7-1　リンプルアプリケーションのビジネスプロセス（再掲）

　しかし、第6章ではまだ「お客様としてログインする」というシナリオしか作っていません。これではテストとして不十分なので、上のビジネスプロセスの流れをテストするシナリオを書くことをこの章のゴールにしましょう。第6章で書いたログイン処理に続く形でテストコードを書いていきます。

7-2　テストコードを置く場所を作る

　これまでは、CodeceptJSのデフォルトの設定で、e2eディレクトリの直下にテストコードを配置していましたが、このままだとファイルが増えていくにつれて、乱雑になってしまうかもしれません。ここで一度テストコードを整理しておきましょう。
　本書では、E2Eテストシナリオをビジネスプロセスベースのものと、ユーザーストーリーベースのものの2つに大別して管理します。そのため、ディレクトリ構成もそれに従う形にします。e2eディレクトリに以下の2つのディレクトリを作成します。

- e2e/tests/user_stories
- e2e/tests/business_processes

177

続いて、前の章で作成した smoke_test.js を business_processes ディレクトリに移動し、generic_error_test.js を user_stories ディレクトリに移動します。

最後に、smoke_test.js を order_process_test.js にリネームします。前回作成した smoke_test.js をもとに、この章で注文プロセスのテストとして書き直します。最終的には、次のようなフォルダ構成になります。

```
e2e/tests
├── business_processes
│       └── order_process_test.js
├── user_stories
        └── generic_error_test.js
```

CodeceptJS のデフォルトの設定では、プロジェクトのルートフォルダにある *_test.js というパターンに該当するテストだけが実行されるようになっています。テストを e2e/tests ディレクトリに移動したので、設定ファイルも合わせて修正しておきましょう。codecept.conf.js を以下のように編集します。

e2e/codecept.conf.js
```
/** @type {CodeceptJS.MainConfig} */
exports.config = {
  tests: "./*_test.js",          ●━━━━━━━━━━━━━ 削除
  tests: "./tests/**/*_test.js", ●━━━━━━━━━━━━━ 追加
  output: "./output",
  helpers: {
    Playwright: {
      url: process.env.BASE_URL, // process.env.BASE_URLに環境変数が入っている
      show: true,
      browser: "chromium",
    },
  },
```

これで、tests ディレクトリ内のすべてのサブディレクトリにある、末尾が _test.js のテストが実行されるようになりました。

7-3　商品をカートに入れる

それでは、早速注文プロセスのテストを書いていきましょう。order_process_test.jsの「Webサイトを開きログインする」シナリオを流用します。

スイート名を「注文プロセスのテスト」にし、シナリオ名を「ログインし、お弁当を注文し、お弁当を受け取る」に変更します。

最後にpause()ステップを追加します。pause()はテスト実行を一時停止するためのステップで、この続きからインタラクティブシェルによる記録を再開できます。

```
e2e/tests/business_processes/order_process_test.js
SuiteOf('スモークテスト');  ●─────────────────── 削除
SuiteOf('注文プロセスのテスト');  ●─────────────── 追加

Scenario('Webサイトを開きログインする', ({ I }) => {  ●──────── 削除
Scenario('ログインし、お弁当を注文し、お弁当を受け取る', ({ I }) => {  ●── 追加
  I.amOnPage("/");
  I.click("ログインする");
  I.fillField("ユーザー名", "user1");
  I.fillField("パスワード", "super-strong-passphrase");
  I.click("ログイン");
  I.see("user1 さん");

  pause()  ●──────────── 追加 (ここでテスト実行を一時停止する)
})
```

このコードを実行して、pause()の先からインタラクティブシェルを使ってテストを書いていきましょう。追記するステップは以下のようなものです。

- "カートに入れる数量"に"1"を入力する
- "カートに入れる"をクリックする
- 'お名前（受取時に必要です）'に'ユーザー 1'を入力する
- '電話番号（連絡時に必要です）'に'09000000000'を入力する
- '受け取り日'に'2025/08/01'を入力する
- '受け取り目安時間'に'12:00AM'を入力する
- '注文を確定する'をクリックする

この手順はそのままCodeceptJSのコードとして記述できます。`order_process_`
`test.js`に以下のようにテストコードを追加して実行してみましょう。テストコードが
パスしたら成功です。

```
e2e/tests/business_processes/order_process_test.js
Scenario('ログインし、お弁当を注文し、お弁当を受け取る', ({ I }) => {
  I.amOnPage("/");
  I.click("ログインする");
  I.fillField("ユーザー名", "user1");
  I.fillField("パスワード", "super-strong-passphrase");
  I.click("ログイン");
  I.see("user1 さん");
  I.fillField("カートに入れる数量", "1")
  I.click("カートに入れる")
  I.fillField('お名前（受取時に必要です）', 'ユーザー1')
  I.fillField('電話番号（連絡時に必要です）', '09000000000')
  I.fillField('受け取り日', '2025/08/01')
  I.fillField('受け取り目安時間', '12:00AM')
  I.click('注文を確定する')
})
```

追加

TIPS --

特定のテストシナリオだけを実行する

　テストコードの記述中など、特定のシナリオだけを実行したいことがあります。以
下のように`Scenario.only`を付けて実行すると、そのシナリオだけが実行されます。

```
Scenario.only('ログインし、お弁当を注文し、お弁当を受け取る', ({ I }) => {
```

```
$ npm run test:e2e
```

　ただし、`only`を付けたままプッシュしてしまうと、`git push`やCIでの実行などで
そのシナリオしかテストされなくなってしまいます。十分注意してください。

7-4　お弁当屋さん側での操作

続いて、お弁当屋さん側での処理を記述してみましょう。テスト手順は以下のようになります。

1. お弁当屋さんとしてログインする
2. ユーザー名に「admin」と入力する
3. パスワードに「admin」と入力する
4. 「注文を管理する」をクリックする
5. 「この注文を引き渡しました」をクリックする
6. 「引き渡し済みの注文です」と表示されることを確認する

先ほどと同じ要領でテストシナリオを書いていきますが、すでにユーザーとしてログインしているので、そのままではお弁当屋さんとしてログインできません。ここではCodeceptJSの session 機能を使いましょう。session で囲むと、その中では別のブラウザが開いて、別のユーザーとしてログインしたり、未ログインの状態でのテストを実行できます。

テストコードは以下のようになります。

```
e2e/tests/business_processes/order_process_test.js
Scenario.only('ログインし、お弁当を注文し、お弁当を受け取る', ({ I }) => {
  I.amOnPage("/");
  I.click("ログインする");
  I.fillField("ユーザー名", "user1");
  I.fillField("パスワード", "super-strong-passphrase");
  I.click("ログイン");
  I.see("user1 さん");
  I.fillField("カートに入れる数量", "1")
  I.click("カートに入れる")
  I.fillField('お名前（受取時に必要です）', 'ユーザー1')
  I.fillField('電話番号（連絡時に必要です）', '09000000000')
  I.fillField('受け取り日', '2025/08/01')
  I.fillField('受け取り目安時間', '12:00AM')
  I.click('注文を確定する')
  session('お弁当屋さんのブラウザ', () => {
    I.amOnPage("/");
    I.click("ログインする");
```

追加

```
    I.fillField("ユーザー名", "admin");
    I.fillField("パスワード", "admin");
    I.click("ログイン");
    I.click("注文を管理する")
    I.click("この注文を引き渡しました")
    I.see("引き渡し済みの注文です")
  })
})
```

7-5　注文番号を考慮する

　ところで、上記のシナリオの最後では「この注
文を引き渡しました」というボタンをクリックし
ていますが、どの注文のボタンをクリックするか
は指定していません（図7-2）。注文管理画面に
は複数の注文が並んでいるので、間違った商品
を受け渡してしまったら面倒なことになってしま
います。

注文番号 1

- user1 様
- 注文日 Fri Feb 24 2023 00:00:00 GMT+0900 (Japan Standard Time)
- ご連絡先 09000000000
- 受け取り予定時間 10:30

商品名	価格	数量
ネギ塩ダレ豚丼	500	1

この注文を引き渡しました

注文番号 2

- ユーザー1 様
- 注文日 Sun Mar 12 2023 00:00:00 GMT+0900 (Japan Standard Time)
- ご連絡先 09000000000
- 受け取り予定時間 12:00

商品名	価格	数量
ネギ塩ダレ豚丼	500	1

この注文を引き渡しました

図7-2　注文管理画面にはいくつかの
　　　　注文が入っている

実際の業務フローでは、ユーザーが注文を完了したとき、以下のような画像が表示されます（図7-3）。お弁当屋さんは、注文番号を見て、できあがった商品をお客様に渡すことになります。

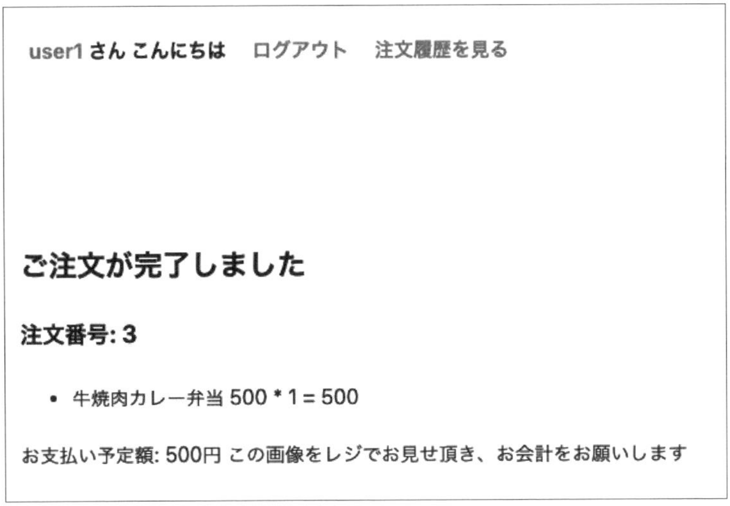

```
user1 さん こんにちは    ログアウト    注文履歴を見る




ご注文が完了しました

注文番号: 3

  ● 牛焼肉カレー弁当 500 * 1 = 500

お支払い予定額: 500円 この画像をレジでお見せ頂き、お会計をお願いします
```

図7-3　注文完了時に表示される画面

そのため、自動テストのシナリオでも同じ流れを踏襲する必要があります。

1. お客様が注文を完了したら、注文番号が画面に表示される
2. お弁当屋さんは注文番号を見てお客様に商品を引き渡し、アプリ上でこの注文を引き渡しましたをクリックする

7-5-1　画面に表示された値を取得する

注文完了画面を見ると、「注文番号: 1」というフォーマットで注文番号が表示されているのがわかります。この注文番号部分を取得します。

Google Chromeのデベロッパーツールで確認すると、この要素は\<h3\>タグで構成されていることがわかります。そこで、\<h3\>タグのテキストを画面から取得して、注文番号のテキストを取得することにしましょう。

```
e2e/tests/business_processes/order_process_test.js
Scenario('ログインし、お弁当を注文し、お弁当を受け取る', ({ I }) => {  ←——— 削除
Scenario('ログインし、お弁当を注文し、お弁当を受け取る', async ({ I }) => {  ←— 追加
  I.amOnPage("/");
```

183

```
    I.click("ログインする");
    I.fillField("ユーザー名", "user1");
    I.fillField("パスワード", "super-strong-passphrase");
    I.click("ログイン");
    I.see("user1 さん");
    I.fillField("カートに入れる数量", "1")
    I.click("カートに入れる")
    I.fillField('お名前（受取時に必要です）', 'ユーザー1')
    I.fillField('電話番号（連絡時に必要です）', '09000000000')
    I.fillField('受け取り日', '2025/08/01')
    I.fillField('受け取り目安時間', '12:00AM')
    I.click('注文を確定する')
    const orderNo = await I.grabTextFrom('h3')  ●━━━━━━━━ 追加
    session('お弁当屋さんのブラウザ', () => {
      I.amOnPage("/");
      I.click("ログインする");
      I.fillField("ユーザー名", "admin");
      I.fillField("パスワード", "admin");
      I.click("ログイン");
      I.click("注文を管理する")
      I.click("この注文を引き渡しました")
      I.see("引き渡し済みの注文です")
    })
  })
```

h3要素からテキストを取得するのは`await I.grabTextFrom('h3')`の箇所です。シナリオに渡すコールバック関数[※1]に async が付いていますが、これは CodeceptJS の利用上の制約によるものです。`I.grab~`という形式の関数には必ず `await`を付け、コールバック関数には async を付けるというルールになっています。

なお、`I.grab~`以外の関数に`await`を付けても問題ありませんし、`I.grab～`を使っていないテストシナリオに async を付けても問題ありません。

7-5-2 注文番号に応じたボタンをクリックする

次に、注文管理画面から特定の注文の「この注文を引き渡しました」ボタンをクリックするようにしてみましょう。

ブラウザの開発者ツールで確認すると、お弁当屋さんの注文管理画面は <aside>

[※1] ある関数が実行された後に、さらに実行される（コールバックされる）関数のこと。JavaScriptでよく使われる書き方で、CodeceptJSでは親となるScenario関数のコールバック関数としてテストシナリオの実行部分を渡す形で記述します。

要素で作られたカード状のUIの中に入っています。このような、特定の要素の中に入っている要素を扱う際には、ロケーターの後ろに親要素のロケーターを指定します。

```
e2e/tests/business_processes/order_process_test.js
Scenario('ログインし、お弁当を注文し、お弁当を受け取る', async ({ I }) => {
  I.amOnPage("/");
  I.click("ログインする");
  I.fillField("ユーザー名", "user1");
  I.fillField("パスワード", "super-strong-passphrase");
  I.click("ログイン");
  I.see("user1 さん");
  I.fillField("カートに入れる数量", "1")
  I.click("カートに入れる")
  I.fillField('お名前（受取時に必要です）', 'ユーザー1')
  I.fillField('電話番号（連絡時に必要です）', '09000000000')
  I.fillField('受け取り日', '2025/08/01')
  I.fillField('受け取り目安時間', '12:00AM')
  I.click('注文を確定する')
  const orderNo = await I.grabTextFrom('h3')
  session('お弁当屋さんのブラウザ', () => {
    I.amOnPage("/");
    I.click("ログインする");
    I.fillField("ユーザー名", "admin");
    I.fillField("パスワード", "admin");
    I.click("ログイン");
    I.click("注文を管理する")
    const itemContainer = locate('aside').withText(orderNo)     ┐
    I.click("この注文を引き渡しました", itemContainer)            ├──修正
    I.see("引き渡し済みの注文です", itemContainer)                 ┘
  })
})
```

TIPS --

withinメソッドについて

　CodeceptJSには、ある要素の中にある別の要素を指定するためのwithinというメソッドがあります。このメソッドを使うと、上記のコードは以下のようにも書けます。

```
const itemContainer = locate('aside').withText(orderNo)
within (itemContainer, () => {
  I.click("この注文を引き渡しました")
```

```
    I.see("引き渡し済みの注文です")
})
```

ただし、少なくとも本稿執筆時点のCodeceptJS v3.3.7においては、`within`の中でSemantic Locatorを利用すると`within`の中で探索してくれない場合があるようです。GitHubに「Semantic Locator doesn't consider the within #3646」というIssue（https://github.com/codeceptjs/CodeceptJS/issues/3646）が上がっているので、いずれ修正されるでしょう（本書をお読みの読者の方が直してくださると大変素晴らしいのですが！）。

TIPS --

CodeceptJSの要素探索「Locator builder」について

`locate`という記述が初めて出てきたので、こちらについても説明しておきましょう。CodeceptJSで要素を特定する際には、大きく分けて次の3種類の方法が利用できます。

1. Semantic Locator
2. Locator builder
3. XPath、CSSセレクタなど

Semantic Locatorについては、第6章のTips「CodeceptJSの要素探索『Semantic Locator』について」でも紹介しました。Semantic Locatorはいくつかのルールに基づいて、指定されたテキストを持つ要素を取得します。本書では、できる限りSemantic Locatorを用いて要素を探索するようにしています。その理由は、この記述が最も自然言語に近く、わかりやすい記述方法だからです。

Semantic Locatorは、メソッドに応じて`<a>`タグなどのクリックできそうな要素や`<input type="text">`などのテキスト入力できそうな要素を探すように設計されています。たとえば、`I.click(element)`では、クリックできそうな要素を探しますし、`I.fillField(element, text)`では文字入力できそうな要素を探します。

しかし、Semantic Locatorは残念ながら万能ではありません。先ほど登場した`<aside>`のような要素はクリックなどのユーザーインタラクションを前提とした要素ではないので、Semantic Locatorでの要素探索はできません。代わりに、Locator Builderという、ロケーター記述を簡素化するための仕組みがあります。

Locator Builderを使うには、上記のサンプルコードに登場した`locate`という関数

を用います。たとえば、上述のテストコードの例で出てきた`locate('aside').`
`withText(orderNo)`という記述を使って説明しましょう。この場合、次のような順序で要素を探索します。

- `locate('aside')`：ページ内のすべての`<aside>`要素のうち
- `withText(orderNo)`：`orderNo`に合致する要素

条件に合致する要素が複数ある場合は最初の要素が使われます。

このように、Locator Builderを用いると、Semantic Locatorが使えないケースでも可読性を保ちながら柔軟に要素を探索できるようになります。その他にも様々なクエリーがあります。詳細については、次の公式ページを参照してください。

- **Locator Builder（CodeceptJSの公式ページ）**
  https://codecept.io/locators/#locator-builder

最後のXPath、CSSセレクタなどは、どちらもHTMLの中から特定の条件に合致する要素を取得するための構文です。これらは昔からWebアプリのE2Eテストで使われています。

XPathは非常に柔軟な記述ができるので、以前はXPathを使いこなすことが自動化においても非常に重要でした。しかし、CodeceptJSを使う限りはLocator Builderでほとんどのケースに対応でき、かつ可読性が高いです。そのため、本書ではXPathおよびCSSセレクタについての解説は行いません。

7-6　受け取り日に動的な日付を入れる

さて、この時点ではお弁当の受け取り日が`'2025/08/01'`という固定の日付になっています。また、受け取り予定時間は`12:00`固定になっています。

```
I.fillField('受け取り日', '2025/08/01')
I.fillField('受け取り目安時間', '12:00AM')
```

つまり、このテストを2025年8月1日以降に実行すると、過去の日付が入力されることになってしまいます。受け取り予定時間についても、このテストを午後に実行したら、過去の日付が入力されることになってしまいます。受け取り日は今日の日付、

受け取り目安時間は現在から1時間後の値が入るように変更しましょう。

　日付や時刻の計算はJavaScript自体でもできるのですが、より可読性を高めるためにライブラリの力を借りましょう。定評のある日付操作ライブラリの「Day.js」[※2] を利用します。

```
$ cd e2e # 必ずe2eディレクトリの中でインストールする
$ npm install dayjs
```

　次に、テストシナリオの中でDay.jsを利用できるようにセットアップします。今後こうしたライブラリを利用する際のエントリーポイントとして、utilsディレクトリを作成し、その中にindex.jsを作成します。index.jsの中身は次のようになります。

utils/index.js
```
module.exports = {
  now: require('dayjs')()
}
```

　このような外部モジュールは、codecept.conf.jsの中のincludeオプションに設定します。そうすることで、テストシナリオの中で利用できるようになります。

e2e/codecept.conf.js
```
const { setHeadlessWhen, setCommonPlugins } = require('@codeceptjs/⇨
configure');
// turn on headless mode when running with HEADLESS=true environment ⇨
variable
// export HEADLESS=true && npx codeceptjs run
setHeadlessWhen(process.env.HEADLESS);

// enable all common plugins https://github.com/codeceptjs/configure#⇨
setcommonplugins
setCommonPlugins();
require('dotenv').config(); // dotenvを読み込む

/** @type {CodeceptJS.MainConfig} */
exports.config = {
  tests: "./*_test.js",
```

[※2]　https://github.com/iamkun/dayjs

```
  output: "./output",
  helpers: {
    Playwright: {
      url: process.env.BASE_URL, // process.env.BASE_URLに環境変数が入っている
      show: true,
      browser: "chromium",
    },
  },
  include: {
    I: "./steps_file.js",
    utils: './utils'  ●─────────────── 追加
  },
  translation: "en-US",
  vocabularies: ["./vocabularies.json"],
  name: "e2e",
};
```

続いて、この値をテストシナリオ内で使うようにします。includeオプションに設定したキーは、冒頭でIオブジェクトと一緒に宣言できます。

```
e2e/tests/business_processes/order_process_test.js
SuiteOf('注文プロセスのテスト');
                                              ┌── 削除
Scenario('ログインし、お弁当を注文し、お弁当を受け取る', async ({ I }) => {
Scenario('ログインし、お弁当を注文し、お弁当を受け取る', async ({ I, utils }) => {
                                              └── 追加
  I.amOnPage("/");
  I.click("ログインする");
  I.fillField("ユーザー名", "user1");
  I.fillField("パスワード", "super-strong-passphrase");
  I.click("ログイン");
  I.see("user1 さん");
  I.fillField("カートに入れる数量", "1")
  I.click("カートに入れる")
  I.fillField('お名前 (受取時に必要です)', 'ユーザー1')
  I.fillField('電話番号 (連絡時に必要です)', '09000000000')
  I.fillField('受け取り日', '2025/08/01')    ┐
  I.fillField('受け取り目安時間', '12:00AM')  ┘── 削除
  I.fillField('受け取り日', utils.now.format('YYYY/MM/DD'))    ┐
  I.fillField('受け取り目安時間', utils.now.add(1, 'hour').⇨    ├── 追加
format('hh:mmA'))                                            ┘
  I.click('注文を確定する')
  const orderNo = await I.grabTextFrom('h3')
  session('お弁当屋さんのブラウザ', () => {
    I.amOnPage("/");
```

```
    I.click("ログインする");
    I.fillField("ユーザー名", "admin");
    I.fillField("パスワード", "admin");
    I.click("ログイン");
    I.click("注文を管理する")
    const itemContainer = locate('aside').withText(orderNo)
    I.click("この注文を引き渡しました", itemContainer)
    I.see("引き渡し済みの注文です", itemContainer)
  })
})
```

7-7　コードにコメントを付ける

　さて、これで一通りの実装は終わりましたが、今のコードはいかにも手続き的で読みにくいです。最低限、操作の区切りごとにコメントを入れておきましょう。

```
e2e/tests/business_processes/order_process_test.js
SuiteOf('注文プロセスのテスト');

Scenario('ログインし、お弁当を注文し、お弁当を受け取る', async ({ I, utils }) => {
  // 一般ユーザーとしてログインする ←──────────── 追加
  I.amOnPage("/");
  I.click("ログインする");
  I.fillField("ユーザー名", "user1");
  I.fillField("パスワード", "super-strong-passphrase");
  I.click("ログイン");
  I.see("user1 さん");

  // カートに商品を入れる ←──────────── 追加
  I.fillField("カートに入れる数量", "1")
  I.click("カートに入れる")

  // 受け取り情報を入力し、注文を確定する ←──────────── 追加
  I.fillField('お名前（受取時に必要です）', 'ユーザー1')
  I.fillField('電話番号（連絡時に必要です）', '09000000000')
  I.fillField('受け取り日', utils.now.format('YYYY/MM/DD'))
  I.fillField('受け取り目安時間', utils.now.add(1, 'hour').format('hh:mmA'))
  I.click('注文を確定する')
  I.see('ご注文が完了しました')

  // 注文番号を控えておく ←──────────── 追加
  const orderNo = await I.grabTextFrom('h3')
```

```
session('お弁当屋さんのブラウザ', () => {

    // お弁当屋さんのアカウントでログインする ●──────────── 追加
    I.amOnPage("/");
    I.click("ログインする");
    I.fillField("ユーザー名", "admin");
    I.fillField("パスワード", "admin");
    I.click("ログイン");

    // 注文管理画面から注文を引き渡す ●──────────── 追加
    I.click("注文を管理する")
    const itemContainer = locate('aside').withText(orderNo)
    I.click("この注文を引き渡しました", itemContainer)
    I.see("引き渡し済みの注文です", itemContainer)

  })
})
```

まとめ

　この章では、サンプルアプリのうち最も代表的なビジネスプロセスをカバーするテストシナリオを1つだけ作りました。しかし、当然これだけではカバレッジとしては不足していますし、E2Eレベルでテストしたい部分はもっとたくさんあるでしょう。続く第8章では、もっと細かい粒度で多くのユーザーストーリーをカバーするシナリオを作成していきます。

　また、この章で作成したテストコードのうちほとんどは、CodeceptJSのSemantic Locatorの力で、そのままでも自然に読めて可読性が高いものになっています。しかし、一方でsessionなどはCodeceptJSの記法をそのまま使っており、コードを読む人はCodeceptJSについてあらかじめ学んでおく必要があります。また、一部のロケーターはLocator Generatorを使っており、ユーザー目線のテストコードになっていない箇所が多くあります。さらに、コードの読みやすさのためにコメントを使っています。理想的には、コメントがなくても十分読みやすいテストコードにしたいところです。これらの課題については、第9章で解決していきます。

第8章 ユーザーストーリーを カバーするテストを作成する

さて、これまでの章では以下のようなことを達成しました。

- テストが開発中から日常的に実行される環境を整えた
- アプリケーションの代表的なビジネスプロセスをカバーするテストケースを追加した

しかし、代表的なビジネスプロセスだけのテストでは、第1章で掲げていた**安全にリリースできる状態を、持続可能なコストにキープし続ける**という目的に対しては当然不十分です。そこで、この章ではより網羅的なテストケースを導き出し、テストコードに落とし込むところまでを実践していきましょう。

8-1　ユーザーストーリーベースのテストを作成する

第7章では、ビジネスプロセスをベースとしてテストケースを作成しました。もちろん、このままビジネスプロセスベースのテストをたくさん増やしていっても大丈夫ですが、さらに小さい粒度でテストしたいこともあるでしょう。たとえば、アプリケーションのある機能にフォーカスしたテストや、あるユーザーストーリーにフォーカスしたテストなどが考えられます。この場合、対象となる機能の画面仕様書や、ユーザーストーリーなどがテストベース[※1]になるでしょう。

テストベースを意識することは、テストのスコープを考えることにつながります。たとえば、次のビジネスプロセスとユーザーストーリーは結果的に操作する手順は同じになりますが、テストしたい範囲は大きく異なります。

[※1]　テストケースを作成する際の素材として使う、仕様書などのドキュメントのこと。

【ビジネスプロセス】

- お客様はお弁当をカートに入れられる
- お客様はお名前、電話番号、引取予定日時を入力してお弁当を注文できる
- お弁当屋さんはお客様が注文した一覧を見ることができる
- お弁当屋さんは引き渡しが完了した注文を「引き渡し済み」とマークする

【ユーザーストーリー】

- お弁当屋さんは引き渡しが完了した注文を「引き渡し済み」とマークできる

　この場合、ビジネスプロセスのためのテストケースはこのビジネスプロセスを一貫して操作、実行できることが目的です。しかし、ユーザーストーリーのほうはあくまでお弁当屋さんが注文を「引き渡し済み」にマークできることにフォーカスしています。

　この違いを意識しておくと、テストケースの命名や管理がしやすくなります。たとえばビジネスプロセスのテストケースは、「カートに入れる～注文～引き渡し」のような名前になるでしょう。一方、ユーザーストーリーのテストケースは、そのまま「お弁当屋さんは引き渡しが完了した注文を『引き渡し済み』とマークできる」のようになるでしょう。

8-2　ユーザーストーリーと具体例からテストケースを導出する

　さて、第7章ではお客様が商品を注文し、注文したお弁当がお客様に引き渡されるまでの一連のビジネスプロセスをテストしました。

　しかし、ビジネスプロセスをテストするだけでは不十分なことがあります。たとえば、第5章の終わりに挙げたユーザーストーリーを見ると、**在庫管理**などは他のカテゴリーよりも多くのユーザーストーリーを含んでいることがわかります。別の言い方をすれば、在庫管理業務は複雑で、網羅的かつ具体的にテストしておきたい部分であるということです。

　そこで、この章ではそれらのユーザーストーリーに対して**具体例**を考えて、それをテストケースに落とし込んでいくというアプローチを取ります。

8-2-1　おおまかな流れ

　ここで紹介するテストケース導出～テストコード作成の方法は、おおまかに次のよ

うな流れになります。

1. 具体例を挙げる（8-2-2項）
2. 具体例をステップ・バイ・ステップで説明する（8-2-3項）
3. 具体例をテストコードにする（8-2-4項）

　最初の**「具体例を挙げる」**では、通常、1つのユーザーストーリーに対して複数の**具体例**を挙げていきます。ユーザーストーリーは通常、テスト可能[※2]な形式で書かれているべきですが、一方で入力する数値のバリエーションなどについては細かく指定されていません。たとえば、0から10を取り得る入力欄に対して、有効系の代表値として [0, 10] を入力し、無効系の代表値として [−1, 11] を入力するといった具合です。

　2番目の**「具体例をステップ・バイ・ステップで説明する」**では、コードを書く前に、具体例を手続き的に記述したドキュメントを作成します。このタイミングでは、ユーザーストーリーの中で具体的に示されていなかった前提条件などについても具体的に記述します。たとえば、「店舗スタッフとしてログイン済みであること」「カートに商品が入っていること」などを前提条件として明示します。前提条件を満たすための手順もこの段階で明らかにしておきます。

　3番目の**「具体例をテストコードにする」**では、ステップ・バイ・ステップで説明したテスト手順に従ってテストコードを作成します。「どのようにテストすべきか」についてはこれまでの段階で明らかになっているので、ここではテストコードの実装にのみ着目します。

TIPS --

正常系と異常系、有効系と無効系

　テストケースの分類としてよく使われるのが「正常系」と「異常系」です。読んで字のごとく、システムが正常に動作することを期待するケースが正常系、何らかの異常を期待するのが異常系です。

　しかし、この分類だと、異常系の中には「異常な値を受け取ったときに想定される動作」と「テストの前提条件に当てはまらないような想定外の事象」がどちらも含まれて

[※2] ユーザーストーリーを書くときに意識する「INVEST」という言葉があります。Independent（独立した）、Negotiatable（交渉可能な）、Valuable（価値のある）、Estimatable（見積もり可能な）、Small（小さい）、Testable（テスト可能な）の頭文字を取った略語です。ここで、Testable が意味するのは、受け入れ条件が明確で、テストに必要な情報が十分に洗い出されているということを意味します。

しまいます。本書では、秋山浩一氏のnote[※3]での定義に従い、正常系を**有効系**と**無効系**の2つに分け、異常系と区別します。

　有効系と無効系は、どちらもソフトウェアが入力を受け取ります。有効系は処理を続行しますが、無効系は途中でエラー処理に移り、エラーメッセージなどを表示します。異常系に含まれるのは、テストの前提条件を満たさないような症状のみです。たとえば、ハードウェアの故障などがここに該当します。

　「有効系と無効系」の代わりに「正常系と準正常系」と呼ぶ場合もあるようなのですが、本書では「有効同値パーティションと無効同値パーティション」（それぞれ、有効なテストデータと無効なテストデータのまとまり）に対する関係がわかりやすいこちらの用語を採用しました。

8-2-2　具体例を挙げる

以下に、在庫管理に関する箇所のユーザーストーリーを抜粋します。

> ● 店舗スタッフは商品に一日の注文可能数を設定できる。
> 　● 店舗スタッフは、商品にデフォルトの注文可能数と、現時点での注文可能数を設定できる。
> 　　● 店舗スタッフは、デフォルトの注文可能数を変更できる。ユーザーは、デフォルトの注文可能数まで商品を注文できる。
> 　　● 店舗スタッフは、現時点での注文可能数を変更できる。ユーザーは、現時点での注文可能数まで商品を注文できる。
> 　　● 店舗スタッフがデフォルトの注文可能数を設定し、現時点での注文可能数を設定しなかった場合、ユーザーが商品を注文すると、現時点での注文可能数は（デフォルトの注文可能数－ユーザーの注文可能数）に自動的に設定される。
> 　　● 店舗スタッフがデフォルトの注文可能数を変更した場合、すでに現時点での注文可能数が計算されている場合には、その数量は変更されない。
> 　● 店舗スタッフは商品編集画面から商品の注文可能数を増やしたり、減らしたりできる。
> 　● ユーザーは、商品一覧画面から、商品の注文可能数を「残りn個です」とい

[※3]　第102回：正常系と異常系 ｜ Kouichi Akiyama（note）
　　　 https://note.com/akiyama924/n/nb1133b40941f

　これらのユーザーストーリーは、ユーザーが享受できる価値を端的に表してはいますが、テストできるほど具体的ではありません。これらのユーザーストーリーからテストケースを導き出すために、それぞれのストーリーに対して**具体例**を加える必要があります。具体例には、実際に設定する値や、期待する結果（例：注文が完了する、エラーになる、など）を含みます。

　たとえば、「**店舗スタッフは、デフォルトの注文可能数を変更できる。ユーザーは、デフォルトの注文可能数まで商品を注文できる。**」というユーザーストーリーに対して、有効系と無効系の2つのパターンで具体例を考えてみましょう。

- **有効系の例**：店舗スタッフがある商品のデフォルトの注文可能数を10個に設定し、現時点での注文可能数を空欄に設定する。ユーザーはその商品を10個注文できる。
- **無効系の例**：店舗スタッフがある商品のデフォルトの注文可能数を10個に設定し、現時点での注文可能数を空欄に設定する。ユーザーはその商品を11個注文すると、エラーになる。

　同じようにして、他のユーザーストーリーに対しても具体例を考えたのが以下のものです。具体例の箇所には▤アイコンを付けてあります。

を10個注文できる。

- ●📄店舗スタッフがある商品のデフォルトの注文可能数を10個に設定し、現時点での注文可能数を空欄に設定する。ユーザーはその商品を11個注文すると、エラーになる。
- ● 店舗スタッフは、現時点での注文可能数を変更できる。ユーザーは、現時点での注文可能数まで商品を注文できる。
  - ●📄店舗スタッフがある商品の現時点での注文可能数を5個に設定する。ユーザーはその商品を5個注文できる。
  - ●📄店舗スタッフがある商品の現時点での注文可能数を5個に設定する。ユーザーはその商品を4個注文できる。ユーザーはさらにその商品を1個注文できる。
  - ●📄店舗スタッフはある商品の現時点での注文可能数を5個に設定する。ユーザーがその商品を6個注文すると、エラーになる。
  - ●📄店舗スタッフがある商品の現時点での注文可能数を5個に設定する。ユーザーはその商品を4個注文できる。ユーザーがさらにその商品を2個注文すると、エラーになる。
- ● 店舗スタッフがデフォルトの注文可能数を設定し、現時点での注文可能数を設定しなかった場合、ユーザーが商品を注文すると、現時点での注文可能数は(デフォルトの注文可能数－ユーザーの注文可能数)に自動的に設定される。
  - ●📄店舗スタッフがある商品のデフォルトの注文可能数を10個に設定し、現時点での注文可能数を空欄に設定する。ユーザーはその商品を9個注文する。ユーザーはさらにその商品を1個注文できる。
  - ●📄店舗スタッフがある商品のデフォルトの注文可能数を10個に設定し、現時点での注文可能数を空欄に設定する。ユーザーはその商品を10個注文する。ユーザーがさらにその商品を1個注文すると、エラーになる。
- ● 店舗スタッフがデフォルトの注文可能数を変更した場合、すでに現時点での注文可能数が計算されている場合には、その数量は変更されない。
  - ●📄店舗スタッフはある商品の現時点での注文可能数を5個に設定し、さらにデフォルトの注文可能数を10個に設定する。ユーザーは5個の商品を注文できる。

- ● 📄 店舗スタッフはある商品の現時点での注文可能数を5個に設定し、さらにデフォルトの注文可能数を10個に設定する。ユーザーが6個の商品を注文すると、エラーになる。
- ● 店舗スタッフは商品編集画面から商品の注文可能数を増やしたり、減らしたりできる。
  - ●（他のユーザーストーリーのテストでカバーできているので省略）
- ● ユーザーは、商品一覧画面から、商品の注文可能数を「残りn個注文可能です」という表記で見ることができる。
  - ● 📄 店舗スタッフはある商品の現時点での注文可能数を5個に設定する。ユーザーは商品一覧画面でその商品の注文可能数を「残り5個注文可能です」という表記で確認できる。
  - ● 📄 店舗スタッフはある商品のデフォルトの注文可能数を10個に設定し、現時点での注文可能数を5個に設定する。ユーザーは商品一覧画面でその商品の注文可能数を「残り5個注文可能です」という表記で確認できる。
- ● ユーザーは、一日の注文可能数を超えた注文は、注文できなくなる。
  - ●（他のユーザーストーリーの例でカバーできているので省略）
- ● ユーザーは、注文可能数が設定されていない商品は、いくつでも注文できる。
  - ● 📄 店舗スタッフはある商品のデフォルトの注文可能数を空欄に設定し、現時点での注文可能数を空欄に設定する。ユーザーはその商品を100個注文できる。
- ● ユーザーは、一日の注文可能数を超える場合でも、異なる日付であればそれぞれ注文可能である。
  - ● 📄 店舗スタッフはある商品の現時点での注文可能数を5個に設定する。ユーザーはその商品を当日に5個注文する。ユーザーはさらにその商品を翌日に6個注文できる。
  - ● 📄 店舗スタッフはある商品のデフォルトの注文可能数を5個に設定する。ユーザーはその商品を当日に5個注文する。ユーザーはさらにその商品を翌日に5個注文できる。
  - ● 📄 店舗スタッフはある商品のデフォルトの注文可能数を5個に設定する。ユーザーはその商品を当日に5個注文する。ユーザーはさらにその商品を翌日に6個注文するとエラーとなる。

8-2-3　具体例をステップ・バイ・ステップで説明する

　これらの具体例をもとにテストコードを書いていきますが、コードを書く前にテストがどのような手順を含むかを簡単にステップ・バイ・ステップで説明するドキュメントを作りましょう。

　たとえば、最初の**有効系の例**の「店舗スタッフがある商品のデフォルトの注文可能数を10個に設定し、現時点での注文可能数を空欄に設定する。ユーザーはその商品を10個注文できる。」というケースをステップ・バイ・ステップで説明すると以下のようになります。

- 店舗スタッフは**ある商品**のデフォルトの注文可能数を10個に設定する。
  - 店舗スタッフとしてログインする。
  - ある商品の詳細ページを開く。
  - デフォルトの注文可能数に `10` を設定する。
- ユーザーは**その商品**を当日に10個注文する。
  - 商品を10個カートに入れる。
  - 注文画面を開き、当日の日付を入力する。
  - 注文を確定する。

　この説明をもとにテストコードを実装していきますが、**ある商品**や**その商品**といった表現が気になりますね。この例では、どの商品をカートに入れるのかは具体的に考えていません。

　この箇所があいまいなままになっていると、各ステップでそれぞれ異なる商品を操作対象にしてしまうかもしれません。たとえば、各ステップでリスト上の一番上の商品を取得するようなコードを書いてしまうと、リストの順序がテスト実行中に変わったことが原因でテストが失敗するかもしれません。

　それでは、どの商品を選ぶべきかというと、おおまかに次の2つの選択肢があります。

1. テスト環境に最初から存在するデータを使ってテストをする
2. テストを実行するたびに新しい商品を作る

　前者のメリットは、商品（＝テストデータ）を準備するために特別な手順が必要ないことです。前者のデメリットは、他のテストケースとテストデータを共有した場合に並列実行向けのテストになっていない場合があることです。また、環境によって存在

するテストデータが異なるようなケースでは、環境ごとにどのテストデータを利用するか考慮する必要があります。

　これに対して、後者は商品（＝テストデータ）の準備のための手順が必要になりますが、他のテストケースとテストデータを共有することがなくなり、テストケースの独立性が高くなります。また、テストの都度新たなテストデータを作り直すので、環境ごとのテストデータの違いについて考慮する必要がなくなります。

　記述量としては多くなりますが、ここではテストケースの独立性と具体性を優先して、後者を選びます。

　商品のテストデータ作成までを含めたものを以下に示します。

- 商品データを作成する。
  - 店舗スタッフとしてログインする。
  - 商品を追加する。
    - 商品名はタイムスタンプなどからユニークなものを設定する。たとえば、牛ハラミ弁当-テスト-20230416120600 などのようにする。
    - 商品説明と価格はそれぞれ **テスト用の商品です**・**500** とする。
- 店舗スタッフは**その商品**のデフォルトの注文可能数を10個に設定する。
  - 店舗スタッフとしてログインする。
  - 商品の詳細ページを開く。
  - デフォルトの注文可能数に **10** を設定する。
- ユーザーは**その商品**を当日に10個注文する。
  - 商品を10個カートに入れる。
  - 注文画面を開き、当日の日付を入力する。
  - 注文を確定する。

8-2-4　具体例をテストコードにする

　具体例をステップ・バイ・ステップで説明できたら、テストコードは8割がた完成しているようなものです。実際に動作するテストコードの形に仕立て上げてみましょう。e2e/tests/user_stories ディレクトリに inventory_tests.js を作成し、以下のように記述します。

```
e2e/tests/user_stories/inventory_tests.js
Feature("在庫管理");

Scenario(
  "店舗スタッフは、デフォルトの注文可能数を変更できる。ユーザーは、デフォルトの⇨
注文可能数まで商品を注文できる。",
  ({ I, utils }) => {
    // ## 事前準備: 商品データを作成する

    // 店舗スタッフとしてログインする
    I.amOnPage("/");
    I.click("ログインする");
    I.fillField("ユーザー名", "admin");
    I.fillField("パスワード", "admin");
    I.click("ログイン");

    // 商品を追加する
    // 商品名はタイムスタンプなどからユニークなものを設定する。たとえば⇨
「牛ハラミ弁当-テスト-20230416120600」などのようにする
    // 商品説明と価格はそれぞれ「テスト用の商品です」「500」とする
    I.click("商品を追加する");
    const itemName = `牛ハラミ弁当-テスト-${utils.now.⇨
format("YYYYMMDDHHmmss")}`;
    I.fillField("商品名", itemName);
    I.fillField("商品説明", "テスト用の商品です");
    I.fillField("価格", "500");
    I.click("追加");

    // ## 店舗スタッフはある商品のデフォルトの注文可能数を10個に設定する

    // 店舗スタッフとしてログインする
    // 事前準備でログイン済みのため省略

    // ある商品の詳細ページを開く
    I.amOnPage("/items");
    const itemContainer = locate("tr").withText(itemName);
    I.click("商品を編集", itemContainer);

    // デフォルトの注文可能数に「10」を設定する
    I.fillField("デフォルトの注文可能数", "10");
    I.click("変更");

    // ## ユーザーはその商品を当日に10個注文する

    session("user", () => {
```

```
      // 商品を10個カートに入れる
      I.amOnPage("/items");
      I.fillField(
        locate("input").after(
          locate("label").withText("カートに入れる数量"). ⇨
inside(itemContainer)
        ),
        "10"
      );
      I.click("カートに入れる", itemContainer);

      // 注文画面を開き、当日の日付を入力する
      I.click("カートを見る");
      I.fillField("お名前（受取時に必要です）", "ユーザー1");
      I.fillField("電話番号（連絡時に必要です）", "09000000000");
      I.fillField("受け取り日", utils.now.format("YYYY/MM/DD"));
      I.fillField(
        "受け取り目安時間",
        utils.now.add(1, "hour").format("hh:mmA")
      );

      // 注文を確定する
      I.click("注文を確定する");
      I.see("ご注文が完了しました");
    });
  }
);
```

　テストコードについて、新しい記述がいくつか出てきたので、復習も兼ねて少し説明しておきましょう。

　まず、商品追加の際に出てくるconstという記述です。これはプログラミング経験のある人なら一目瞭然でしょうが、itemNameという変数に、タイムスタンプから生成したユニークな商品名を設定しています。**変数**という言葉に馴染みがない読者のために念のため説明しておくと、ここで動的に牛ハラミ弁当－テスト－20230416120600のような商品名を生成して、itemNameという別名を付けて、テストコード内の他の場所でも使いまわせるようにした、という風に捉えてみてください。

```
// 商品を追加する
// 商品名はタイムスタンプなどからユニークなものを設定する。たとえば⇨
「牛ハラミ弁当－テスト－20230416120600」などのようにする
// 商品説明と価格はそれぞれ「テスト用の商品です」「500」とする
```

```
I.click("商品を追加する");
const itemName = `牛ハラミ弁当-テスト-${utils.now.format("YYYYMMDDHHmmss")}`
I.fillField("商品名", itemName )
I.fillField("商品説明", "テスト用の商品です");
I.fillField("価格", "500");
I.click('追加')
```

　このitemNameという変数がどこで登場するかというと、商品一覧の中から特定の
商品をピックアップする際に使われています。たとえば、以下は「ある商品の詳細ペー
ジを開く」箇所の抜粋です。「商品を編集」リンクの探索範囲を絞るために、tr要素、
つまりテーブルの行のうち、itemNameに格納された商品名を持つ行をピックアップ
し、itemContainerという変数に格納しています（図8-1）。

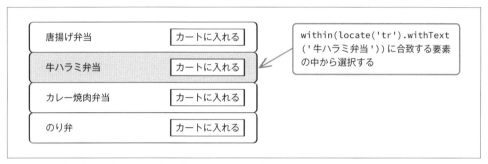

図8-1　複数の商品の中から、特定の商品の行だけを選択する

```
// ある商品の詳細ページを開く
I.amOnPage("/items");
const itemContainer = locate("tr").withText(itemName);
I.click("商品を編集", itemContainer);
```

　また、商品をカートに入れる際にも、このitemContainerを再利用しています。

```
I.fillField(
  locate("input").after(
    locate("label").withText("カートに入れる数量").inside(itemContainer)
  ),
  "10"
);
I.click("カートに入れる", itemContainer);
```

特定の要素の中に入っている要素を扱う際に、ロケーターの後ろに親となる要素（コンテキスト）を指定するテクニックは第7章で説明しましたが、このテクニックをサポートしているメソッドと、していないメソッドがあるようです。たとえば、`I.click()`はこれをサポートしていますが、`I.fillField()`はサポートしていません。

　判別するには公式ドキュメントの API 一覧を見るのが最適です。メソッドが`context`引数を受け取る場合はサポートしており、そうでない場合はサポートしていません。

- click —— Playwright｜CodeceptJS
  https://codecept.io/helpers/Playwright/#click
- fillField —— Playwright｜CodeceptJS
  https://codecept.io/helpers/Playwright/#fillfield

　書いたコードを試しに実行してみたい場合は、これまでどおり、以下のコマンドで実行します。必要に応じて、`Scenario.only`を付けて実行してみましょう。

```
$ npm run test:e2e
```

8-3　トラブルシューティング：以前書いたテストコードが失敗するようになった

　さて、第8章で書いたテストコードを含めてすべてのテストコードを実行すると、第7章で書いたテストコードが失敗するようになってしまいます。失敗したテストコードは`business_processes/order_process_test.js`です。以下は実行時のエラーメッセージです。

```
-- FAILURES:

  1) 注文プロセスのテスト
       ログインし、お弁当を注文し、お弁当を受け取る：
     page.textContent: Timeout 5000ms exceeded.
=========================== logs ===========================
waiting for locator('h3')
============================================================
  page.textContent: Timeout 5000ms exceeded.
  =========================== logs ===========================
```

```
waiting for locator('h3')
```

エラーメッセージの`page.textContent: Timeout 5000ms exceeded.`は、期待していたテキストが規定の時間内に表示されなかったことを意味します。詳細に見てみると、`waiting for locator('h3')`という表記がありますので、h3タグがページに存在しなかったことがわかります。

8-3-1　エラーの詳細を確認する

第6章で追加したAllure Reportで詳細を確認してみましょう。

```
$ cd e2e
$ npx allure-commandline serve
```

該当箇所のスクリーンショットを見ると、商品の在庫が足りないことがわかります（**図8-2**）。

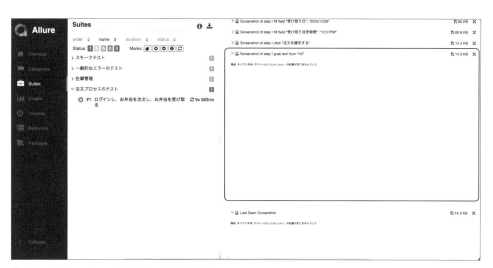

図8-2　Allure Reportでエラーを確認する

［Retries］タブで、過去に成功したテストのスクリーンショットを確認できます。見比べると、成功時には商品の在庫が残っていたことがわかるでしょう（**図8-3**）。

図8-3　Allure Reportで過去の実行結果のスクリーンショットを見る

　そこで、テストコードを見てみると、「カートに商品を入れる」という処理の中で、一番上の商品に在庫があることを**暗黙の前提**にしてしまっていることがわかります。

```
e2e/tests/business_processes/order_process_test.js
SuiteOf('注文プロセスのテスト');

Scenario('ログインし、お弁当を注文し、お弁当を受け取る', async ({ I, utils }) => {
  I.amOnPage("/"); // BASE_URL からの相対パスに書き換える
  I.click("ログインする");
  I.fillField("ユーザー名", "user1");
  I.fillField("パスワード", "super-strong-passphrase");
  I.click("ログイン");
  I.see("user1 さん");

/** ここで一番上の商品に在庫があることが前提になっている */

  // カートに商品を入れる
  I.fillField("カートに入れる数量", "1")
  I.click("カートに入れる")

  // 受け取り情報を入力し、注文を確定する
  I.fillField('お名前（受取時に必要です）', 'ユーザー1')
  I.fillField('電話番号（連絡時に必要です）', '09000000000')
  I.fillField('受け取り日', utils.now.format('YYYY/MM/DD'))
  I.fillField('受け取り目安時間', utils.now.add(1, 'hour').format('hh:mmA'))
  I.click('注文を確定する')
```

　一方、この第8章で書いたテストコードでは、必ず新しい商品を追加しています。

```
e2e/tests/user_stories/inventory_tests.js
// 商品を追加する
// 商品名はタイムスタンプなどからユニークなものを設定する。たとえば⇨
「牛ハラミ弁当−テスト−20230416120600」などのようにする
// 商品説明と価格はそれぞれ「テスト用の商品です」「500」とする
I.click("商品を追加する");
const itemName = `牛ハラミ弁当−テスト−${utils.now.format("YYYYMMDDHHmmss")}`;
I.fillField("商品名", itemName);
I.fillField("商品説明", "テスト用の商品です");
I.fillField("価格", "500");
I.click("追加");
```

　このように、テストコードの中で暗黙の前提としている部分が他のテストコードの影響を受けて失敗してしまうケースはよく見られます。幸い、すでにこの章で毎回新しいテストデータを作成するコードを書いているので、これを第7章のコードにも反映させましょう。

　反映後のテストコードは以下のようになります。

```
e2e/tests/business_processes/order_process_test.js
SuiteOf('注文プロセスのテスト');

Scenario('ログインし、お弁当を注文し、お弁当を受け取る', async ({ I, utils }) => {

   // 商品名はタイムスタンプなどからユニークなものを設定する。たとえば⇨
「牛ハラミ弁当−テスト−20230416120600」などのようにする
   const itemName = `牛ハラミ弁当−テスト−${utils.now.⇨
format("YYYYMMDDHHmmss")}`;

   session("お弁当屋さんのブラウザ", () => {
     // お弁当屋さんのアカウントでログインする
     I.amOnPage("/");
     I.click("ログインする");
     I.fillField("ユーザー名", "admin");
     I.fillField("パスワード", "admin");
     I.click("ログイン");

     // 商品を追加する
     // 商品説明と価格はそれぞれ「テスト用の商品です」「500」とする
     I.click("商品を追加する");
     I.fillField("商品名", itemName);
     I.fillField("商品説明", "テスト用の商品です");
     I.fillField("価格", "500");
```

（追加）

```
      I.click("追加");
    });

    I.amOnPage("/"); // BASE_URL からの相対パスに書き換える
    I.click("ログインする");
    I.fillField("ユーザー名", "user1");
    I.fillField("パスワード", "super-strong-passphrase");
    I.click("ログイン");
    I.see("user1 さん");

    // カートに商品を入れる
    I.fillField('カートに入れる数量', '1')                    ── 削除
    I.click('カートに入れる')
    const itemContainer = locate("tr").withText(itemName);
      I.fillField(
      locate("input").after(
        locate("label").withText("カートに入れる数量").inside(⇨
itemContainer)                                               ── 追加
      ),
      "10"
    );
    I.click("カートに入れる", itemContainer);

    // 受け取り情報を入力し、注文を確定する
    I.fillField("お名前（受取時に必要です）", "ユーザー1");
    I.fillField("電話番号（連絡時に必要です）", "09000000000");
    I.fillField("受け取り日", utils.now.format("YYYY/MM/DD"));
    I.fillField("受け取り目安時間", utils.now.add(1, "hour").format("hh:mmA"));
    I.click("注文を確定する");

    // 注文番号を控えておく
    const orderNo = await I.grabTextFrom("h3");

    session("お弁当屋さんのブラウザ", () => {
      // 注文管理画面から注文を引き渡す
      I.click("注文を管理する");
      const itemContainer = locate("aside").withText(orderNo);
      I.click("この注文を引き渡しました", itemContainer);
      I.see("引き渡し済みの注文です", itemContainer);
    });
})
```

8-4 演習

8-4-1 他のケースのテストコードを書いてみる

すでに「8-2-2 具体例を挙げる」で様々な具体例を見てきましたが、他にもいくつかのテストケースを作成してみましょう。たとえば、以下の具体例は、上記で作成したテストケースと同じユーザーストーリーから派生したものです。

- **例**：店舗スタッフがある商品のデフォルトの注文可能数を10個に設定し、現時点での注文可能数を空欄に設定する。ユーザーはその商品を11個注文すると、エラーになる。

やることは、これまでとまったく同じです。具体例をステップ・バイ・ステップで説明し、それをテストコードの形式に仕立て上げます。

> - ● 商品データを作成する。
>   - ● 店舗スタッフとしてログインする。
>   - ● 商品を追加する。
>   - ● 商品名はタイムスタンプなどからユニークなものを設定する。たとえば、牛ハラミ弁当−テスト−20230416120600 などのようにする。
>   - ● 商品説明と価格はそれぞれ テスト用の商品です・500 とする。
> - ● 店舗スタッフは**その商品**のデフォルトの注文可能数を10個に設定する。
>   - ● 店舗スタッフとしてログインする。
>   - ● 商品の詳細ページを開く。
>   - ● デフォルトの注文可能数に 10 を設定する。
> - ● ユーザーは**その商品**を当日に11個注文する。
>   - ● 商品を11個カートに入れる。
>   - ● 注文画面を開き、当日の日付を入力する。
>   - ● 注文を確定する。
>   - ● 商品 {{商品名}} の在庫が足りませんでした と表示されることを確認する。

user_stories/inventory_tests.jsの既存テストコードに続けて書いていきましょう。以下はサンプルコードです。

```
e2e/tests/user_stories/inventory_tests.js
Scenario(
    "店舗スタッフは、デフォルトの注文可能数を変更できる。ユーザーは、デフォルトの⇨
注文可能数を超えて注文すると、エラーになる。",
    ({ I, utils }) => {
        // ## 事前準備：商品データを作成する

        // 店舗スタッフとしてログインする
        I.amOnPage("/");
        I.click("ログインする");
        I.fillField("ユーザー名", "admin");
        I.fillField("パスワード", "admin");
        I.click("ログイン");

        // 商品を追加する
        // 商品名はタイムスタンプなどからユニークなものを設定する。たとえば⇨
「牛ハラミ弁当-テスト-20230416120600」などのようにする
        // 商品説明と価格はそれぞれ「テスト用の商品です」「500」とする
        I.click("商品を追加する");
        const itemName = `牛ハラミ弁当-テスト-${utils.now.⇨
format("YYYYMMDDHHmmss")}`;
        I.fillField("商品名", itemName);
        I.fillField("商品説明", "テスト用の商品です");
        I.fillField("価格", "500");
        I.click("追加");

        // ## 店舗スタッフはある商品のデフォルトの注文可能数を5個に設定する

        // 店舗スタッフとしてログインする
        // 事前準備でログイン済みのため省略

        // ある商品の詳細ページを開く
        I.amOnPage("/items");
        const itemContainer = locate("tr").withText(itemName);
        I.click("商品を編集", itemContainer);

        // デフォルトの注文可能数に「10」を設定する
        I.fillField("デフォルトの注文可能数", "10");
        I.click("変更");

        // ## ユーザーはその商品を当日に11個注文する
```

```
session("user", () => {
  // 商品を11個カートに入れる
  I.amOnPage("/items");
  I.fillField(
    locate("input").after(
      locate("label").withText("カートに入れる数量").⇨
inside(itemContainer)
    ),
    "11"
  );
  I.click("カートに入れる", itemContainer);

  // 注文画面を開き、当日の日付を入力する
  I.click("カートを見る");
  I.fillField("お名前 (受取時に必要です)", "ユーザー1");
  I.fillField("電話番号 (連絡時に必要です)", "09000000000");
  I.fillField("受け取り日", utils.now.format("YYYY/MM/DD"));
  I.fillField(
    "受け取り目安時間",
    utils.now.add(1, "hour").format("hh:mmA")
  );

  // 注文を確定する
  I.click("注文を確定する");

  // 「商品 ${商品名} の在庫が足りませんでした」と表示されることを確認する
  I.see(`商品 ${itemName} の在庫が足りませんでした`);
  });
  }
);
```

　興味があれば、その他の具体例に対するテストを書いたり、別のユーザーストーリーから具体例を導出してテストを書いたりしてみてください。

8-4-2　他のユーザーストーリーの具体例を書いてみる

　この章では、在庫管理に関するユーザーストーリーの具体例のみを書きましたが、第5章ではその他の機能のユーザーストーリーも紹介しています。これらをベースに、具体例を導出してみましょう。

　具体例というぐらいですので、あいまいな記述を排除し、具体的な値を使わなければいけません。たとえば、「ユーザーは商品一覧を見ることができる。」という記述は非常にあいまいです。このユーザーストーリーで達成したいことをより具体的に表し

てみましょう。たとえば、「商品一覧」という見出しが表示されていること、商品の価格や注文可能数などが表示されていること、ひと目でわかるようなエラーメッセージが表示されていないこと、などです。

具体例を考えるときには、必ず**無効系**も考えるようにしましょう。もし無効系に該当する例が思いつかなかった場合、仕様について熟知している人に聞いてみることをおすすめします。その他にも、具体例を出す過程で疑問に思った箇所はメモしておいて、顧客やプロジェクトマネージャー、プロダクトオーナーなどのロールの人に聞いてみてもよいでしょう。

以下の例では、具体例には🗒️マークを、疑問点には❓マークをそれぞれ追加しています。

●**商品**

- ユーザーは商品一覧を見ることができる。
  - 🗒️ユーザーはトップページから商品一覧を見ることができる。商品一覧には、販売しているすべての商品が表示されている。商品にはそれぞれ名前、説明、価格が表示されている。
  - 🗒️未ログイン状態のユーザーは、商品一覧を見ることができる。
  - 🗒️ログインしているユーザーが商品一覧を見ると、お気に入りの商品が上位に表示される。
- 店舗スタッフは商品を追加できる。
  - 🗒️店舗スタッフはメニューバーの商品追加リンクから商品追加画面に遷移し、商品を追加できる。
  - ❓商品を追加できない条件はあるだろうか？
- 店舗スタッフは商品を編集できる。
  - 🗒️店舗スタッフは商品一覧画面の商品編集リンクから商品編集画面に遷移し、商品を編集できる。
  - 🗒️一般ユーザーは商品一覧画面の商品編集リンクを見ることができない。

●カート

- ● ユーザーはログインせずに商品詳細から商品をカートに入れられる。
  - ●📃未ログイン状態のユーザーは、商品一覧から商品をカートに入れられる。
  - ●❓未ログイン状態でカートに入れた商品は、ログイン後にどうなるのだろうか？
- ● ユーザーは、カートの中の商品の数量を編集できる。
  - ●📃ユーザーは、カートに入っている商品の数量を編集できる。
  - ●📃ユーザーは、カートに入っている商品の数量を、その商品の注文可能数より多くは設定できない。
- ● ユーザーは、カートの中の商品を削除できる。
  - ●📃ユーザーは、注文画面から、カートに入っている商品を削除できる。

●注文

- ● ユーザーは名前と電話番号、受け取り予定時間を入力して、商品を注文できる。
  - ●📃ユーザーは、名前と電話番号、受け取り予定時間を入力して、商品を注文できる。
  - ●📃ユーザーは、必須項目のいずれかを入力しなかった場合、商品を注文できない。
- ● ユーザーは受け取り予定時間を30分単位で指定できる。
  - ●📃ユーザーは、現在時刻より先の受け取り予定時間を30分単位で指定できる。
  - ●📃ユーザーは、現在時刻より前の受け取り予定時間を指定できない。
  - ●📃ユーザーは、30分単位でない受け取り予定時間を指定できない。
- ● ユーザーはログインしなくても商品を注文できる。
  - ●📃未ログイン状態のユーザーは、名前と電話番号、受け取り予定時間を入力して、商品を注文できる。

●認証・ユーザー管理

- 店舗スタッフとしてログインできる。
  - ●📄店舗スタッフは、ID:admin　パスワード:admin でログインできる。
- ユーザー登録できる。
  - ●📄新規ユーザーは、"新規登録" リンクからユーザー名とパスワードを入力してユーザー登録できる。
  - ●📄新規ユーザーは、すでに登録済みのユーザーID "user1" を使って新規登録できない。
- ユーザーは名前と電話番号を登録できる。
  - ●📄新規ユーザーは、登録後に "ユーザー情報を編集" リンクから名前と連絡先を登録できる。
- ユーザーは登録済みの名前と電話番号を使って注文できる。
  - ●📄新規ユーザーは、登録した名前と電話番号を、"カートの中の商品" 画面で見ることができる。
- ユーザーはログアウトできる。
  - ●📄ログイン済みのユーザーは、"ログアウト" リンクからログアウトできる。

●注文履歴

- ユーザーはログインするとこれまでの注文履歴を見ることができる。
  - ●📄ユーザーは3回お弁当を注文する。ユーザーが "注文履歴を見る" リンクをクリックすると、3回分の注文履歴が表示される。
  - ●📄お弁当屋さんが注文を引き渡すと、注文履歴に "引き渡し済みの注文です" と表示される。
- まだ一度も注文したことがない状態では、「注文がありません」と表示される。
  - ●📄新規ユーザーが "注文履歴を見る" リンクをクリックすると、「注文がありません」と表示される。

●**お気に入り**

> ● ユーザーはログインすると商品をお気に入りに追加できる。
>> ●▤ログイン済みのユーザーは、商品一覧の ♡ マークをクリックすると、商品をお気に入りに設定できる。

●**注文管理**

> ● 店舗スタッフは注文管理画面から全ユーザーの注文履歴を見ることができる。
>> ●▤店舗スタッフは、注文管理画面から全ユーザーの注文履歴を見ることができる。
> ● 店舗スタッフは注文管理画面からユーザーの注文を完了扱いにできる。
>> ●▤ユーザーは商品を注文する。店舗スタッフは注文管理画面で「この注文を引き渡しました」をクリックする。この注文は店舗スタッフとユーザーどちらにも「引き渡し済みの注文です」と表示される。
> ● 未完了の注文は、注文管理画面で「この注文を引き渡しました」をクリックすると、完了済みにできる。
>> ●▤店舗スタッフは、未完了の注文の「この注文を引き渡しました」ボタンをクリックして、注文を完了できる。
> ● 完了済みの注文は、注文管理画面で「引き渡し済みの注文です」と表示される。
>> ●▤店舗スタッフは、完了済みの注文に「引き渡し済みの注文です」と表示されているのを見ることができる。
> ● 完了済みの注文は、ユーザーの注文履歴からも「引き渡し済みの注文です」と表示される。
>> ●▤ユーザーは、完了済みの注文に「引き渡し済みの注文です」と表示されているのを見ることができる。

●在庫管理

- 店舗スタッフは商品に一日の注文可能数を設定できる。
  - 店舗スタッフは、商品にデフォルトの注文可能数と、現時点での注文可能数を設定できる。
    - 店舗スタッフは、デフォルトの注文可能数を変更できる。ユーザーは、デフォルトの注文可能数まで商品を注文できる。
      - 📋店舗スタッフがある商品のデフォルトの注文可能数を10個に設定し、現時点での注文可能数を空欄に設定する。ユーザーはその商品を10個注文できる。
      - 📋店舗スタッフがある商品のデフォルトの注文可能数を10個に設定し、現時点での注文可能数を空欄に設定する。ユーザーはその商品を11個注文すると、エラーになる。
    - 店舗スタッフは、現時点での注文可能数を変更できる。ユーザーは、現時点での注文可能数まで商品を注文できる。
      - 📋店舗スタッフがある商品の現時点での注文可能数を5個に設定する。ユーザーはその商品を5個注文できる。
      - 📋店舗スタッフがある商品の現時点での注文可能数を5個に設定する。ユーザーはその商品を4個注文できる。ユーザーはさらにその商品を1個注文できる。
      - 📋店舗スタッフはある商品の現時点での注文可能数を5個に設定する。ユーザーがその商品を6個注文すると、エラーになる。
      - 📋店舗スタッフがある商品の現時点での注文可能数を5個に設定する。ユーザーはその商品を4個注文できる。ユーザーがさらにその商品を2個注文すると、エラーになる。
    - 店舗スタッフがデフォルトの注文可能数を設定し、現時点での注文可能数を設定しなかった場合、ユーザーが商品を注文すると、現時点での注文可能数は（デフォルトの注文可能数 − ユーザーの注文可能数）に自動的に設定される。
      - 📋店舗スタッフがある商品のデフォルトの注文可能数を10個に設定し、現時点での注文可能数を空欄に設定する。ユーザーはその商品を9個注文する。ユーザーはさらにその商品を1個注文できる。

- ●📄店舗スタッフがある商品のデフォルトの注文可能数を10個に設定し、現時点での注文可能数を空欄に設定する。ユーザーはその商品を10個注文する。ユーザーがさらにその商品を1個注文すると、エラーになる。
- ●店舗スタッフがデフォルトの注文可能数を変更した場合、すでに現時点での注文可能数が計算されている場合には、その数量は変更されない。
  - ●📄店舗スタッフはある商品の現時点での注文可能数を5個に設定し、さらにデフォルトの注文可能数を10個に設定する。ユーザーは5個の商品を注文できる。
  - ●📄店舗スタッフはある商品の現時点での注文可能数を5個に設定し、さらにデフォルトの注文可能数を10個に設定する。ユーザーが6個の商品を注文すると、エラーになる。
- ●店舗スタッフは商品編集画面から商品の注文可能数を増やしたり、減らしたりできる。
  - ●（他のユーザーストーリーのテストでカバーできているので省略）
- ●ユーザーは、商品一覧画面から、商品の注文可能数を「残りn個注文可能です」という表記で見ることができる。
  - ●📄店舗スタッフはある商品の現時点での注文可能数を5個に設定する。ユーザーは商品一覧画面でその商品の注文可能数を「残り5個注文可能です」という表記で確認できる。
  - ●📄店舗スタッフはある商品のデフォルトの注文可能数を10個に設定し、現時点での注文可能数を5個に設定する。ユーザーは商品一覧画面でその商品の注文可能数を「残り5個注文可能です」という表記で確認できる。
- ●ユーザーは、一日の注文可能数を超えた注文は、注文できなくなる。
  - ●（他のユーザーストーリーの例でカバーできているので省略）
- ●ユーザーは、注文可能数が設定されていない商品は、いくつでも注文できる。
  - ●📄店舗スタッフはある商品のデフォルトの注文可能数を空欄に設定し、現時点での注文可能数を空欄に設定する。ユーザーはその商品を100個注文できる。
- ●ユーザーは、一日の注文可能数を超える場合でも、異なる日付であればそれぞれ注文可能である。

- ●🗒店舗スタッフはある商品の現時点での注文可能数を5個に設定する。ユーザーはその商品を当日に5個注文する。ユーザーはさらにその商品を翌日に6個注文できる。
- ●🗒店舗スタッフはある商品のデフォルトの注文可能数を5個に設定する。ユーザーはその商品を当日に5個注文する。ユーザーはさらにその商品を翌日に5個注文できる。
- ●🗒店舗スタッフはある商品のデフォルトの注文可能数を5個に設定する。ユーザーはその商品を当日に5個注文する。ユーザーはさらにその商品を翌日に6個注文するとエラーとなる。

●ナビゲーション

- ● ユーザーは各ページ上のナビゲーションバーからページ遷移できる。
  - ●🗒各ページにナビゲーションバーが表示されている。
- ● 存在しないURLにアクセスすると、「お探しのページは見つかりませんでした。」と表示される。
  - ●🗒/undefinedにアクセスすると、「お探しのページは見つかりませんでした。」と表示される。

まとめ

　この章では、アプリケーションが安全にリリースできる状態をキープするために、ユーザーストーリーをベースとした、細かい粒度のテストをいくつか追加してきました。

　次の第9章では、ここまでに書いてきたコードの可読性を高めるために、テストコードに**構造**を与え、コード自体が**意図**を表現するように改善していきます。

<u>Column</u>

ARIAロールを用いた要素探索

本書では、要素探索の戦略として、主にCodeceptJSのSemantic Locatorを利用し、何らかの理由でそれが使えない場合にのみ補助的にLocator Builderを使っています。これは、E2Eテストではユーザーから見たソフトウェアUIの**外的な振る舞い**をテストするため、要素探索もユーザーから見た**意味**を頼りに行うべき、という考え方に基づいています。つまり、idやclassなどの内部構造を頼りにするのではなく、ボタンや入力フォームといった**役割**や、「メールアドレス」「送信」など要素が持つ**情報**を頼りに要素を探すほうが人間の実際の振る舞いに近いため、より現実に即した壊れにくいE2Eテストが記述できる、という考え方です。

これを実現する別のアプローチに、**ARIAロール**を用いた要素探索があります。ARIA（Accessible Rich Internet Application）とはアクセシビリティ支援技術の1つで、スクリーンリーダーなどがWebページの構造や意味を適切に把握できるようにするためのものです。アクセシビリティはユーザーに向けて提供される外的振る舞いの1つなので、これを使ってE2Eテストを書くことでも、前述の「役割」と「情報」を手がかりとした要素探索を実現できます。

ARIAロールは、要素にaria-role="button"のように指定する他に、各HTML要素がデフォルトで持つ**暗黙のロール**というものがあります。例えば、inputタグは文字入力フォームを作る要素なので、textboxロールが暗黙的に指定されています。一方、同じinputタグでも<input type="submit">要素はボタンのように振る舞うので、buttonロールが暗黙的に指定されています。つまり、あるUIコンポーネントが内部的にbuttonタグで実装されていようとinputタグで実装されていようと、そのARIAロールがbuttonである限りは同じ要素として扱えるのです。

こんなに便利なARIAロールベースの要素探索ですが、残念ながら2024年6月時点でCodeceptJSではサポートしていません。Playwrightでは使える[※4]ので、CodeceptJS経由でPlaywrightのAPIを呼び出せれば使えるようになるのではと思い、出版前にプルリクエストを出すつもりだったのですが……間に合いませんでした！

[※4]　https://playwright.dev/docs/locators#locate-by-role

第9章 テストコードに意図を込める

これまでの章では、以下のことを実践してきました。

- 最小限のテストシナリオを書き、それをCIやコミット単位で自動実行されるようにする
- 代表的なビジネスプロセスをカバーするテストを書く
- ユーザーストーリーをカバーするテストを書く

　次に、テストコードの**可読性**を高める方法について見ていきましょう。CodeceptJSの強力なロケーター機能のおかげもあり、テストコードはある程度読みやすさを保っています。しかしながら、テストコード実装の都合上、読みにくいテストコードになってしまった部分や、コメントに頼りすぎている部分はどうしても出てきています。

　この章では、第8章で書いたコードをベースに、可読性を高めるような改善を入れていきます。

9-1　改善の方針

　まずは、第8章で作成したテストコードを見直しながら改善の方針を立てていきましょう。

```
e2e/tests/user_stories/inventory_tests.js
Feature("在庫管理");

Scenario(
  "店舗スタッフは、デフォルトの注文可能数を変更できる。ユーザーは、デフォルトの⇨
注文可能数まで商品を注文できる。",
  ({ I, utils }) => {
```

```
    // ## 事前準備：商品データを作成する

    // 店舗スタッフとしてログインする
    I.amOnPage("/");
    I.click("ログインする");
    I.fillField("ユーザー名", "admin");
    I.fillField("パスワード", "admin");
    I.click("ログイン");

    // 商品を追加する
    // 商品名はタイムスタンプなどからユニークなものを設定する。たとえば⇨
「牛ハラミ弁当-テスト-20230416120600」などのようにする
    // 商品説明と価格はそれぞれ「テスト用の商品です」「500」とする
    I.click("商品を追加する");
    const itemName = `牛ハラミ弁当-テスト-${utils.now.⇨
format("YYYYMMDDHHmmss")}`;
    I.fillField("商品名", itemName);
    I.fillField("商品説明", "テスト用の商品です");
    I.fillField("価格", "500");
    I.click("追加");

    // ## 店舗スタッフはある商品のデフォルトの注文可能数を10個に設定する

    // 店舗スタッフとしてログインする
    // 事前準備でログイン済みのため省略

    // ある商品の詳細ページを開く
    I.amOnPage("/items");
    const itemContainer = locate("tr").withText(itemName);
    I.click("商品を編集", itemContainer);

    // デフォルトの注文可能数に「10」を設定する
    I.fillField("デフォルトの注文可能数", "10");
    I.click("変更");

    // ## ユーザーはその商品を当日に10個注文する

    session("user", () => {
      // 商品を10個カートに入れる
      I.amOnPage("/items");
      I.fillField(
        locate("input").after(
          locate("label").withText("カートに入れる数量").⇨
inside(itemContainer)
        ),
        "10"
```

```
  );
    I.click("カートに入れる", itemContainer);

    // 注文画面を開き、当日の日付を入力する
    I.click("カートを見る");
    I.fillField("お名前 (受取時に必要です)", "ユーザー1");
    I.fillField("電話番号 (連絡時に必要です)", "09000000000");
    I.fillField("受け取り日", utils.now.format("YYYY/MM/DD"));
    I.fillField(
      "受け取り目安時間",
      utils.now.add(1, "hour").format("hh:mmA")
    );

    // 注文を確定する
    I.click("注文を確定する");
    I.see("ご注文が完了しました");
  });
  }
);
```

　一見して、このコードは読みやすいように見えます。しかしながら、以下の点でま
だ改善が可能だと筆者は考えています。

- テストコードが**コメントに頼りすぎて**おり、自己説明的でない
- テストコードの中に**ユーザー目線でない**箇所が含まれている
- テストコードの随所に**暗黙の文脈**が見られる
- テストコードがテストしたいポイントに対して**長すぎる**

　これらの点を改善するにはどのようにしたらよいでしょうか。方針と概要を以下で
説明します。

9-1-1　コメントに頼らない

　テストコードの中に「// 店舗スタッフとしてログインする」のようなコメントが含まれ
ています。これは、このコメントに続く一連の処理が、何のために行われるものなの
かを表しています。逆にいえば、**コードそのものは何のための処理なのかを説明してい
ない**ともいえます。テストコードに限らず、コメントはコードの可読性を高める重要な
テクニックの1つですが、一方で、理想的にはコードそのものが自己説明的であるべ
きです。

コードのコメントというのは、コードの読みづらさを補い、可読性を高めるためのものです。言い換えれば、**コメントが多いコードは、コードそのものは読みづらい**ともいえます。もちろん、必要に応じてコードで表現しきれない部分をコメントで残しておくことは必要なのですが、可能な限りコード自身が明確に何をしているのかを表すようなコードになっているのが望ましいでしょう。

たとえば、「// 店舗スタッフとしてログインする」処理であれば、次のようにコード自体が**店舗スタッフである**ことを表現するような記述にすることで、コメントや具体的な処理をテストコードから切り離せます。

改善前
```
// 店舗スタッフとしてログインする
I.amOnPage("/");
I.click("ログインする");
I.fillField("ユーザー名", "admin");
I.fillField("パスワード", "amin");
I.click("ログイン");
```

改善後
```
I.amStoreStaff( (I) => {
    // ... ここに店舗スタッフとして実行したい処理を書く
})
```

これは、後述の「9-1-3　文脈を明示する」でも利用できるテクニックです。

9-1-2　ユーザー目線のテストシナリオにする

E2Eテストは、ユーザー目線のテストです。自動化の都合でどうしてもトリッキーな記述が出てくるのは避けがたいのですが、可能な限りテストコードそのものからはそうした記述を避けたほうが望ましいでしょう。第8章で解説した「具体例のステップ・バイ・ステップでの説明」（8-2-3項参照）と1対1対応になっているのが理想的です。

たとえば、次の箇所に着目してみましょう。

```
const itemName =
      `牛ハラミ弁当-テスト-${date.now.format("YYYYMMDDHHmmss")}`
I.fillField("商品名", itemName )
```

一意の商品名を作成するという処理は、テストのために必ず必要なものですが、テストシナリオの中にその具体的な処理がそのまま現れるのは望ましくありません。このような場合、該当部分をテストシナリオから切り離し、「一意の商品名を作成する」という別の処理として切り出したほうが自己説明的になり、可読性が高まるでしょう。

　たとえば、上記のように前提条件として**ある商品を持っている**ことを表したいのであれば、`I.haveItem()`という別の関数に処理を切り出すことで、「一意の商品名を持つ商品を作成する」という処理をテストシナリオから隠し、テストシナリオからユーザー目線でないものを排除できます。

```
const itemName = await I.haveItem()
```

　また、以下の部分では、商品一覧の中から特定の商品名を持つ要素を探索しています。これもユーザー目線でない表記の一例です。

```
const itemContainer = locate('tr').withText(itemName)
I.click("商品を編集", itemContainer);
```

　この例では、tr 要素、つまりテーブルの列を表すタグの中から特定の商品名を持つものを探していますが、現実のユーザーはタグ名をもとに要素を探しているわけではありません。

　同様に、以下の記述もユーザー目線でないものの1つです。

```
I.fillField(
  locate("input").after(
    locate("label").withText("カートに入れる数量").inside(itemContainer)
  ),
  "10"
);
```

　よく読めば、「ある商品の列が持つinput要素のうち、「カートに入れる数量」ラベルの後にあるもの」ということが読み取れるのですが、実装の都合で非常に長々として読みづらいです。

　E2Eテストはユーザー目線のテストなので、**ユーザーが通常利用の中で意識しないものはテストシナリオから切り離す**ようにすると可読性が高まります。

9-1-3 文脈を明示する

このテストコードでは、特定のページにいることを暗黙に期待している箇所が複数あります。たとえば、以下のコードは次のような事前条件を暗黙的に期待していますが、コードでは十分にこれを表現できず、コメントに頼ってしまっています。

- 店舗スタッフとしてログインしていること
- 商品一覧画面に遷移済みであること

```
// ## 店舗スタッフはある商品のデフォルトの注文可能数を5個に設定する

// 店舗スタッフとしてログインする
// 事前準備でログイン済みのため省略

// ある商品の詳細ページを開く
I.amOnPage("/items");
const itemContainer = locate('tr').withText(itemName)
I.click("商品を編集", itemContainer);
```

現在どのユーザーでログインしているか、どの画面にいるかなどの情報を**文脈**と呼びます。特にテストシナリオが長い場合には、実行時エラーが起きた箇所でどの画面にいるべきなのかなどの情報が非常に重要になります。

たとえば、上記のテストコードが以下の箇所で「要素が見つからない」エラーで失敗したとします。

```
I.click("商品を編集", itemContainer);
```

このとき、「商品を追加する」ボタンが商品一覧画面にあることを**暗黙に**期待していますが、この期待はテストコードをデバッグする人にも自明であるとは限りません。ログイン後に商品一覧画面に「商品を追加する」ボタンが表示されることをあらかじめ知っていないと、原因を追究するのは難しいでしょう。

たとえば、以下のように I.shouldBeOnItemListPage() という関数を定義して、商品一覧にいることを明示的に期待するコードにすれば、読み手にテストコードの意図が伝わりやすくなります。

```
I.amOnPage("/items");
I.shouldBeOnItemListPage(I => {
  const itemContainer = itemName => locate('tr').withText(itemName)
  I.click("商品を編集", itemContainer(itemName));
  I.shouldBeOnItemDetailPage(I => {
    I.fillField("デフォルトの注文可能数", "10");
    I.click("変更");
  })
})
```

　アプリケーション開発においては、こうした文脈や状態に依存した処理を意識的に避けることで可読性を高めることがあります。たとえば、冪等[※1]な関数を書いて、ある入力に対して必ずある出力を返すようにします。このようにすれば、アプリケーションの状態にかかわらず常に入力に応じた出力が返ってくるので、読みやすいだけでなくテストもしやすくなるでしょう。

　しかし、E2Eテストはそもそもテストしたいシナリオが複数の状態を持つ前提であることが多いので、文脈にまったく依存しないE2Eテストにこだわってしまうと、テストできる範囲が非常に狭くなってしまいます。そのため、ここでは**文脈を明示する**ことで可読性を高めます。

　文脈を明示する最大の利点は、テストシナリオが長くなってきたときに読みやすくなることです。小説でたとえると、場面転換を繰り返すようなシーンで今どの場所に誰がいるのかわからなくなってしまうようなことはないでしょうか。こうした混乱を避けるために、今どの場所にいるのか、誰が誰と会話しているのかを要所要所で明示しておくことは大切です。同様に、自動テストのシナリオでも、今どのページにいるのか、どのユーザーとして振る舞っているのかを明示しておくことで、テストシナリオを読む人が注意深く文脈を覚えておかなくても読めるコードが書けます。

9-1-4　テストしたい部分だけをテストシナリオに書く

　このテストケースの中には、テストの事前準備などが含まれています。そのため、このテストコードはテストしたいポイントに対して長くなりすぎてしまい、可読性が低くなってしまっています。

　このテストケースがテストしたいものは、テストシナリオのタイトルが示しているよ

[※1]　ある操作を1回行っても複数回行っても結果が同じであること。

うに、「店舗スタッフは、デフォルトの注文可能数を変更できる。ユーザーは、デフォルトの注文可能数まで商品を注文できる」ことです。しかし、実際には、前提条件を満たすために以下のような処理がテストコードの中に含まれてしまっています。

- 店舗スタッフとしてログインする
- 商品を登録する

これらが前提条件として明示されていること自体はとてもよいことですが、一方で前提条件を準備する手順の詳細までテストコードの中で記述してしまうと、テストコードが長くなりすぎてしまい、可読性を低くしてしまいます。前提条件や事後条件などを表す記述はテストコードから切り出し、テストコードにはテストしたい部分のみが書かれているのが理想的です。

9-2 改善のイメージ

上述の問題を踏まえて、このコードを以下のように改善することにします。元のコードと比べて、どのような違いがあるか見てみましょう。もちろん、必要な実装がまだ終わっていないので、このコードはまだ動作しません。

```
e2e/tests/user_stories/inventory_tests.js
Feature("在庫管理");

Scenario(
  "店舗スタッフは、デフォルトの注文可能数を変更できる。ユーザーは、デフォルトの⇨
注文可能数まで商品を注文できる。",
  ({ I, utils }) => {
    let itemName;

    // ## 店舗スタッフはある商品のデフォルトの注文可能数を10個に設定する
    I.amStoreStaff((I) => {
      itemName = I.haveItem();
      I.amOnPage("/items");
      I.shouldBeOnItemListPage((I) => {
        I.click(I.locateWithinItem(itemName).商品を編集);
        I.shouldBeOnItemDetailPage((I) => {
          I.fillField("デフォルトの注文可能数", "10");
          I.click("変更");
        });
```

```
    });
  });

  // ## ユーザーはその商品を当日に10個注文する
  I.amAnonimousUser((I) => {
    I.amOnPage("/items");
    I.shouldBeOnItemListPage((I) => {
      I.fillField(I.locateWithinItem(itemName).カートに入れる数量, "10");
      I.click(I.locateWithinItem(itemName).カートに入れる);
    });

    I.click("カートを見る");
    I.shouldBeOnOrderPage((I) => {
      I.fillField("お名前 (受取時に必要です)", "ユーザー1");
      I.fillField("電話番号 (連絡時に必要です)", "09000000000");
      I.fillField("受け取り日", utils.now.format("YYYY/MM/DD"));
      I.fillField(
        "受け取り目安時間",
        utils.now.add(1, "hour").format("hh:mmA")
      );
      I.click("注文を確定する");
    });

    I.shouldBeOnOrderCompletePage((I) => {
      I.see("ご注文が完了しました");
    });
  });
  }
);
```

元のテストコードと比べて、以下のような違いがあります。

- テストコードが67行から46行に減り、代わりにネストが少し深くなった
- コメントがほとんどなくなった
- `I.amStoreStaff` や `I.amAnonimousUser` など「私は××である」という表現が増え、代わりにログイン処理がなくなった
- `I.shouldBeOnItemListPage` や `I.shouldBeOnOrderPage` など「私は××にいるはず」という表記が増えた
- 複雑な要素探索の処理が `I.locateWithinItem()` という関数でラップされた
- 商品登録のためのステップがなくなり、代わりに `I.haveItem()` という関数が増えた

9-2-1　文脈をブロックとして表現する

　まず、改善後のコードには改善前のコードにあったログイン処理が書かれていません。

```
// 店舗スタッフとしてログインする
I.amOnPage("/");
I.click("ログインする");
I.fillField("ユーザー名", "admin");
I.fillField("パスワード", "admin");
I.click("ログイン");
```

　代わりに、`I.amStoreStaff`という新しい関数が登場しています。この関数は、その中で行われるすべての処理が**店舗スタッフとしてログインした状態**で行われることを示します。実装方法については後に述べますが、内部的にはこれらの新しい関数がログイン処理や新規セッションの作成などを代行していると考えてください。

```
I.amStoreStaff(async (I) => {
  // この中で行う処理はすべて店舗スタッフの処理として実行される
})
```

　また、`I.shouldBeOnItemListPage`や`I.shouldBeOnOrderPage`などの「××のページにいるべき」という表記も新たに増えました。これは、商品一覧画面が表示されているはずという暗黙の期待を、コメントではなくコードで表現するために導入した記法です。

```
I.shouldBeOnItemListPage(I => {
  // この中で行われるすべての処理は、商品一覧画面で実行されることを期待している
})
```

9-2-2　複雑な処理をユーザー目線の記述でラップする

　元のコードには、`locate()`ヘルパーを使ったいくつかの複雑な要素探索ロジックが記載されていました。たとえば、「カートに入れる数量」フィールドに数量を入力する処理は、以下のように記述していました。

```
I.fillField(
  locate("input").after(
    locate("label").withText("カートに入れる数量").inside(itemContainer)
  ),
  "10"
);
```

このような複雑な記述は、読むのに労力を要するだけでなく、ユーザー目線でシナリオを記述するという原則からも外れてしまいます。

そこで、以下のように、ユーザー目線の記述で複雑な処理をラップして、シナリオから実装都合の複雑さをできるだけ排除するようにしています。

```
I.fillField(I.locateWithinItem(itemName).カートに入れる数量, "10");
```

9-2-3　前提条件、テストデータ作成などの処理を隠ぺいする

一意の商品名を持つ商品を登録するのはテストの独立性を高める上で重要ですが、一方でそのテストデータがどうやって準備されるかについては、テストしたいことの本筋とはあまり関係がありません。そのため、新規商品登録のためのステップを別の関数I.haveItemに切り出し、テスト用の商品を事前に「持っている」ことを表現しています。

こうした、テストと直接関連のない処理を別に切り出すことで、テストコード自体の分量を減らせます。

9-3　改善点の実装

では、先ほどの改善点のイメージをもとに実装を進めていきましょう。

9-3-1　I.amStoreStaffとI.amAnonimousUserの実装

最初に、I.amStoreStaffとI.amAnonimousUserの実装を行います。この2つは新たにブラウザセッションを起動し、その上で処理を行います。

e2eフォルダの中にcontextsフォルダを作成し、sessions.jsファイルを作成します。このファイルには、I.amXXXのような、特定のユーザーでの処理を表すコンテ

キストを記述することにしましょう。ファイルには以下のように記述します。

```
e2e/contexts/sessions.js
module.exports = {

  amStoreStaff(fn) {
    const I = actor({});
    session('StoreStaff', () => {
      I.amOnPage("/");
      I.click("ログインする");
      I.fillField("ユーザー名", "admin");
      I.fillField("パスワード", "admin");
      I.click("ログイン");
      fn(I)
    })
  },

  amAnonimousUser(fn) {
    const I = actor({});
    session('AnonimousUser', () => {
      fn(I)
    })
  }

}
```

　これらをテストシナリオから利用できるように、Iを拡張します。Iの拡張はすべてsteps_file.jsに記述します。このファイルはCodeceptJSの初期設定時にすでに作成されています。以下のようにamAnonimousUserとamStoreStaffをインポートして、return actor()の中にそれぞれ追加してください。

```
e2e/steps_file.js
// in this file you can append custom step methods to 'I' object

const { amAnonimousUser, amStoreStaff } = ⇨          追加
require("./contexts/sessions")

module.exports = function() {
  return actor({

    // Define custom steps here, use 'this' to access default methods of I.
    // It is recommended to place a general 'login' function here.
```

```
    amAnonimousUser,          ┐
    amStoreStaff,             ┘── 追加


  });
}
```

これで、追加した`amAnonimousUser`と`amStoreStaff`が`I`オブジェクトを通して
利用できるようになりました。早速、`inventory_test.js`の中で利用してみます。

```
e2e/tests/user_stories/inventory_tests.js
Feature("在庫管理");

Scenario(
  "店舗スタッフは、デフォルトの注文可能数を変更できる。ユーザーは、デフォルトの⇨
注文可能数まで商品を注文できる。",
  ({ I, utils }) => {
    let itemContainer     •─────────────── 追加

    I.amStoreStaff(I => {  •─────────────── 追加

      // ## 事前準備: 商品データを作成する
      // 商品を追加する
      // 商品名はタイムスタンプなどからユニークなものを設定する。たとえば⇨
「牛ハラミ弁当-テスト-20230416120600」などのようにする
      // 商品説明と価格はそれぞれ「テスト用の商品です」「500」とする
      I.click("商品を追加する");
      const itemName = `牛ハラミ弁当-テスト-${utils.now.⇨
format("YYYYMMDDHHmmss")}`;
      I.fillField("商品名", itemName);
      I.fillField("商品説明", "テスト用の商品です");
      I.fillField("価格", "500");
      I.click("追加");

      // ## 店舗スタッフはある商品のデフォルトの注文可能数を5個に設定する

      // ある商品の詳細ページを開く
      I.amOnPage("/items");
      const itemContainer = locate("tr").withText(itemName); •───── 削除
      itemContainer = locate("tr").withText(itemName); •─────────── 追加
      I.click("商品を編集", itemContainer);

      // デフォルトの注文可能数に「10」を設定する
      I.fillField("デフォルトの注文可能数", "10");
```

```
        I.click("変更");

    })  ●────────────────── 追加


    // ## ユーザーはその商品を当日に5個注文する

    session("user", () => {  ●────────── 削除
    I.amAnonimousUser(I => {  ●────────── 追加
        // 商品を10個カートに入れる
        I.amOnPage("/items");
        I.fillField("カートに入れる数量", "10", itemContainer);
        I.click("カートに入れる", itemContainer);

        // 注文画面を開き、当日の日付を入力する
        I.click("カートを見る");
        I.fillField("お名前 (受取時に必要です)", "ユーザー1");
        I.fillField("電話番号 (連絡時に必要です)", "09000000000");
        I.fillField("受け取り日", utils.now.format("YYYY/MM/DD"));
        I.fillField(
          "受け取り目安時間",
          utils.now.add(1, "hour").format("hh:mmA")
        );

        // 注文を確定する
        I.click("注文を確定する");
        I.see("ご注文が完了しました");
    });  ●────────────── 追加
  }
);
```

　ログイン処理をシナリオに書く必要がなくなり、代わりに**自分が今、どのユーザーなのか**を表すテストコードが書けました。

　ちなみに、JavaScript のスコープの関係上、`itemContainer` を StoreStaff と AnonimousUser の間で共有するために、シナリオの冒頭で事前に定義しておく必要があります。`itemContainer` の中身はシナリオの中で再代入されるので、再代入を禁止する const の代わりに、再代入可能な変数 let として定義します。

```
let itemContainer
```

　テストコードを修正する際に、この定義を忘れると「`itemContainer is not defined`」というエラーが発生してテストが動かなくなるので、ここだけ気をつけてく

233

ださい。この記述は後に`I.locateWithinItem`という関数を定義することで削除できます。

9-3-2 I.ShouldBeOnXXXPage の実装

続いて、「現在どのページにいるのか」を表す、以下の4つを実装します。

- `I.shouldBeOnOrderCompletePage`
- `I.shouldBeOnOrderPage`
- `I.shouldBeOnItemListPage`
- `I.shouldBeOnItemDetailPage`

実装の方法は前項で紹介した`I.amStoreStaff`、`I.amAnonimousUser`とまったく変わりませんが、これらが「ユーザーが誰であるか」を表していたのに対し、これから実装する4つは今いるページを表すものになります。そのため、ファイルを分けて管理しましょう。`e2e/contexts/pages.js`を作成し、以下のように記述します。

```
e2e/contexts/pages.js
module.exports = {
  shouldBeOnOrderCompletePage(fn) {
    const I = actor({});
    I.seeCurrentUrlEquals("/order");
    I.seeInTitle('ご注文が完了しました')
    fn(I);
  },

  shouldBeOnOrderPage(fn) {
    const I = actor({});
    I.seeCurrentUrlEquals("/order");
    I.seeInTitle("注文する");
    fn(I)
  },

  shouldBeOnItemListPage(fn) {
    const I = actor({});
    I.seeCurrentUrlEquals('/items')
    I.seeInTitle("商品一覧");
    fn(I)
  },

  shouldBeOnItemDetailPage(fn) {
```

```
    const I = actor({});
    // URLが「/items/2/edit」のようになることを期待する
    I.seeInCurrentUrl("/items");
    I.seeInCurrentUrl("/edit");
    I.seeInTitle("商品編集");
  },
};
```

　I.amStoreStaff() などとは異なり、sessionはこの中では利用していません。代わりに、あるページに遷移していることを期待するアサーションが記述されています。これにより、何らかの理由により期待したページに遷移されていなかった場合に、そのページに**いない**ことを検知できます。

```
shouldBeOnOrderCompletePage(fn) {
  const I = actor({});
  I.seeCurrentUrlEquals("/order"); // URLが「/order」と一致する
  I.seeInTitle('ご注文が完了しました') // タイトルが「ご注文が完了しました」と一致する
  fn(I);
},
```

　実際に利用するときは、以下のように特定のページに遷移するコードと併用することになります。もちろん、URL遷移ではなく、リンクをクリックするなどの動作でも問題ありません。むしろ、ユーザー目線のコードを書くにはそちらのほうが望ましいでしょう。

```
I.amOnPage('/item') // ここで商品一覧に遷移する
I.shouldBeOnItemListPage(I => { // 商品一覧画面に間違いなく遷移したことを⇒
ここで確認している
  I.click("商品を編集", itemContainer(itemName));
  I.shouldBeOnItemDetailPage(I => {
    I.fillField("デフォルトの注文可能数", "10");
    I.click("変更");
  })
})
```

　次に、pages.js を sessions.js から読み込みます。sessions.js を以下のように編集してください。

```
e2e/contexts/sessions.js
```

```javascript
const {
  shouldBeOnItemListPage,
  shouldBeOnItemDetailPage,        ┐
  shouldBeOnOrderPage,              ├─ 追加
  shouldBeOnOrderCompletePage,      ┘
} = require("./pages");

module.exports = {
  /**
   * 店舗スタッフとしてログインした新しいブラウザセッションを作成する
   * @param {function(I): void} fn
   */
  amStoreStaff(fn) {
    const I = actor({
      shouldBeOnItemListPage,          ┐
      shouldBeOnItemDetailPage,        ┘─ 追加
    });
    session("StoreStaff", () => {
      I.amOnPage("/");
      I.click("ログインする");
      I.fillField("ユーザー名", "admin");
      I.fillField("パスワード", "admin");
      I.click("ログイン");
      fn(I);
    });
  },


  /**
   * 未ログインユーザーとしての新しいブラウザセッションを作成する
   * @param {function(I): void} fn
   */
  amAnonimousUser(fn) {
    const I = actor({
      shouldBeOnItemListPage,          ┐
      shouldBeOnOrderPage,              ├─ 追加
      shouldBeOnOrderCompletePage,      ┘
    });
    session("AnonimousUser", () => {
      fn(I);
    });
  },
};
```

236

amStoreStaffとamAnonimousUserそれぞれで、actor()に渡すページが微妙に異なることに気づいたでしょうか。これは、店舗スタッフは商品詳細を見たり編集したりできるが、一般ユーザーはできないということを表しています。逆に、一般ユーザーはカートに入れた商品を注文できますが、店舗スタッフはできません。

これで、これらのステップをシナリオ内で使う準備が整いました。早速テストシナリオ側を変更していきます。

```
e2e/tests/user_stories/inventory_tests.js
Feature("在庫管理");

Scenario(
  "店舗スタッフは、デフォルトの注文可能数を変更できる。ユーザーは、デフォルトの⇨
注文可能数まで商品を注文できる。",
  ({ I, utils }) => {
    let itemContainer

    I.amStoreStaff(I => {

      // ## 事前準備：商品データを作成する
      // 商品を追加する
      // 商品名はタイムスタンプなどからユニークなものを設定する。たとえば⇨
「牛ハラミ弁当-テスト-20230416120600」などのようにする
      // 商品説明と価格はそれぞれ「テスト用の商品です」「500」とする
      I.click("商品を追加する");
      const itemName = `牛ハラミ弁当-テスト⇨
-${utils.now.format("YYYYMMDDHHmmss")}`;
      I.fillField("商品名", itemName);
      I.fillField("商品説明", "テスト用の商品です");
      I.fillField("価格", "500");
      I.click("追加");

      // ## 店舗スタッフはある商品のデフォルトの注文可能数を5個に設定する

      // ある商品の詳細ページを開く
      I.amOnPage("/items");  ←────────── 追加
      I.shouldBeOnItemListPage(I => {
        itemContainer = locate("tr").withText(itemName);
        I.click("商品を編集", itemContainer);
        I.shouldBeOnItemDetailPage(I => {  ←────────── 追加
          // デフォルトの注文可能数に「10」を設定する
          I.fillField("デフォルトの注文可能数", "10");
          I.click("変更");
        })  ←────────── 追加
```

237

```
    })  ●───────────────────── 追加
  })

  // ## ユーザーはその商品を当日に5個注文する

  I.amAnonimousUser(I => {
    // 商品を10個カートに入れる
    I.amOnPage("/items");
    I.shouldBeOnItemListPage(I => {  ●───────────── 追加
      I.fillField(
        locate("input").after(
          locate("label").withText("カートに入れる数量"). ⇨
inside(itemContainer)
        ),
        "10"
      );
      I.click("カートに入れる", itemContainer);
    })  ●───────────────────── 追加

    // 注文画面を開き、当日の日付を入力する
    I.click("カートを見る");
    I.shouldBeOnOrderPage(I => {  ●───────────── 追加
      I.fillField("お名前（受取時に必要です）", "ユーザー1");
      I.fillField("電話番号（連絡時に必要です）", "09000000000");
      I.fillField("受け取り日", utils.now.format("YYYY/MM/DD"));
      I.fillField(
        "受け取り目安時間",
        utils.now.add(1, "hour").format("hh:mmA")
      );

      // 注文を確定する
      I.click("注文を確定する");
    })  ●───────────────────── 追加

    I.shouldBeOnOrderCompletePage(I => {  ●───────────── 追加
      I.see("ご注文が完了しました");
    })  ●───────────────────── 追加
  });
  }
);
```

9-3-3　I.haveItem()の実装

　続いて、テストの事前準備として商品データを作成する部分を、より明示的な表現
に置き換えていきます。現在のシナリオ内での表記は以下のようなものです。

```
// ## 事前準備：商品データを作成する
// 商品を追加する
// 商品名はタイムスタンプなどからユニークなものを設定する。たとえば⇨
「牛ハラミ弁当−テスト−20230416120600」などのようにする
// 商品説明と価格はそれぞれ「テスト用の商品です」「500」とする
I.click("商品を追加する");
const itemName = `牛ハラミ弁当−テスト−${utils.now.format("YYYYMMDDHHmmss")}`;
I.fillField("商品名", itemName);
I.fillField("商品説明", "テスト用の商品です");
I.fillField("価格", "500");
I.click("追加");
```

これを、`I.haveItem()`という表記に置き換えます。「テストの前提条件として、お弁当屋さんは商品をすでに持っている（システムに登録してある）」というようなイメージです。次のようになります。

```
const itemName = I.haveItem()
```

前提条件を表すものなので、ファイル名は`prerequisites.js`にします。`pages.js`や`session.js`と同様に、`e2e/contexts/prerequisites.js`を新たに作成します。実装は以下のようになります。

e2e/contexts/prerequisites.js

```
const { utils } = inject()

module.exports = {
  haveItem(name) {
    const I = actor({});
    if (!name) name = `牛ハラミ弁当−テスト−⇨
${utils.now.format("YYYYMMDDHHmmss")}`;
    I.amOnPage('/items/add')
    I.seeInTitle('商品追加 ')
    I.fillField("商品名", name);
    I.fillField("商品説明", "テスト用の商品です");
    I.fillField("価格", "500");
    I.click("追加");
    I.see(name)
    return name;
  },
};
```

元の実装と比べると、以下の点が異なっています。

- 商品を追加するための導線が「商品を追加する」リンクのクリックではなく、URLへの直接遷移となっています。これは、元のコンテキストに依存せず、安定して商品追加ページに移動するためにあえてこのようにしています。商品追加はあくまで準備のためのもので、「商品を追加する」リンクをクリックして追加ページに遷移することはテスト対象ではないためです。
- 商品追加ページに正しく遷移されたことを確認するため、I.seeInTitle('商品追加')アサーションを追加しています。
- 呼び出し時に商品名を指定できるようにしています。商品名を指定しなかった場合は、元のロジックどおりに一意の商品名を生成します。
- 商品が追加されたことを確認するために、I.see(name)アサーションを追加しています。
- テストシナリオが生成された商品名を受け取れるように、return name が末尾に追加されています。

　これまでと同じ要領で、テストシナリオの中でI.haveItem()を利用してみましょう。商品の追加は店舗スタッフのアカウントで実施されるので、sessions.jsの中で、amStoreStaffのactorに与える引数を追加します。こうすると、I.haveItem()が誤って一般ユーザーとして呼ばれることがなくなります。

```
e2e/contexts/sessions.js
------------------------
const {
  shouldBeOnItemListPage,
  shouldBeOnItemDetailPage,
  shouldBeOnOrderPage,
  shouldBeOnOrderCompletePage,
} = require("./pages");
const { haveItem } = require("./prerequisites");    ←────────── 追加

module.exports = {
  /**
   * 店舗スタッフとしてログインした新しいブラウザセッションを作成する
   * @param {function(I): void} fn
   */
  amStoreStaff(fn) {
    const I = actor({
```

```
        shouldBeOnItemListPage,
        shouldBeOnItemDetailPage,
        haveItem,  ←──────────── 追加
      });
      session("StoreStaff", () => {
        I.amOnPage("/");
        I.click("ログインする");
        I.fillField("ユーザー名", "admin");
        I.fillField("パスワード", "admin");
        I.click("ログイン");
        fn(I);
      });
    },

    /**
     * 未ログインユーザーとしての新しいブラウザセッションを作成する
     * @param {function(I): void} fn
     */
    amAnonimousUser(fn) {
      const I = actor({
        shouldBeOnItemListPage,
        shouldBeOnOrderPage,
        shouldBeOnOrderCompletePage,
      });
      session("AnonimousUser", () => {
        fn(I);
      });
    },
};
```

続いて、`inventory_test.js`も編集します。

e2e/tests/user_stories/inventory_tests.js

```
Feature("在庫管理");

Scenario(
  "店舗スタッフは、デフォルトの注文可能数を変更できる。ユーザーは、デフォルトの⇨
注文可能数まで商品を注文できる。",
  ({ I, utils }) => {
    let itemContainer

    I.amStoreStaff(I => {
```

```
    // 商品を追加する
    // 商品名はタイムスタンプなどからユニークなものを設定する。たとえば⇨
「牛ハラミ弁当─テスト─20230416120600」などのようにする
    // 商品説明と価格はそれぞれ「テスト用の商品です」「500」とする
    I.click("商品を追加する");
    const itemName = `牛ハラミ弁当─テスト─${utils.now.format⇨
("YYYYMMDDHHmmss")}`;
    I.fillField("商品名", itemName);
    I.fillField("商品説明", "テスト用の商品です");
    I.fillField("価格", "500");
    I.click("追加");
    const itemName = I.haveItem()                    ●──── 追加

    // ## 店舗スタッフはある商品のデフォルトの注文可能数を5個に設定する

    // ある商品の詳細ページを開く
    I.amOnPage("/items");
    I.shouldBeOnItemListPage(I => {
      itemContainer = locate("tr").withText(itemName);
      I.click("商品を編集", itemContainer);
      I.shouldBeOnItemDetailPage(I => {
        // デフォルトの注文可能数に「10」を設定する
        I.fillField("デフォルトの注文可能数", "10");
        I.click("変更");
      })
    })
  })

  // ## ユーザーはその商品を当日に5個注文する

  I.amAnonimousUser(I => {
    // 商品を10個カートに入れる
    I.amOnPage("/items");
    I.shouldBeOnItemListPage(I => {
      I.fillField(
        locate("input").after(
          locate("label").withText("カートに入れる数量").⇨
inside(itemContainer)
        ),
        "10"
      );
      I.click("カートに入れる", itemContainer);
    })

    // 注文画面を開き、当日の日付を入力する
    I.click("カートを見る");
```

削除

```
    I.shouldBeOnOrderPage(I => {
      I.fillField("お名前 (受取時に必要です)", "ユーザー1");
      I.fillField("電話番号 (連絡時に必要です)", "09000000000");
      I.fillField("受け取り日", utils.now.format("YYYY/MM/DD"));
      I.fillField(
        "受け取り目安時間",
        utils.now.add(1, "hour").format("hh:mmA")
      );

      // 注文を確定する
      I.click("注文を確定する");
    })

    I.shouldBeOnOrderCompletePage(I => {
      I.see("ご注文が完了しました");
    })
  });
  }
);
```

9-3-4　あるページの中でのみ使えるメソッドを実装する

最後に、itemContainerについて見ていきましょう。

```
itemContainer = locate("tr").withText(itemName);
```

このメソッドは、商品一覧ページから特定の名前を持つ商品を探すためのものですが、このメソッドがテストシナリオ内に直接書かれていると、以下のような問題が発生します。

- テストシナリオを書く人は、このメソッドがどのページで利用可能なものなのかを意識しないといけない。
- 他のテストシナリオでこのメソッドを利用したい場合、改めて定義する必要がある。
- そもそも、このitemContainerが何なのか、どのような目的で必要なのかを、コードを書く人は知っておかないといけない。

また、itemContainerの中で要素を探索する記述も直接的ではありません。こうした記述も、できればテストシナリオに露出しないようにして、テストシナリオの可読性

を保ちたいです。

```
I.fillField(
  locate("input").after(
    locate("label").withText("カートに入れる数量").inside(itemContainer)
  ),
  "10"
);
I.click("カートに入れる", itemContainer);
```

そのため、次のような説明を追加していきます。

- itemContainer の目的を表すため、I に続くメソッド I.locateItem() として
  定義し直す。これにより、他のテストシナリオからも再利用できるようになる。
- このメソッドを shouldBeOnItemListPage の中でのみ利用可能なものとして
  定義する。これにより、誤って他のページ上でこのメソッドが呼ばれることが
  なくなる。
- このメソッドから派生する形で「カートに入れる数量」フィールドやカートに入
  れるボタンなども定義する。

```
/**
 * 商品一覧画面が表示されていることを期待する
 * @param {function(I): void} fn
 */
shouldBeOnItemListPage(fn) {
  const locateItem = (itemName) => locate("tr").withText(itemName)
  const I = actor({
    locateItem,
    locateWithinItem: (itemName) => ({
      商品を編集: locate("a").withText('商品を編集').⇨
inside(locateItem(itemName)).as('商品を編集'),
      カートに入れる数量: locate("input").after(
        locate("label").withText("カートに入れる数量")
      ).inside(locateItem(itemName)).as('カートに入れる数量'),
      カートに入れる: locate('input').withAttr({value: ⇨
'カートに入れる'}).inside(locateItem(itemName)).as('カートに入れる')
    }),
  });
  I.seeCurrentUrlEquals("/items");
  I.seeInTitle("商品一覧");
  fn(I);
```

```
        },
```

　追加されたのは、actor({}) の中のメソッドです。これまでおまじないのように使ってきたこのactor関数ですが、これはCodeceptJSのIインスタンスを生成するための関数です。この中に記述した関数は、すべてIを通して利用できるようになります。また、pages.jsに限らずすべてのコンテキストで共通することですが、いずれもそれぞれのメソッドの中でIを定義しているので、それぞれのコンテキストで登録した関数は、そのコンテキストの中でのみ利用可能です。

　たとえば、今回はshouldBeOnItemListPageの中でのみ使えるlocateItem関数とlocateWithinItem関数を定義しました。I.locateItem(itemName) のようにコールすると、商品名と一致する列を探します。「I.locateWithinItem(itemName).商品を編集」のようにコールすると、商品名と一致する列の中から、「商品を編集」リンクを探します。テストシナリオ内で利用するときは、「I.click(I.locateWithinItem(itemName).商品を編集)」という形で、アクションを表すメソッドと入れ子になるように記述します。

　これで、テストシナリオ側でitemContainerを定義する必要はなくなりました。シナリオ側を書き換えましょう。

```
e2e/tests/user_stories/inventory_tests.js
Feature("在庫管理");

Scenario(
  "店舗スタッフは、デフォルトの注文可能数を変更できる。ユーザーは、デフォルトの⇨
注文可能数まで商品を注文できる。",
  ({ I, utils }) => {
    let itemName;

    // ## 店舗スタッフはある商品のデフォルトの注文可能数を10個に設定する
    I.amStoreStaff((I) => {
      itemName = I.haveItem();
      I.amOnPage("/items");
      I.shouldBeOnItemListPage((I) => {
        I.click(I.locateWithinItem(itemName).商品を編集); •————— 修正
        I.shouldBeOnItemDetailPage((I) => {
          I.fillField("デフォルトの注文可能数", "10");
          I.click("変更");
        });
      });
```

```
        });

        // ## ユーザーはその商品を当日に10個注文する
     I.amAnonimousUser((I) => {
       I.amOnPage("/items");
       I.shouldBeOnItemListPage((I) => {
         I.fillField(I.locateWithinItem(itemName).カートに入れる数量,⇨┐
  "10");                                                              ├修正
         I.click(I.locateWithinItem(itemName).カートに入れる);      ┘
       });

       I.click("カートを見る");
       I.shouldBeOnOrderPage((I) => {
         I.fillField("お名前 (受取時に必要です)", "ユーザー1");
         I.fillField("電話番号 (連絡時に必要です)", "09000000000");
         I.fillField("受け取り日", utils.now.format("YYYY/MM/DD"));
         I.fillField(
           "受け取り目安時間",
           utils.now.add(1, "hour").format("hh:mmA")
         );
         I.click("注文を確定する");
       });

       I.shouldBeOnOrderCompletePage((I) => {
         I.see("ご注文が完了しました");
       });
     });
   }
 );
```

itemName を I.amStoreStaff と I.amAnonimousUser それぞれから参照できるように、let itemName を冒頭で定義しておく必要があります。その代わりに、itemContainer 変数を定義する必要はなくなったので、削除しました。

9-3-5 不要なコメントを削除する

これで、一通りの改善点の実装は完了しました。後は、不要なコメントを削除していきましょう。

削除する際の基準は、コードが表現している意味がコメントとほぼ同じになっているかどうかです。たとえば、以下のようなコメントはコードが表している内容とまったく変わらないので、削除してしまってよいでしょう。

```
// デフォルトの注文可能数に「10」を設定する
I.fillField("デフォルトの注文可能数", "10");

// 商品を10個カートに入れる
I.amOnPage("/items");
I.shouldBeOnItemListPage(I => {
  I.fillField(I.locateWithinItem(itemName).カートに入れる数量, "10");
  I.click(I.locateWithinItem(itemName).カートに入れる);
})
```

逆に、以下のようなコメントはより抽象的な観点からコードの意図を表しているので、残しておいたほうが読み手にとって親切でしょう。

```
// ## 店舗スタッフはある商品のデフォルトの注文可能数を10個に設定する
```

これらを踏まえて、コメントを削除したのが以下のテストシナリオです。

```
e2e/tests/user_stories/inventory_tests.js
Feature("在庫管理");

Scenario(
  "店舗スタッフは、デフォルトの注文可能数を変更できる。ユーザーは、デフォルトの⇨
注文可能数まで商品を注文できる。",
  ({ I, utils }) => {
    let itemName;

    // ## 店舗スタッフはある商品のデフォルトの注文可能数を10個に設定する
    I.amStoreStaff((I) => {
      itemName = I.haveItem();
      I.amOnPage("/items");
      I.shouldBeOnItemListPage((I) => {
        I.click(I.locateWithinItem(itemName).商品を編集);
        I.shouldBeOnItemDetailPage((I) => {
          I.fillField("デフォルトの注文可能数", "10");
          I.click("変更");
        });
      });
    });

    // ## ユーザーはその商品を当日に10個注文する
    I.amAnonimousUser((I) => {
      I.amOnPage("/items");
```

```
    I.shouldBeOnItemListPage((I) => {
      I.fillField(I.locateWithinItem(itemName).カートに入れる数量, "10");
      I.click(I.locateWithinItem(itemName).カートに入れる);
    });

    I.click("カートを見る");
    I.shouldBeOnOrderPage((I) => {
      I.fillField("お名前（受取時に必要です）", "ユーザー1");
      I.fillField("電話番号（連絡時に必要です）", "09000000000");
      I.fillField("受け取り日", utils.now.format("YYYY/MM/DD"));
      I.fillField(
        "受け取り目安時間",
        utils.now.add(1, "hour").format("hh:mmA")
      );
      I.click("注文を確定する");
    });

    I.shouldBeOnOrderCompletePage((I) => {
      I.see("ご注文が完了しました");
    });
  });
  }
);
```

　元のコードと比べて、意図がより明確に表現されたのではないでしょうか。

9-4　コード補完を利用する

　ところで、ここまでで実装した独自メソッドが、Visual Studio Code などの IDE で補完されるとより便利ですね。

　CodeceptJS には、コード補完のための型定義を出力するための def コマンドが用意されています。これを使うと、独自に定義したメソッドなどについても補完されるようになります。

　型定義を出力する前に、それぞれの関数に補完のためのヒントとなる情報を与えます。これは JSDoc[※2] と呼ばれる記法で、JavaScript ファイルに型情報を与えるために使われます。

　型定義を与えるための書式は以下のようなものです。

[※2]　https://www.typescriptlang.org/ja/docs/handbook/jsdoc-supported-types.html

```
/**
 * @param {function(I): void} fn
 */
```

これを（少し面倒ですが）それぞれの関数の直前に記載していきます。ついでに、その関数がどのような目的のものなのかを記載しておくとより便利でしょう。以下はe2e/contexts/sessions.jsのサンプルです。

e2e/contexts/sessions.js

```
module.exports = {
  /**
   * 店舗スタッフとしてログインした新しいブラウザセッションを作成する
   * @param {function(I): void} fn
   */
  amStoreStaff(fn) {
    const I = actor({});
    session("StoreStaff", () => {
      I.amOnPage("/");
      I.click("ログインする");
      I.fillField("ユーザー名", "admin");
      I.fillField("パスワード", "admin");
      I.click("ログイン");
      fn(I);
    });
  },

  /**
   * 未ログインユーザーとしての新しいブラウザセッションを作成する
   * @param {function(): void} fn
   */
  amAnonimousUser(fn) {
    const I = actor({});
    session("AnonimousUser", () => {
      fn(I);
    });
  },
};
```

このように記載すると、IDEのコード補完で次のように表示されます（図9-1）。

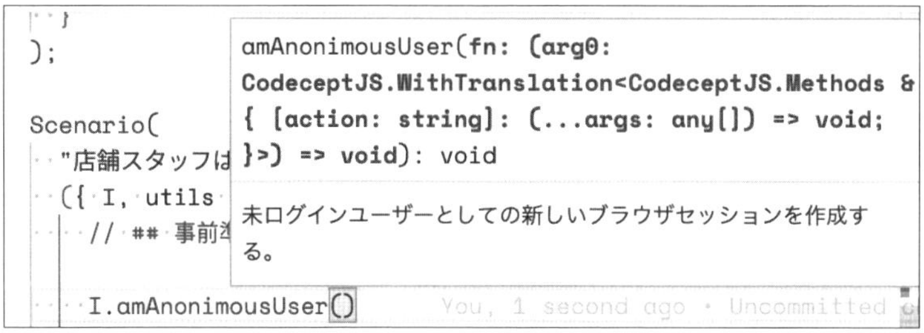

```
       ); 
);                          amAnonimousUser(fn: (arg0:
                            CodeceptJS.WithTranslation<CodeceptJS.Methods &
Scenario(                   { [action: string]: (...args: any[]) => void;
  "店舗スタッフは         }>) => void): void

  ({ I, utils              未ログインユーザーとしての新しいブラウザセッションを作成す
    // ## 事前           る。

    I.amAnonimousUser()        You, 1 second ago · Uncommitted
```

図9-1　コード補完が効き、関数の説明が表示された

9-5　演習

　第8章で作成した在庫管理のテストケースには、もう1つ無効系のテストケースが
ありました。こちらも同じ要領で書き直してみましょう。ここまでで実装したものをそ
のまま再利用できるはずです。

```
e2e/tests/user_stories/inventory_tests.js
Scenario(
  "店舗スタッフは、デフォルトの注文可能数を変更できる。ユーザーは、デフォルトの⇨
注文可能数を超えて注文すると、エラーになる。",
  ({ I, utils }) => {
    let itemName;

    // ## 店舗スタッフはある商品のデフォルトの注文可能数を10個に設定する
    I.amStoreStaff((I) => {
      itemName = I.haveItem();

      I.amOnPage("/items");
      I.shouldBeOnItemListPage((I) => {
        I.click(I.locateWithinItem(itemName).商品を編集);
        I.shouldBeOnItemDetailPage((I) => {
          I.fillField("デフォルトの注文可能数", "10");
          I.click("変更");
        });
      });
    });

    // ## ユーザーはその商品を当日に11個注文する
    I.amAnonimousUser((I) => {
      I.amOnPage("/items");
      I.shouldBeOnItemListPage((I) => {
        I.fillField(I.locateWithinItem(itemName).カートに入れる数量, "11");
```

```
      I.click(I.locateWithinItem(itemName).カートに入れる)
    });

    I.click("カートを見る");
    I.shouldBeOnOrderPage((I) => {
      I.fillField("お名前 (受取時に必要です)", "ユーザー1");
      I.fillField("電話番号 (連絡時に必要です)", "09000000000");
      I.fillField("受け取り日", utils.now.format("YYYY/MM/DD"));
      I.fillField(
        "受け取り目安時間",
        utils.now.add(1, "hour").format("hh:mmA")
      );
      I.click("注文を確定する");
      I.see(`商品 ${itemName} の在庫が足りませんでした`);
    });
  });
}
);
```

まとめ

　この章では、文脈や前提条件などをテストコードとして表現することでコードの可読性を高め、コメントに頼らないユーザー目線のテストシナリオを実現しました。また、あるページに特有の操作などについてはそのページ専用の操作として定義したので、将来他の人がテストシナリオを書くときも混乱が少なくなるはずです。また、「ユーザーは××である」「ユーザーは××のページにいる」というようなコンテキストベースの書き方にしたので、他のテストシナリオでも使いまわしやすいものになっていることが、演習を通して実感できたはずです。

　これで、第2部「アプリケーションにE2Eテストを導入する」は終わりです。続く第3部では、「自動テストを改善するテクニック」と題して、テスト対象のアプリケーション側での改善も含め、E2Eテストだけでなく自動テスト全体を改善し、典型的な困りごとを回避するためのテクニックを紹介していきます。

第3部

自動テストを改善する
テクニック

　第2部では、ハンズオン形式でE2E自動テストの導入から運用まで
を解説してきました。第2部の解説に従って全体を一通り実践してみ
るだけで、いくつかの主要なE2Eテストケースは自動化され、定期的
に実行されるようになるはずです。

　第3部では、読者の方々がいずれつまずくであろう典型的なトラブ
ルに対して、転ばぬ先の杖となるようなテクニックを紹介していきま
す。さらに、E2Eテストを活用するためのテクニックについても紹介
します。

■第3部の流れ

　第10章「**トラブルシューティング**」では、E2Eテストの運用を始めてから最初につまずくと思われる**失敗**について説明していきます。テストがうまく動かなかったときにどうするのか、どのような原因が考えられるのか、その失敗は悪いことなのかどうか、などを説明していきます。同時に、実行時間やデバッグなど、実際に自動テストを利用してみてつまずきがちなポイントについても解説していきます。

　第11章「**もっと幅広くE2Eテストを使う**」では、第4章で紹介したような幅広い役割でE2Eテストを活用するためのテクニックを紹介していきます。

　第12章「**成果を振り返る**」では、カバレッジやバグの数などの代表的なメトリクスを用いてテストの十分性と効果を測定し、それらを用いてテストの効果を振り返ります。

第2部では、E2Eテストを開発サイクルの中に組み込み、日々の開発の中で継続的に実行される環境を整えました。これで、開発チームは常にテストに守られた状態で、安心して開発を進められることでしょう。

しかし、話はここで終わりではありません。テストを継続して回してみると、そこかしこにやっかいごとが生まれ、意外と手間が省けなかったり、余計な手間がかかってしまうことがあります。システム開発でも、開発よりも運用のほうが大変だったりしますが、自動テストもやはり日々の運用の中でメンテナンスを続けて安定させていくのが、テストコードを書くことそのものよりも重要であることが多いのです。

この章では、E2Eテストを書くときに最初につまずくであろう面倒なポイントに着目し、その原因の解説や、負担を和らげるための施策をいくつかご紹介します。

10-1 テストが成功したり失敗したりする（Flaky Test）

成功・失敗にかかわらず、自動テストの結果は、開発者にアプリケーションのバグをいち早く伝え、スムーズな開発を助けてくれる大切なものです。テストが成功すれば、自分が作ったものにリグレッションが起きていないことを保証できます。逆にテストが失敗すれば、自分が気づかなかったリグレッションを代わりに教えてくれます。

一方で、成功・失敗といったテスト結果を信用するには**アプリケーションの振る舞いが変わらない限り、テストの結果も変わらない**ことが重要です。これを**決定的**と呼びます（**図10-1**）。たとえば、アプリケーションのデータや、時刻などアプリケーションの外にあるパラメーターなどが原因でテストが失敗してしまうような場合、そのテストの結果は**非決定的**なものです。信用ならないテストという意味合いで、特別に**Flaky**

Testという呼び方をすることがあります[※1]。

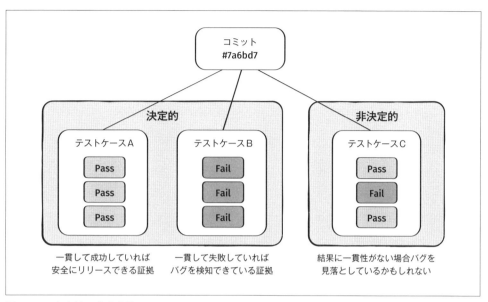

図10-1 決定的と非決定的

　開発をアシストしてくれるような自動テストを実現するには、テスト結果の決定性がとても重要になってきます（**図10-1**）。成功したテスト結果はアプリケーションが正しく動作してくれることを保証し、失敗したテスト結果は発生したバグを教えてくれる、というのがよい自動テストです。そのため、テスト結果を安定させ、決定性を高めるようなテストコードの書き方や、テストケースの設計には十分に気を配る必要があります。

　ここでは、E2Eテストでテストの決定性を高めるためのソリューションとして**テストの独立性を高める**方法を紹介します。また、どうしても不安定なテストが残ってしまう場合の対処として、**リトライ**についても紹介します。

　テストの決定性は、テストレベルによっても異なってくるので、E2Eテストではなく他のテストレベルのテストを増やすのが根本的な解決策となる場合もあります。この方法については、次節の「10-2　E2Eテストだらけになってしまう」で触れています。

[※1]　Google Testing Blog (https://testing.googleblog.com/2016/05/flaky-tests-at-google-and-how-we.html) の定義によれば、同じコードに対するテスト結果が成功・失敗のどちらにもなるものをFlaky Testと呼んでいます。

10-1-1　ソリューション：テストの独立性を高める

　テストコードとテストコードの間に依存関係があると、テストが不規則に失敗する原因になったり、環境依存の問題を引き起こしたり、テストをスケールアウトするときの障害になったりすることがあります。テストの独立性に気をつけるのは非常に基礎的かつ最も重要です。

●テストごとにテストデータを用意する

　第9章でも説明していますが、テストごとにテストデータを用意すれば、他のテストで準備したテストデータを利用するのを防ぎ、テスト同士に依存関係ができてしまうことを回避できます。

　ありがちなミスが、「任意のデータを利用する」というようなテストで、テストデータの生成を怠って既存のデータを参照してしまう場合です。第7章で作成したテストが第8章で失敗してしまったのは、テストデータが独立していないことが原因でした。改めてテストコードを見てみましょう。

```
SuiteOf('注文プロセスのテスト');

Scenario('ログインし、お弁当を注文し、お弁当を受け取る', async ({ I, utils }) => {
  // 一般ユーザーとしてログインする
  I.amOnPage("/");
  I.click("ログインする");
  I.fillField("ユーザー名", "user1");
  I.fillField("パスワード", "super-strong-passphrase");
  I.click("ログイン");
  I.see("user1 さん");

  // カートに商品を入れる
  I.fillField("カートに入れる数量", "1")
  I.click("カートに入れる")

  // 受け取り情報を入力し、注文を確定する
  I.fillField('お名前 (受取時に必要です)', 'ユーザー1')
  I.fillField('電話番号 (連絡時に必要です)', '09000000000')
  I.fillField('受け取り日', utils.now.format('YYYY/MM/DD'))
  I.fillField('受け取り目安時間', utils.now.add(1, 'hour').format('hh:mmA'))
  I.click('注文を確定する')
  I.see('ご注文が完了しました')

  // 注文番号を控えておく
```

```
const orderNo = await I.grabTextFrom('h3')

session('お弁当屋さんのブラウザ', () => {

    // お弁当屋さんのアカウントでログインする
    I.amOnPage("/");
    I.click("ログインする");
    I.fillField("ユーザー名", "admin");
    I.fillField("パスワード", "admin");
    I.click("ログイン");

    // 注文管理画面から注文を引き渡す
    I.click("注文を管理する")
    const itemContainer = locate('aside').withText(orderNo)
    I.click("この注文を引き渡しました", itemContainer)
    I.see("引き渡し済みの注文です", itemContainer)

})
})
```

　商品の数量を選択し、カートに入れる操作の際、このテストは**どの商品をカートに入れるか**明確にしていません。CodeceptJSはこのような場合には一番最初に見つかった要素、つまり**リストの一番上の商品**を選択します。

　しかし、このテストはその後のステップで商品の在庫があることを暗黙のうちに期待しています。もし、**他のテストで商品の在庫を使い切ってしまったら**、このテストを実行する際には在庫がないため、テストが失敗してしまいます。

　別の可能性として、このテストと並行して別のテストが実行されていたとします。別のテストが作成した商品の在庫をこのテストが使ってしまったら、別のテストが在庫不足で失敗してしまうかもしれません。

　そのため、具体的な前提条件がない場合でも、**既存のデータを利用することを避け、新しいデータを作成する**ようにしましょう。テストデータはUIを使って作成することが多いですが、アプリケーション側に用意したAPIを使って準備することもできます。APIを使う方法についての詳細は、「10-3　テストの準備に時間がかかる」で解説します。

●クリーンアップ

　あるテストで作成されたデータが、他のテストに影響を及ぼしてしまったり、同じ

テストの2回目以降の実行に影響してしまったりするようなことがあります。単純にテストデータの問題だけであれば256ページの「テストごとにテストデータを用意する」で解決できることが多いですが、そうでない場合もあります。

たとえば、お弁当注文アプリケーションに**営業時間**を加えることを想定してみましょう。営業時間中は注文できますが、営業時間外は注文できません。

営業時間外にテストできないことを確認するために、以下のようなテストケースを考えました。

1. 営業時間を「現在時刻の10分後〜 23:59」に設定する
2. お客さんが注文できないことを確認する
3. 営業時間を元に戻す

このとき、もし何らかの理由でテストケースが途中で失敗すると、「3. 営業時間を元に戻す」が実行されず、営業時間外のままに設定されてしまいます。そうすると、他のテストで注文処理ができず、テストが失敗してしまいます。

このようなケースでは、営業時間を元に戻す処理を**クリーンアップ**処理として定義します。CodeceptJSでは、Afterフックとして定義します。以下の例では、テストの冒頭で現在時刻が営業時間外になるように営業時間をセットし、Afterフックの中で元に戻しています。テストの成否にかかわらず、Afterフックは必ず実行されます。

```
Feature('営業時間のテスト');

const defaultBusinessHour = '9:00 ~ 21:00'
const nonBusinessHour = calculateNonBusinessHour()   // 現在時刻が営業時間外⇨
になるような営業時間を計算する

Scenario('営業時間外の場合、注文できない', ({I}) => {
  I.setBusinessHour(nonBusinessHour)
  I.amOnPage('/items')   // 商品一覧に遷移
  I.see('営業時間外のため注文できません')
})

After(({ I }) => {
  I.setBusinessHour(defaultBusinessHour);
});
```

10-1-2 ソリューション：リトライ

テストの不規則な失敗がネットワークの遅延などによりランダムに起きる場合、リトライは有効な選択肢です。たとえば、「3回の試行で1回でも成功すればテスト成功と判断する」というようなルールを設定しておけば、たまたま画面の描画に時間がかかって失敗した、などのケースを心配せずに済みます。

●シナリオごとのリトライ

シナリオ単位でのリトライは非常に簡単です。設定ファイル codecept.conf.js に以下の記述を追加すれば、すべての失敗したシナリオが3回までリトライされるようになります。

```
retry: 3
```

場合によっては、一部のシナリオだけをリトライしたい場合もあるでしょう。たとえば、Flakyなテストだけを多めにリトライし、他のシナリオは1回だけリトライするようなケースです。

```
retry: [
  {
    // enable this config only for flaky tests
    grep: '@flaky',
    Before: 3,
    Scenario: 3
  },
  {
    // retry all failed scenarios
    Before: 1,
    Scenario: 1
  },
]
```

●失敗したステップの自動リトライ

CodeceptJSでは、失敗したステップの自動リトライがデフォルトで有効になっています。これは、対象の要素が見つからなかった場合や、クリックしようとした要素の上に別の要素が乗っていた場合など、あらゆるエラーに対してリトライを試みます。

リトライ機能はretryFailedStepプラグインで提供されており、これはcodecept.conf.jsの中のsetCommonPlugins()で有効化されています。

```
codecept.conf.js
setCommonPlugins();
```

retryFailedStepは、いくつかのステップではデフォルトで無効になっています。retryFailedStepの詳細については、公式ドキュメントを参照してください。

- retryfailedstep──Plugins｜CodeceptJS
  https://codecept.io/plugins/#retryfailedstep

●ステップのかたまりのリトライ

別のプラグインでretryTo()という機能も提供されています。これは、複数のステップをまとめてリトライする際に便利な機能です。

retryTo()は、回数が決まっていない繰り返し処理にも応用できます。たとえば、すべてのお知らせを確認する処理は、以下のように書けます。

```
await retryTo(() => {
  I.click('次のページへ');
  I.see('未読のお知らせはありません')
}, 5);
```

●TryTo

TryToは、あるステップが失敗した場合に、テストを失敗させる代わりに、結果を変数に代入するための処理です。

たとえば、以下のようにすると、ページに「ログインしています」という文言が入っている場合にisLoginの値はtrueになります。逆に、文言が見つからなかった場合には、falseが代入されます。

```
const isLogin = await tryTo(I.see('ログインしています'))
```

リトライのガイドラインを決める

リトライはFlakyテストの改善のために有効な選択肢ではありますが、一方で非常に消極的な手段でもあります。不安定な状況そのものを改善するものではないので、やみくもに導入してしまうとバグを見逃す原因となってしまったり、テスト実行時間の増加を招いたりすることになってしまいます。ルールやガイドラインを決めて、その範囲内でのみ利用するのがよいでしょう。

前述の「**シナリオごとのリトライ**」（259ページ）で紹介しているように、リトライ回数をタグによって分けるのも1つの選択肢です。たとえば、`@flaky`タグを付けたシナリオだけを最大3回リトライする、という風に定義しておけば、どのシナリオがFlakyなのかタグを見て判別できるので、中長期的な改善に取り組むこともできます。

また、「**ステップのかたまりのリトライ**」（260ページ）は、シナリオ単位のリトライに比べて影響範囲が限定的なので、リスクが低いです。まずはリトライ以外の方法で解決できないか検討し、次にステップごとのリトライで対応し、それでも難しい場合にシナリオごとのリトライを入れるようにしましょう。

10-2　E2Eテストだらけになってしまう

本書は主にE2Eテストを扱っていますが、第1部で説明したとおり、E2Eテストだけが自動テストではありません。むしろ、様々なテストレベルでバランスよくバグを見つけるようなアーキテクチャを意識したほうが、特定のテストレベルに頼ることなく効率よくバグを見つけられます。

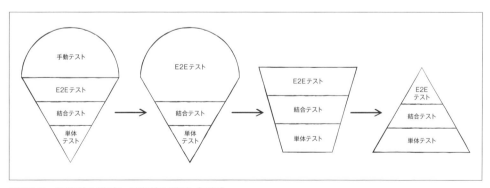

図10-2　短期的な戦略と長期的な戦略（再掲）

第4章の「4-3-1　短期的な戦略と長期的な戦略を分けて考える」にも登場した、**テストピラミッド**のことを思い出してみましょう。

テストピラミッドの基本的な考え方は、単体テストなどの粒度の細かいテストレベルのテストを重点的に書き、E2Eテストなどの粒度の粗いテストレベルのテストを少なくすることで、実行時間や安定性などを向上しようというものでした。ですが、単体テストを書き慣れていないチームなどは、アプリケーションが単体レベルでテスト可能な設計になっておらず、E2Eテスト偏重になってしまい、バランスが悪くなってしまうことがあります。このような状態を**アイスクリームコーン**と呼ぶことがあります。

第4章では、短期的には手動テストをE2E自動テストに置き換えていくことを目標にし、長期的にはバランスのよい自動テスト群を構築していくべきだと説明しました。自動テストがまったく整備されていないプロダクトに自動テストを導入する際に、E2Eテストをエントリーポイントにすること自体は正しいです。ただし、その場合でも、段階的にテストを分割し、より低いテストレベルに徐々に書き換えていく必要があります。これは、低いテストレベルでないと網羅的なテストを現実的な速度で終わらせることは難しいため、高いレベルのテストを分割しながら徐々に低いテストレベルに置き換えていきたいからです。同時に、高いテストレベルでは高いテストレベルでしかテストできない部分に集中するようにすると、テストレベルの間での役割がはっきりしてきます。つまり、長期的には**E2Eでしかできないテストをできるだけ減らしていく**、ということになります。

TIPS --

テストベースのサイズ

ここではE2Eテストを単体テストなどの単位に分割することについて説明していますが、実はE2Eテストというくくりの中でも、さらに大きいもの、または小さいものにテストを分割することもできます。具体的には、E2Eテストのテストケースを作成する際の**テストベース**のサイズによって、テストのサイズも分けられます。

実は、この話はすでに第2部で説明しています。第7章で登場したビジネスプロセスベースのテストと、第8章で登場したユーザーストーリーベースのテストは、まさしく**大きな**E2Eテストと**小さな**E2Eテストと呼べます。

10-2-1　ソリューション：低いテストレベルに移譲する

　E2Eテストは一番ユーザーに近いテストで、プロダクトが本番環境で間違いなく動作する自信を与えてくれます。一方で、E2Eテストは実行速度が遅く、大量のテストケースを実行するには向いていません。E2Eテストの分量が極端に多い場合、テストを分割して、より小さいテストレベルに移譲することを検討すべきでしょう。特にUIは、表示するのにブラウザが必要になることもあり、E2Eでしかテストできないと思われがちです。しかし、UIの中に複雑なロジックが存在する場合などは、分割を検討すべきかもしれません。

　この項では、これまでテストしていたE2Eレベルの振る舞いから、より小さなテストレベルにシフトしていくテクニックを紹介しています。低いテストレベルのテストはアプリケーションの実装に依存する部分が多いので、ここからはアプリケーションの実装について説明している箇所が多いですが、プロジェクトによって利用している技術は当然異なるので、読者のチームで採用している技術と異なるものも多いでしょう。そのため、ハンズオン形式でやり方を紹介していますが、必ずしもすべてを理解する必要はありません。流れや概略を理解した上で、やりたいことをチームメンバーに説明できるようになれば十分でしょう。また、利用しているフロントエンドライブラリによっては、これから紹介するような結合テストを標準でサポートしているものもあります。

●テストレベルを定義する

　テストを分割していくにあたり、まずはプロジェクト内でのテストレベルの定義を簡単にしておきましょう。

　今回のアプリケーションで実装可能な自動テストは、次の5種類になります。単体テスト、結合テストの定義はプロジェクトによってあいまいになりがちですが、ここでは「結合テスト＝APIなど他のサービスから利用される単位」「単体テスト＝サービス内部で使用するロジック単位」というおおまかなラインを引いてあります。

- E2Eテスト
- **フロントエンドの結合テスト**：フォーム全体など、複数のコンポーネントを組み合わせた状態でのテスト
- **フロントエンドの単体テスト**：フォームの各入力項目など、最小単位のコンポーネントのテスト

- **バックエンドの結合テスト**：APIエンドポイントなど、フロントエンドなどから利用される単位でのテスト
- **バックエンドの単体テスト**：バリデーターなど個別のロジック単位のテスト

次に、テストケースのヒエラルキーについて理解する必要があります。テストケースには**ハイレベルテストケース**と**ローレベルテストケース**という枠組みが存在します。ハイレベルのほうが抽象度が高く、ローレベルのほうが具体性が高いです。1つのハイレベルテストケースに複数のローレベルテストケースが紐づいているイメージです。

すべてのテストをE2Eで実施する場合、すべてのローレベルテストケースをE2Eで実施することになります。この状態は非効率的なので、より下のレイヤーに移譲していくことになります。その際、抽象度が低く具体的な（ローレベル）テストが下に、抽象度の高い（ハイレベル）テストが上に来ることになります。

●分割の戦略を立てる

たとえば、注文画面の電話番号入力欄にバリデーションを入れるとしましょう。目的は、明らかに電話番号ではない姓名やメールアドレスなどの入力をエラーにすることです。

電話番号のバリデーションは複雑になりがちですが、ここでは説明のため、次のような条件で実装します。

- 0から始まる
- ハイフンを含む
- 11桁または12桁

マッチしない場合や未入力の場合は、赤色の破線を表示します（図10-3）。

図10-3　空欄の場合や、パターンにマッチしない場合には赤色の破線が表示される

このUIに対するテストは、以下のようなものが考えられます（**図10-4**）。

① マッチするパターンを入力した場合に、フォームを送信できるか
② マッチしないパターンを入力した場合に、フォームが送信されないか
③ 様々な入力パターンに対し、パターンが想定どおりにマッチするか。たとえば、携帯電話などの番号はマッチするか。誤ってメールアドレスを入力してしまった場合にマッチしてしまわないか

　①および②はユーザーストーリーをベースにしており、それぞれのハッピーパス、エッジケースが妥当であることをシステムレベルで検証します。③はより具体的な値を使って、バリデーションのルールがそれぞれのケースに対して妥当であることを検証します。③でバリデーションルールのチェックをしているので、①と②では細かくテストする必要はなく、ハッピーパスとエッジケースそれぞれの代表値でテストをすれば問題ないでしょう。

　ここでは、①と②のケースについてE2Eテストを書き、③のケースについてフロントエンドの単体テストを書くことにします。

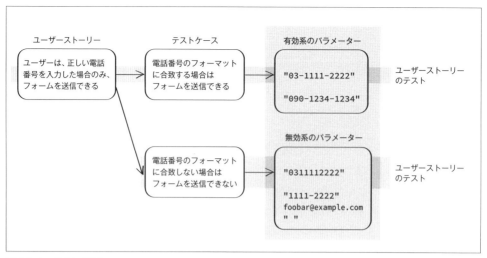

図10-4　分割の戦略

●バリデーションとe2eテストの実装

　まずはバリデーションを実装していきましょう。HTML5のフォームバリデーション
を使うと、require=属性に正規表現パターンを入れて簡単に実装できます。サンプ
ルアプリの`src/views/order.ejs`を以下のように編集します。

```
src/views/order.ejs
<label for="tel">電話番号（連絡時に必要です）</label>
<input id="tel" type="tel" name="tel" pattern="^0[\-\d]{11,12}⇨
$" required value="<%= query.tel ? query.tel : user?.tel %>"/>
```
（修正）

　パターンにマッチしなかった場合に、そのことをわかりやすく伝えるようなスタイル
を追加しましょう。`src/public/base.css`に以下のように追記します。

```
src/public/base.css
input:invalid {
  border: 2px dashed red;
}
```
（追加）

　`input:invalid`とは、`input`要素がパターンにマッチしなかった場合にのみ適用
されるスタイルを表します。ここでは、2pxの赤色の破線を表示させています。
　次に、このバリデーションがシステムレベルで動作することを確認するE2Eテスト

を書きます。元になるのは、第8章で作成した以下の具体例です。

- 📄 ユーザーは、名前と電話番号、受け取り予定時間を入力して、商品を注文できる。
- 📄 ユーザーは、必須項目のいずれかを入力しなかった場合、商品を注文できない。

e2e/tests/user_stories/order_test.js を作成し、テストを書いていきましょう。

e2e/tests/user_stories/order_test.js

```
Feature('注文画面のテスト')

let itemName

Before(({ I }) => {
  // 商品を準備する
  I.amStoreStaff((I) => {
    itemName = I.haveItem()
  })
})

Scenario(
  "ユーザーは、名前と電話番号、受け取り予定時間を入力して、商品を注文できる。"
  , ({ I, utils}) => {
    I.amAnonimousUser((I) => {

      I.amOnPage("/items");
      I.shouldBeOnItemListPage((I) => {
        I.shouldBeOnItemListPage((I) => {
          I.fillField(I.locateWithinItem(itemName).カートに入れる数量 , "10");
          I.click(I.locateWithinItem(itemName).カートに入れる);
        });
      })

      I.click("カートを見る");

      I.shouldBeOnOrderPage((I) => {
        I.fillField("お名前 (受取時に必要です)", "ユーザー1");
        I.fillField("電話番号 (連絡時に必要です)", "090-0000-0000");
        I.fillField("受け取り日", utils.now.format("YYYY/MM/DD"));
        I.fillField(
```

```
      "受け取り目安時間",
      utils.now.add(1, "hour").format("HH:mmA")
    );
    I.click("注文を確定する");
  })

  I.shouldBeOnOrderCompletePage((I) => {
    I.see("ご注文が完了しました");
  });

  })
  }
);

Scenario(
  "ユーザーは、必須項目のいずれかを入力しなかった場合、商品を注文できない。",
  ({ I, utils }) => {
    I.amAnonimousUser((I) => {
      I.amOnPage("/items");

      I.shouldBeOnItemListPage((I) => {
        I.shouldBeOnItemListPage((I) => {
          I.fillField(I.locateWithinItem(itemName).カートに入れる数量, "10");
          I.click(I.locateWithinItem(itemName).カートに入れる);
        });
      });

      I.click("カートを見る");

      I.shouldBeOnOrderPage((I) => {
        I.fillField("お名前（受取時に必要です）", "ユーザー1");
        I.fillField("電話番号（連絡時に必要です）", ""); // 電話番号を入力しない
        I.fillField("受け取り日", utils.now.format("YYYY/MM/DD"));
        I.fillField(
          "受け取り目安時間",
          utils.now.add(1, "hour").format("hh:mmA")
        );
        I.click("注文を確定する");
        I.dontSee("ご注文が完了しました");
      });

    });
  }
);
```

●フロントエンドのテスト用のライブラリのインストール

　フロントエンドの単体テストはE2Eテストとは異なるので、CodeceptJSではなく別のツールを用います。以下のコマンドでjestとjest-environment-jsdomをインストールしてください。jestはJavaScriptのテストによく使われるテストフレームワークです。jest-environment-jsdomはjestのプラグインで、テストによく使われる軽量なヘッドレスブラウザのjsdomをjestで使うためのものです。上述のとおり、E2Eテストとは別のテストとして実装するので、これらのライブラリはアプリケーションのルートディレクトリにインストールしてください。

```
# e2e ディレクトリではなく、アプリケーションのルートディレクトリでインストールする
$ pwd /Users/takuyasuemura/ghq/github.com/tsuemura/fastify-webapp-sample
$ npm install --save-dev jest jest-environment-jsdom
```

　本書のサンプルアプリケーションの作成にはejsというテンプレートエンジンを使っています。ejsでテンプレートに値を埋め込んでHTMLを生成し、jsdomに渡せば、テスト対象のコンポーネントだけをレンダリングできます。

●コンポーネントの分割

　ここでテストする対象は、入力フォームのうち電話番号の部分のみです。テストをできるだけシンプルにするために、電話番号の入力フォームだけを切り出して、別のファイルに分割しましょう。

　入力フォームはsrc/views/order.ejsです。電話番号の部分をカットし、src/views/components/telInput.ejsファイルとして切り出します。src/views/order.ejsに新たに追加するinclude()は、ejsで他のファイルを挿入する際に利用する書き方です。

```
src/views/order.ejs
<%- include('layouts/header', {title: '注文する'}) %>
  <header>
    <h2> カートの中の商品 </h2>
  </header>
  <article>

    <% if (!items || items.length === 0) { %>
      <aside>
```

```ejs
        <%= "カートが空です" %>
      </aside>
    <% } else { %>
      <table>
        <thead>
          <th>商品名</th>
          <th>数量</th>
          <th>金額 (合計) </th>
          <th></th>
        </thead>
        <tbody>
          <% items.forEach(item => { %>
          <%- include('orderItem.ejs', {item}) %>
          <% } ) %>
        </tbody>
      </table>
      <form method="POST">
        <% if (query.missing) { %>
          <sup><%= query.missing %> は必須項目です</sup>
        <% } %>
        <h3>購入する</h3>
        <label for="fullname">お名前 (受取時に必要です) </label>
        <input required id="fullname" name="fullname" value="<%= query.⇨
fullname ? query.fullname : user?.fullname %>" />
        <label for="tel">電話番号 (連絡時に必要です) </label>
        <input required id="tel" type="tel" name="tel" ⇨
value="<%= query.tel ? query.tel : user?.t
        <%- include('components/telInput.ejs', {tel: ⇨
query.tel ? query.tel : user?.tel}) %>
        <label for="orderDate">受け取り日</label>
        <input required id="orderDate" name="orderDate" max="9999-12-31"⇨
 type="date" value="<%= query.orderDate %>"/>
        <label for="receiveTime">受け取り目安時間</label>
        <input required id="receiveTime" name="receiveTime" type="time" ⇨
value="<%= query.receiveTime%>"/>
        <input type="submit" value="注文を確定する"/>
      </form>
    <% } /* end of if block */%>

    <a href="/items"">他の商品を追加する</a>
    <%- include('layouts/footer.ejs') %>

  </article>
```

削除

追加

```
src/views/components/telInput.ejs
<label for="tel">電話番号 (連絡時に必要です) </label>
<input id="tel" type="tel" name="tel" pattern="^0[\-\d]{11,12}$" ⇨
required value="<%= tel %>" />
```

　修正したら、第2部で書いたテストを実行して、元と挙動が変わっていないかテストしてみましょう。このように、内部構造を書き換えたときにすぐにテストできるのは、自動テストのメリットの1つです。

```
$ npm run test:e2e
```

●コンポーネントに対するテストを書く

　コンポーネントを分割したら、次にそのコンポーネントに対するより細かいテストを書いていきましょう。ここでは、表10-1に挙げているようなパターンでバリデーション結果が有効／無効になることをチェックします。

表10-1　電話番号のテストケース

値	説明	有効／無効
03-1111-2222	市外局番ありの電話番号	有効
090-1234-1234	携帯電話	有効
0311112222	ハイフンなし	無効
1111-2222	市外局番なし	無効
foobar@example.com	メールアドレス	無効
	空文字	無効

　新たに分割したコンポーネントsrc/vies/components/telInput.ejsと同じフォルダに、src/views/components/telInput.test.ejsを作成し、以下のように記述します。

```
src/views/components/telInput.test.ejs
/**
 * @jest-environment jsdom
 */
```

```
const ejs = require("ejs");

beforeEach(async () => {
  const html = await ejs.renderFile("src/views/components/telInput.ejs", {
    tel: "",
  });
  document.body.innerHTML = html;
});

test.each`
  number                | label
  ${"03-1111-2222"}     | ${"市外局番ありの電話番号"}
  ${"090-1234-1234"}    | ${"携帯電話"}
`("$label はエラーにならない", (data) => {
  const telInputElement = document.querySelector('input[name="tel"]');
  telInputElement.value = data.number;
  expect(telInputElement.validity.valid).toBe(true);
});

test.each`
  number                    | label
  ${"0311112222"}           | ${"ハイフンなし"}
  ${"1111-2222"}            | ${"市外局番なし"}
  ${"foobar@example.com"}   | ${"メールアドレス"}
  ${""}                     | ${"空文字"}
`("$label はエラーになる", (data) => {
  const telInputElement = document.querySelector('input[name="tel"]');
  telInputElement.value = data.number;
  expect(telInputElement.validity.valid).toBe(false);
});
```

上から順に簡単に解説していきます。

```
/**
 * @jest-environment jsdom
 */
```

　冒頭のコメント行の「* @jest-environment jsdom」は、jestがテスト環境とし
てjsdomを利用するための記述です。こうすると、documentオブジェクトを通して、
jsdomにアクセスできるようになります。

```
const ejs = require("ejs");
```

```
beforeEach(async () => {
  const html = await ejs.renderFile("src/views/components/telInput.ejs"⇨
, {
    tel: "",
  });
  document.body.innerHTML = html;
});
```

beforeEachにはそれぞれのテストの前に行う処理が書かれています。ここでは、作成したコンポーネント telInput.ejs を ejs に渡して html を生成し、それを jsdomに渡しています。

```
test.each`
  number             | label
  ${"03-1111-2222"}  | ${"市外局番ありの電話番号"}
  ${"090-1234-1234"} | ${"携帯電話"}
`("$label はエラーにならない", (data) => {
  const telInputElement = document.querySelector('input[name="tel"]');
  telInputElement.value = data.number;
  expect(telInputElement.validity.valid).toBe(true);
});
```

test.eachは、複数のテストデータで同じテストケースを繰り返し実行する機能です。ここでは、2種類のパラメーターを渡し、2回テストを実行します。

telInputElement 変数には電話番号の入力フォームが代入されます。「telInputElement.value = data.number;」で、入力フォームに電話番号を入力し、expect()で期待値との比較を行います。

telInputElement.validity.validには、バリデーション結果が格納されています[※2]。この結果がtrueの場合は有効な値として認識されており、そうでない場合は無効な値として認識されています。

●テストを実行する

それでは、早速できあがったテストを実行してみましょう。まずはテスト実行のコマンドをpackage.jsonに記述します。

[※2] https://developer.mozilla.org/ja/docs/Web/API/HTMLObjectElement/validity

```
package.json
  "scripts": {
    "prepare": "husky install",
    "db:migrate": "node db/migrate.mjs",
    "dev": "docker compose up -d && nodemon src/index.js",
    "build": "npm run db:migrate",
    "start": "node src/index.js",
    "test:e2e": "npx start-server-and-test dev http://localhost:8080 ⇨
'cd e2e && npm run test'",
    "test:frontend": "jest"    ●──────── 追加
  },
```

定義したコマンドをターミナルで実行します。

```
$ npm run test:frontend

> fastify-react-sample@1.0.0 test:frontend
> jest

 PASS  src/views/components/telInput.test.js
  ✓ 市外局番なし はエラーにならない (12 ms)
  ✓ 携帯電話 はエラーにならない (4 ms)
  ✓ ハイフンなし はエラーになる (2 ms)
  ✓ メールアドレス はエラーになる (1 ms)

Test Suites: 1 passed, 1 total
Tests:       4 passed, 4 total
Snapshots:   0 total
Time:        0.53 s, estimated 1 s
Ran all test suites.
```

すべてのテストがパスしました。おめでとうございます！

●さらに分割する

　フォームのバリデーションロジックは複雑になりがちなので、今回のように1つの
入力項目だけを分割してテストするのでは不安な場合もあるでしょう。今回の例では、
注文フォームの必須項目は以下のようになります。

- 名前
- 電話番号

- 受け取り予定時間

　これらの各入力フォームが未入力だった場合に、フォーム送信ができなくなることを確認するにはどうしたらよいでしょうか。E2Eでテストするとしたら、少なくとも3パターンのテストをすることになるでしょう（名前、電話番号、受け取り予定時間のいずれかが未入力の場合のテスト）。

　E2Eでテストしたくない場合は、フォームコンポーネントの**結合テスト**を導入することになるでしょう。単体テストのときと同じ要領で、フォーム全体をejsでレンダリングして入力値をテストすることになります。

　また、今回はフロントエンドにのみバリデーションルールを設定しましたが、場合によってはバックエンドでも同様の検証を行いたい場合があるでしょう。たとえば、ユーザー向けのWeb APIを提供するようになった場合や、ユーザーが何らかの手段でフロントエンドのバリデーションを回避してくるケースでも確実にエラーを返したい場合などです。このようなケースでは、バックエンドの単体・結合テストが必要になる他、フロントエンドとバックエンドで共通のバリデーションルールを利用していることを確認するようなテストが必要になるかもしれません。こうしたテストをカバーするための**コントラクトテスト**などの手法もあります。

　繰り返しになりますが、基本的な考え方としては、システムレベルでの確認はユーザーストーリーなどハイレベルな要求をベースにしたテストケースに限定するべきです。詳細な仕様や整合性についてはできるだけ下位のテストレベルでテストすべきです。

テストの重複について

異なるテストレベルでテストが重複することがあります。たとえば、正常な電話番号の例である`090-0000-0000`は、E2Eテストでも使われていますし、フロントエンドの単体テストでも使われています。「E2Eテストでカバーしているケースだから、単体テストでは省略しよう」と思うことがあるかもしれません。

筆者の意見では、重複はあまり気にせず、それぞれのテストレベルでテストしたほうがよいと思っています。なぜなら、E2Eテストで使った`090-0000-0000`という値は、あくまで有効系においての代表値にすぎないからです。E2Eテストにおいて、この値そのものにはあまり意味はありません。テストしたいのは「正しい電話番号を入力して、フォームが送信できること」というケースです。

逆に、単体テストにおける観点は、`090-0000-0000`という電話番号がバリデーションルール上、正しい電話番号として判定されるということです。もし、バリデーションルールのリファクタリングをした際に、誤って`090-0000-0000`が無効な電話番号として判定されてしまったとしても、単体テストで見つかればすぐにバリデーションルールに問題があったことがわかります。

E2Eテストでテストしているからといって、単体テストでこのケースを省略してしまったとしたらどうでしょうか。E2Eテストで見たいのは「正しい電話番号を入力したときのシステム全体での振る舞い」なのに、`090-0000-0000`という電話番号自体が引き起こす問題を見つけてしまうことになります。これは、問題の切り分けを阻害し、トラブルシューティングに不必要に時間をかけることにつながります。

テストレベルには、それぞれ対応するテストベースや、テストすべき抽象度が存在します。具体的なテストケースに起こすときは具体的な値をセットする必要があるので混乱してしまうかもしれませんが、重複を恐れず、それぞれのテストレベルでやるべきことをやるように意識しておきましょう。

10-3　テストの準備に時間がかかる

特にE2Eテストなどのハイレベルなテストにおいては、テストの準備に時間がかかる部分が多く出てきます。たとえば、第2部のテストコードで登場した在庫のテストなどは、テストのために毎回新しいテストデータを準備しなければなりません。また、ログイン処理はほとんどすべてのテストで登場しますが、毎回すべてのテストでユー

ザー名とパスワードを入力すると、非常に時間がかかってしまいます。

　ログインやデータの準備などはあくまで準備段階であり、テストしたい部分そのものではありません。省略できるところは省略し、テストしたい部分に十分時間を割けるようにしましょう。ここでは、ログイン処理の省略と、アプリケーションのAPIを用いた高速な事前準備の方法を紹介します。

10-3-1　ソリューション：ログイン処理を省略する

　多くの自動テストフレームワークでは、テストの実行ごとに新しいブラウザセッションを作成しています。これは、ブラウザに残されたクッキーやキャッシュなどがテストに影響を及ぼすのを防ぐためです。これはテストの安定性向上に一役買いますが、一方で、ログインなどの状態は毎回リセットされてしまいます。

　ログイン処理を保持するには2通りの方法があります。1つは、通常のブラウザと同じように、毎回のテストごとに同じブラウザセッションを使い回すことです。もう1つは、ログイン状態を保持しているクッキーなどの保存領域を毎回復元することです。今回は後者を用います。

●AutoLogin を使ってログイン状態を復元する

　今回は、CodeceptJSの「AutoLogin」という機能を使って、ログイン状態を復元します。

- AutoLogin ── Plugins | CodeceptJS
  https://codecept.io/plugins/#autologin

　本書のサンプルアプリは、セッションの保存にcookieを使っているので、次のようなコードでログインセッションの保存・復元ができます。

```
autoLogin: {
  enabled: true,
  saveToFile: true,
  inject: 'login',
  users: {
    admin: {
      // Cookieをセットしてセッションをリストアする
      restore: (I, cookie) => {
        I.amOnPage('/');
        I.setCookie(cookie);
```

```
    },
    // トップページに admin さん こんにちは と書いてあればログイン成功とみなす
    check: (I) => {
      I.amOnPage('/');
      I.see('admin さん こんにちは');
    },
    // リストアしても未ログインのままだった場合、ログインし直す
    login: (I) => {
      I.amOnPage("/login");
      I.fillField("ユーザー名", "admin");
      I.fillField("パスワード", "admin");
      I.click("ログイン");
    },
    // ログイン後に I.grabCookie() でCookieを取得する
    fetch: (I) => {
      I.grabCookie()
    },

  }
 }
}
```

● AutoLogin の仕組み

AutoLogin は、次のような仕組みでログインセッションの復元を試みます（図10-5）。

1. まず、restore に定義された手順でセッションを復元します。多くの場合、ここではテスト対象のページにアクセスした後、前回ログイン時の cookie を復元します。初回実行時など、保存済みの cookie が存在しない場合、restore はスキップされます。

2. 次に、check に定義された手順で、ログインが成功したかどうかを確認します。たとえば、ログイン後のページに自分の名前が表示されているかどうかを確認する、などの方法で確認します。

3. もし check の結果が false だったら、login に定義されている手順でログイン処理をやり直します。これは、初回実行時や、保存された cookie の中のセッション情報がすでに期限切れなどの場合に発生します。

4. 最後に、fetch に定義されている手順で、cookie を再取得します。

ここでは例としてCookieを用いていますが、`restore`および`fetch`でCookie以外のものを指定すれば、原理上どのようなものでもAutoLoginに利用できます。

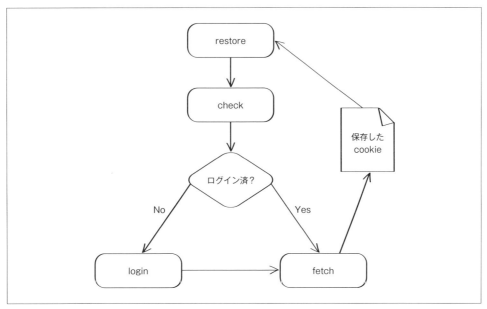

図10-5　AutoLoginの仕組み

10-3-2　ソリューション：APIで事前準備・事後処理を行う

APIは、UIとは異なり、アプリケーションに別のソフトウェアなどからインタラクトするためのプログラマブルなインターフェースです。最近のWebアプリケーションにはWeb APIが用意されていることが多いので、仕事で触れることや、趣味プログラミングなどで触れることも多いのではないでしょうか。

自動テストの文脈でAPIが登場するのは、APIそのものをテストするケースと、APIを用いてテストデータなどの準備や、テストシナリオの事後処理を行うケースです。ここでは後者について説明します。

APIを使ってテストデータを準備するメリットの第一は、実行時間の短縮です。UIを自動操作する場合、ログインしたり、特定の画面に遷移したり、文字を入力したりといった手順が発生するため、どうしてもオーバーヘッドが発生します。APIを用いることで、ログインや画面遷移、クリックや文字入力などの操作が不要になります。

第二には、APIでテストデータを作成するときにUIを参照しないので、テストが安定するようになることが挙げられます。

●APIを利用する場合の注意

準備に利用するAPIはアプリケーションが機能として提供しているものでもよいですし、テスト用に準備したものでもかまいません。テスト用に準備する場合は、このエンドポイントを一般ユーザーが利用できないように認証をかけておきましょう。

また、やりがちなミスが、APIを使う場合の処理とUIを使う場合の処理が内部的に別々に書かれていて、UIから作ったデータとAPIから作ったデータが異なることです。呼び出し元は分かれていても、呼び出すクラスは共通にするなどして、APIとUIで作成するデータがバラバラになってしまわないように気をつけましょう。

●APIを利用するサンプル

例として、第9章で作成した`haveItem()`関数を、APIを使って実装してみましょう。現在は以下のようにテストコードを実装しています。

```
e2e/contexts/prerequisites.js
const { utils } = inject()

module.exports = {
  /**
   * テスト用の商品を作成し、商品名を返す。商品名が与えられない場合はランダムな商品名を⇨
作成する
   *
   * I.haveItem(商品名)
   * @param {name<string>} 商品名
   * @return {name<string>} 作成された商品の商品名
   */
  haveItem(name) {
    const I = actor({});
    if (!name) name = `牛ハラミ弁当-テスト-${utils.now.⇨
format("YYYYMMDDHHmmss")}`;
    I.amOnPage("/items/add");
    I.seeInTitle("商品追加");
    I.fillField("商品名", name);
    I.fillField("商品説明", "テスト用の商品です");
    I.fillField("価格", "500");
    I.click("追加");
    I.see(name);
    return name;
  },
};
```

この手順を省略するために、GUIを通じた操作の代わりに、APIを用いてテストデータを作成します。本書のサンプルアプリにはデータ作成用のAPIはないため、アプリケーションが内部的に使っているものを流用するか、テスト用のAPIを別途用意することになります。ここでは前者の方法を説明します。

● **ブラウザからフォームリクエストを単体で送信する**

商品作成のために使われているHTMLフォームは、入力した情報をバックエンドサーバーにHTTPリクエストとして送信します。そのため、フォームを介さずにリクエストを作成できれば、GUI操作を介さずに単体でリクエストを送信できます。

バックエンドサーバーは、フォームリクエストが認証情報を含んでいること（つまり、ログイン済みであること）を期待しているため、ログイン済みのブラウザ上からJavaScriptでリクエストを送るのが手っ取り早いです。CodeceptJSも含め、たいていの自動テストフレームワークはブラウザ上でのJavaScript実行をサポートしています。そのため、これを用いてテストデータを作成してみます。

まずは、実際のサイトを操作してテストデータを取得します。ブラウザの開発者コンソールを開きましょう。Google Chromeの場合、Windows/LinuxならF12キー、macOSならCommand + Option + Cキーで開発者コンソールが開きます。

次に、［商品追加］画面に遷移し、適当な商品情報を入力したら、［追加］ボタンをクリックします（図10-6）。

図10-6　GUIからテストデータを作成する

開発者コンソールの［Network］タブを開くと、データ作成時のリクエスト（add）
が表示されています（図10-7）。

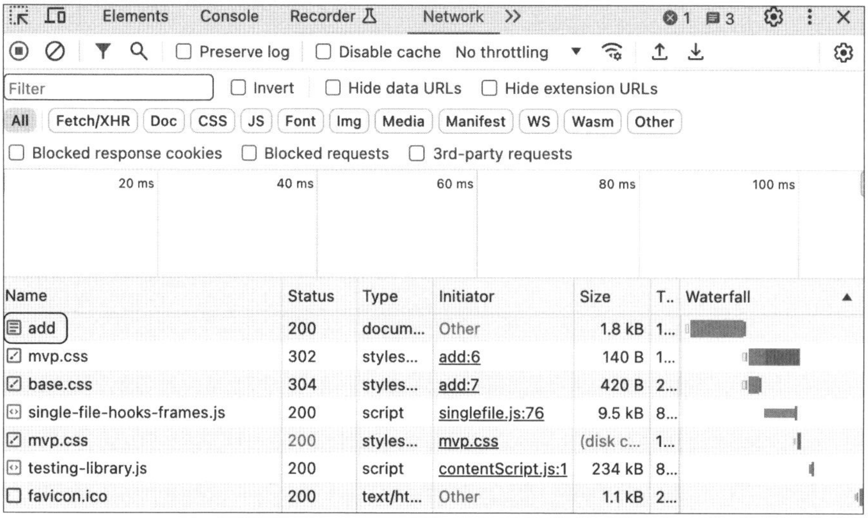

図10-7　データ作成時のリクエストがネットワークログに表示される

リクエストを右クリックすると、いくつかメニューが表示されます。メニューから
［Copy］→［Copy as fetch］を選択すると、クリップボードに以下のような情報がコ
ピーされます。

```
fetch("http://localhost:8080/items/add", {
  "headers": {
    "accept": "text/html,application/xhtml+xml,application/xml;q=0.9,⇨
image/avif,image/webp,image/apng,*/*;q=0.8,application/signed-ex⇨
change;v=b3;q=0.7",
    "accept-language": "ja-JP,ja;q=0.9,en-US;q=0.8,en;q=0.7",
    "cache-control": "max-age=0",
    "content-type": "application/x-www-form-urlencoded",
    "sec-ch-ua": "\"Not_A Brand\";v=\"8\", \"Chromium\";v=\"120\", \⇨
"Google Chrome\";v=\"120\"",
    "sec-ch-ua-mobile": "?0",
    "sec-ch-ua-platform": "\"macOS\"",
    "sec-fetch-dest": "document",
    "sec-fetch-mode": "navigate",
    "sec-fetch-site": "same-origin",
    "sec-fetch-user": "?1",
    "upgrade-insecure-requests": "1"
  },
```

```
    "referrer": "http://localhost:8080/items/add",
    "referrerPolicy": "strict-origin-when-cross-origin",
    "body": "name=%E3%83%86%E3%82%B9%E3%83%88%E5%95%86%E5%93%81&descrip⇨
tion=API%E3%83%86%E3%82%B9%E3%83%88%E7%94%A8%E3%81%AE%E5%95%86%E5%93%⇨
81%E3%81%A7%E3%81%99&price=9876",
    "method": "POST",
    "mode": "cors",
    "credentials": "include"
});
```

　URLエンコードされてしまっているのでわかりにくいですが、bodyに書かれている
のが送信されたデータです。デコードすると以下のようになります。

```
const encoded = "name=%E3%83%86%E3%82%B9%E3%83%88%E5%95%86%E5%93%81&⇨
description=API%E3%83%86%E3%82%B9%E3%83%88%E7%94%A8%E3%81%AE%E5%95%8⇨
6%E5%93%81%E3%81%A7%E3%81%99&price=9876";
const decoded = decodeURIComponent(encoded);
console.log(decoded); // -> name=テスト商品&description=APIテスト用の⇨
商品です&price=9876
```

　このbodyの中身を書き換えて実行すれば、新しいテストデータが作成できるはず
です。まずはブラウザの開発者コンソールから試してみましょう。以下の例では、「テ
スト商品2」という新しい商品を作成しています（図10-8）。

```
fetch("http://localhost:8080/items/add", {
  "headers": {
    "accept": "text/html,application/xhtml+xml,application/xml;⇨
q=0.9,image/avif,image/webp,image/apng,*/*;q=0.8,application/signed-⇨
exchange;v=b3;q=0.7",
    "accept-language": "ja-JP,ja;q=0.9,en-US;q=0.8,en;q=0.7",
    "cache-control": "max-age=0",
    "content-type": "application/x-www-form-urlencoded",
    "sec-ch-ua": "\"Not_A Brand\";v=\"8\", \"Chromium\";v=\"120\", \⇨
"Google Chrome\";v=\"120\"",
    "sec-ch-ua-mobile": "?0",
    "sec-ch-ua-platform": "\"macOS\"",
    "sec-fetch-dest": "document",
    "sec-fetch-mode": "navigate",
    "sec-fetch-site": "same-origin",
    "sec-fetch-user": "?1",
    "upgrade-insecure-requests": "1"
```

```
    },
    "referrer": "http://localhost:8080/items/add",
    "referrerPolicy": "strict-origin-when-cross-origin",
    "body": "name=テスト商品2&description=テスト商品2です&price=5432",
    "method": "POST",
    "mode": "cors",
    "credentials": "include"
});
```

図10-8　テスト商品2が作成された

　次に、この手順をテストに組み込んでみます。I.haveItemを以下のように変更します。

```
e2e/contexts/prerequisites.js
--------------------------------------
const { utils } = inject()

module.exports = {
  /**
   * テスト用の商品を作成し、商品名を返す。商品名が与えられない場合はランダムな商品名を⇨
作成する
   *
   * I.haveItem(商品名)
   * @param {name<string>} 商品名
   * @return {name<string>} 作成された商品の商品名
   */
  haveItem(name) {
    const I = actor({});
    if (!name) name = `牛ハラミ弁当-テスト-${utils.now.format⇨
("YYYYMMDDHHmmss")}`;
```

```
    I.executeScript(() => {
      fetch("/items/add", {
        "headers": {
          "accept": "text/html,application/xhtml+xml,application/xml;⇨
q=0.9,image/avif,image/webp,image/apng,*/*;q=0.8,application/⇨
signed-exchange;v=b3;q=0.7",
          "accept-language": "ja-JP,ja;q=0.9,en-US;q=0.8,en;q=0.7",
          "cache-control": "max-age=0",
          "content-type": "application/x-www-form-urlencoded",
          "sec-ch-ua": "\"Not_A Brand\";v=\"8\", \"Chromium\";⇨
v=\"120\", \"Google Chrome\";v=\"120\"",
          "sec-ch-ua-mobile": "?0",
          "sec-ch-ua-platform": "\"macOS\"",
          "sec-fetch-dest": "document",
          "sec-fetch-mode": "navigate",
          "sec-fetch-site": "same-origin",
          "sec-fetch-user": "?1",
          "upgrade-insecure-requests": "1"
        },
        "referrer": "/items/add",
        "referrerPolicy": "strict-origin-when-cross-origin",
        "body": `name=${name}&description=テスト商品2です&price=5432`,
        "method": "POST",
        "mode": "cors",
        "credentials": "include"
      });
    })
    I.amOnPage("/items/add");
    I.seeInTitle("商品追加");
    I.fillField("商品名", name);
    I.fillField("商品説明", "テスト用の商品です");
    I.fillField("価格", "500");
    I.click("追加");
    I.see(name);
    return name;
  },
};
```

追加 ─

削除

　注意する点として、元のリクエストにはホスト名 http://localhost:8080 が付いていましたが、実装する際には削除する必要があります。同じテストコードをステージング環境など別の環境でも実行する場合があるためです。ホストなしの /items/add を指定した場合、実行時のホストからの相対URLとして扱われます。

　なお、CodeceptJS には makeAPIRequest というメソッドも存在します。これを使う

とよりすっきりとコードを記述できます。

```
const item = await I.makeApiRequest('POST', '/items/add', { form: ⇨
true, params: { name, description="テスト商品2です", price: 5432 }});
```

ただし、`makeAPIRequest` は Playwright 専用のヘルパーメソッドのため、後で WebdriverIO に切り替えようとした場合などにこの部分を書き換える必要があります。必要に応じて使い分けるのがよいでしょう。

10-4　テストコードがすぐ腐ってしまう

機能に一切変更を加えていないにもかかわらず、自動テストが失敗してしまうことを**テストコードが腐る**と表現することがあります。

テストコードは、ソフトウェアの振る舞いが変わらないことを保証するためのものであるべきなので、機能や振る舞いに変更がないにもかかわらず、内部構造の変更がテストコードに影響を及ぼしているとしたら、何かがおかしいサインだといえます。

10-4-1　要素探索しやすいマークアップ

本書のサンプルコードでは、一貫して「ユーザー目線でのテストコード」を目指しています。これは、要素探索に関しても同様で、原則としてユーザーから見える文言などをキーにして要素を探索するようにしています。逆に、HTML 要素の `id` や `class` など、ユーザーにとって無関係な内部構造は、極力、要素探索で利用しないようにしています。

しかし、だからといって HTML の構造がテストにとってまったく無関係というわけではありません。むしろ、内部構造がきれいに整っているからこそ、シンプルでユーザー目線のロケーターが記述できるのです。ここでは、自動テスト目線で要素探索がしやすい HTML のマークアップ方法について説明します。

●セマンティックな要素を利用する

自動テストにおいて最も重要になってくるのが、要素の**セマンティクス**です。直訳すると「意味論的」という意味ですが、ここでは**セマンティックな要素**という呼び方で**意味のある要素**と翻訳することにします。

　「意味がある」とはどういうことかというと、HTMLタグが特定の目的や役割を持っていることを表します。たとえば、`<main>`タグはその名のとおり、ページ内のメインコンテンツを表します。また、`<nav>`タグはナビゲーションバーなど、他の文書へのナビゲーションリンクを提供するセクションを表します。

　逆に、`<div>`タグは汎用的な要素で、特別な意味や役割を持ちません。

　`<main>`や`<nav>`などセマンティックな要素を使う場合と、`<div>`のようにセマンティックでない要素を使う場合とでは、サイトの見え方にはほとんど差を与えません。ブラウザの標準スタイルシートが多少異なるくらいで、原理的にはどちらを使ってもまったく同じ見た目のWebサイトを作ることができます。

　それにもかかわらず`<main>`や`<nav>`などのセマンティックな要素を使うのは、そのほうがブラウザがWebサイトの意味を正しく理解できるようになるからです。このことは、GoogleなどのWeb検索エンジンがサイトをクロールしてインデックスを作る際に有利になる場合があります[※3]。また、ブラウザはWebサイトの構造を理解して、その情報をスクリーンリーダーなどに渡すので、ブラウザが理解しやすいHTMLは、アクセシビリティ上でも有利に働きます。

　ブラウザが理解しやすいWebサイトということは、同時に自動テストフレームワークからも理解しやすいWebサイトということになります。たとえば、以下のような構成のWebサイトがあったとします[※4]。

```
<main>
  <h1>Apples</h1>
  <p>The apple is the pomaceous fruit of the apple tree.</p>

  <article>
    <h2>Red Delicious</h2>
    <p>
      These bright red apples are the most common found in many ⇨
supermarkets.
    </p>
    <p>…</p>
    <p>…</p>
  </article>
```

[※3]　いわゆるSEO (Search Engine Optimization：検索エンジン最適化) のことです。
[※4]　コードはMDNのドキュメント (https://developer.mozilla.org/ja/docs/Web/HTML/Element/main) より引用したものです。

```
    <article>
      <h2>Granny Smith</h2>
      <p>These juicy, green apples make a great filling for apple pies.</p>
      <p>…</p>
      <p>…</p>
    </article>
  </main>
```

記事「Granny Smith」の第1段落のテキストを取得する場合、次のように書きます。

```
locate('article').withText('Granny Smith').find('p')
```

一方、もしこのサイトが以下のように、すべて<div>タグで作られていたらどうでしょうか？

```
<div>
  <span class="heading1">Apples</span>
  <div>The apple is the pomaceous fruit of the apple tree.</div>

  <div>
    <span class="heading2">Red Delicious</span>
    <div>
      These bright red apples are the most common found in many ⇨
supermarkets.
    </div>
    <div>…</div>
    <div>…</div>
  </div>

  <div>
    <span class="heading2">Granny Smith</span>
    <div>These juicy, green apples make a great filling for apple ⇨
pies.</div>
    <div>…</div>
    <div>…</div>
  </div>
</div>
```

このようなサイトに対し、同じように要素の文言で検索しようとすると失敗します。なぜなら、locate('div').withText('Granny Smith')は全体を囲う<div>要素にマッチしてしまうからです。

```
locate('div').withText('Granny Smith').find('div')
```

　Webサイト側の実装を一切変えずにテストしようとすると、「テキスト"Granny Smith"を持つ`<span>`要素の次の`<div>`要素」という入れ子構造を取る複雑なロケーターを書かざるを得なくなります。しかし、このような書き方は読みにくく、メンテナンスを妨げます。

```
locate('div').after(
  locate('span').withText('Granny Smith')
).first()
```

●セマンティックな要素が利用できない場合の代替策

　しかし、現実にはサイト側の実装を変えてからテストコードを書くという判断が難しい場合も多いでしょう。たとえば、「アプリケーション実装は開発者、テスト実装はQA」というような縦割りの組織になっているときに、「アプリケーションがテストしにくい実装なので自動テストの実装が進まない」とばかり言っていても話が進展しません。もちろん、アプリケーションのテスタビリティと自動テストの実装は切っても切れない関係なので、最終的にはアプリケーションの実装をテストしやすく作り変えるべきですが、組織内で自動テストのよさやテスタブルな実装の重要性が浸透していないうちにそこから手を付けると、いつまでたっても話を前に進められないでしょう。

　そこで、まずはテストコードの可読性に着目し、サイトの内部実装に依存するロケーターをテストシナリオから切り離すということが考えられます。サイト内で頻繁に使われるUIコンポーネントを抽象化し、テストシナリオからは抽象化されたコンポーネントを参照します。たとえば、上記のセマンティックでないWebサイトの例では、ロケーターを以下のようにラップします。

```
module.exports = {
  paragraphs(title): {
    return locate('div').after(
      locate('span').withText(title)
    )
  }
}
```

テストシナリオからは以下のように使います。

```
I.seeInElement($.paragraphs('Granny Smith').first(), 'These juicy, ⇨
green apples make a great filling for apple pies.')
```

　このようなテクニックそのものは、HTMLマークアップ実装がセマンティックでない場合だけでなく、Semantic Locatorだけではうまく探索できない要素のロケーターをシナリオから隠し、可読性を高めるために有用です。一方で、複雑な実装を覆い隠すことにもつながってしまうので、定期的に見直したほうがよいでしょう。

●リファクタリング

　何らかの理由でセマンティックなマークアップをすぐに導入できない場合など、どうしても上記の代替策のような形でテストコード側で工夫しないといけないケースもあります。しかし、テストコードの側に複雑性が押しつけられたままの状態が続くと、アプリケーションのテスタビリティが改善せず、テストコードのメンテナンス性が恒常的に悪い状態が続き、メンテナンスが次第に苦痛になってくるでしょう。そのため、定期的に実装を見直し、テストコードをメンテナンスしやすいようにアプリケーションのコードも改善していきましょう。

　リファクタリングとは、「プログラムの外部から見た動作を変えずにソースコードの内部構造を整理すること」です[※5]。本来の用法では、プログラムとそれに対応するテストコードがあり、テストコードで逐一動作を確認しながら、プログラムの外部的な振る舞いを変えずに内部構造を改善する取り組みを指します。

　元の意味どおりであれば、テストコードを頼りにプログラムの内部構造を改善する取り組みなのですが、上述のようにテストコードとプログラムのどちらかの実装が悪くどちらかが複雑になっているような状態では、片方の内部構造を改善した上でもう片方の内部構造も同様に改善していけるのが望ましいです。たとえば、複雑なロケーターをラップして利用するのであれば、サイト側の実装が改善された段階でロケーターをシンプルに書き換えるのが望ましいでしょう。

[※5]　Wikipedia「リファクタリング（プログラミング）」より引用。
　　　https://ja.wikipedia.org/wiki/リファクタリング_（プログラミング）

10-5　実行速度が長い

　自動テストの実行速度は開発の生産性に直結します。特に、シフトレフトを志向して、開発の初期段階からテストを継続的に実行しているのなら、実行頻度が高い分、実行速度の遅さが強いインパクトを与えるでしょう。逆に、実行時間が十分に早いテストは、開発者が自分の変更を素早く確認するのを助けてくれるため、生産性の向上と品質向上の両方に寄与します。ここでは、実行速度が長くなりすぎる場合にどのような手段が取れるかを考えてみます。

　以下に紹介する方法の他に、前述の「10-2-1　ソリューション：低いテストレベルに移譲する」でも実行速度を短縮できる可能性があります。

10-5-1　ソリューション：テストを並列に実行する

　並列実行は、テストの実行時間を短縮するためにとても有効な手段です。

●並列実行を設定する

　CodeceptJSには、すべてのテストを順番に実行するrunコマンドと、複数のワーカーに振り分けて実行するrun-workerコマンドの2つがあります。既存のテストコードをすべて並列実行するには、runコマンドの代わりに「run-worker {並列数}」のように設定します。たとえば、3つのスレッドを使って並列に実行したい場合、e2e/package.jsonを以下のように変更します。

```
e2e/package.json
  "name": "e2e",
  "version": "1.0.0",
  "description": "",
  "main": "index.js",
  "scripts": {
    "test": "codeceptjs run"              ————————— 削除
    "test": "codeceptjs run-worker 3"     ————————— 追加
  },
```

　テスト結果には以下のように表示されます。テストケース名の冒頭に記載されている[01][02]のような数字は、それぞれのテストが何番目のワーカーで実行されたの

かを表しています。この場合は、3つのワーカーで並列に実行され、残った1つのテストが1番目のワーカーで最後に実行されました。

```
[02] ✔ユーザーが存在しないURLにアクセスすると、エラーメッセージと商品一覧へのリンクが⇨
表示される in 4175ms
[03] ✔店舗スタッフは、デフォルトの注文可能数を変更できる。ユーザーは、デフォルトの注文⇨
可能数まで商品を注文できる。 in 35531ms
[01] ✘ログインし、お弁当を注文し、お弁当を受け取る in 45479ms
[01] ✔店舗スタッフは、デフォルトの注文可能数を変更できる。ユーザーは、デフォルトの注文⇨
可能数を超えて注文すると、エラーになる。 in 6016ms
```

●並列実行するテストシナリオを指定する

並列実行のためには、それぞれのテストシナリオが**独立**していないといけません。他のテストシナリオに影響するものが1つでも含まれていると、テストシナリオが安定して動かなくなってしまいます。

たとえば、リストの最初に表示される要素を選択しているなど、他のテストで使っているテストデータを流用しかねないテストシナリオは、並列実行には向いていません。また、アプリケーション全体の状態を変えるようなテストシナリオも、並列実行には向いていません。

このように、並列実行と直列実行でテストを分けたい場合、タグ付けを行います。タグ付けはFeatureまたはScenario名に@から始まるタグ名を付けます。たとえば、注文プロセスのテストだけはすべて直列で実行したい場合は、以下のようにタグ名を入れます。

```
// Feature
Feature('注文プロセスのテスト @Sequential');

// SuiteOfエイリアスを定義している場合
SuiteOf('注文プロセスのテスト @Sequential');
```

実行時には、以下のようにしてコマンドを2つに分け、タグを含むものと含まないものとで分けて実行します。

```
npx codeceptjs run --grep '@Sequential'
npx codeceptjs run-workers 2 --grep '(?=.*)^(?!.*@Sequential)'
```

これらのコマンドをe2e/package.jsonに設定します。

```
e2e/package.json

  "name": "e2e",
  "version": "1.0.0",
  "description": "",
  "main": "index.js",
  "scripts": {
  "test": "codeceptjs run",          ─────────削除
  "test": "npm run test:Sequential; npm run test:parallel",
  "test:Sequential": "codeceptjs run --grep '@Sequential'",    ─────追加
  "test:parallel": "codeceptjs run-workers 2 ⇨
--grep '(?=.*)^(?!.*@Sequential)'"
  },
```

　このように設定すると、**@Sequential**タグが付いたFeatureまたはScenarioだけは最初に直列実行され、残りのテストは2並列で実行されます。**run-workers**の後の数字を増やせば並列数を増やせます。1並列につき1つのスレッドを使うので、CPUのスレッド数を見ながら使いましょう。

10-5-2　ソリューション：ステージごとに実行するテストを分ける

　本書では、E2Eテストを開発中にも実行することで素早いフィードバックを得ることを目標にしていますが、テストの実行時間があまりに長くなりすぎる場合は、開発中には一部のテストだけを実行することにし、CIやテスト環境でのみすべてのテストケースを実行するというようなこともできます。

　実装にあたっては、並列実行のときと同様にタグを付ける他、実行したいテストのディレクトリを変更することもできます。たとえば、開発中はビジネスルールのテストのみを実施し、CI実行ではすべてのテストを実行する場合は、e2e/package.jsonに次のように設定します。

```
e2e/package.json

  "name": "e2e",
  "version": "1.0.0",
  "description": "",
  "main": "index.js",
  "scripts": {
  "test": "codeceptjs run",          ─────────削除
```

```
    "test": "codeceptjs run ./tests/business_rules,
    "test:ci": "codeceptjs run,
    },
```
── 追加

　ローカルでのテスト実行時には「npm run test」を実行し、CI環境での実行時には test:ci を実行します。

10-6　バグを見逃してしまう

　ソフトウェアに明らかなバグが存在しないにもかかわらず、テストが失敗してしまうことを「偽陽性」、明らかなバグがあるにもかかわらず、テストが成功してしまうことを「偽陰性」と呼ぶことがあります。

　多くの場合、偽陰性はテストの期待値が十分に明示されていないことにより起こります。よくあるのは、テストシナリオが操作の手順だけを示しており、アサーションをほとんど、あるいはまったく記述していないケースです。

　以下の例では、ログイン後にログインが成功したことを表すメッセージが表示されることを確認しています。

```
I.fillField('メールアドレス', 'foo@example.com')
I.fillField('パスワード', 'p@ssword')
I.click('ログイン')
I.see('こんにちは foo さん') // ログインできたことを確認している
```

　もし、最後の「I.see('こんにちは foo さん')」がなかったら、仮にログインに失敗していたとしても、このテストは成功してしまいます。この例は極端ですが、期待値を明示していないシナリオには十分注意すべきでしょう。

10-6-1　失敗を定義する

　テストコードの失敗条件が明確になっていないと、バグを検知できなかったり、トラブルシューティングが大変になったりします。テスターの笑い話で、「テストシナリオ：ちゃんと動作することを確認」なんてものがありますが、自動テストは「ちゃんと動作する」を厳密に定義しなければバグを検出することはありません。ここでは、ア

サーション（検証）[※6] 機能を用いて、期待値を明確にすることと、適切な位置で失敗させることについて説明します。

10-6-2　ソリューション：期待値を明確にする

テストシナリオを書くとき、**パラメーター**と**期待値**を意識するようにしてみましょう。パラメーターとは、テストシナリオに与えられる条件です。たとえば、ログインのシナリオであれば、メールアドレスやパスワードなどがパラメーターとなり、ログインの成否や表示されるメッセージなどが期待値になります。

多くの場合、テストシナリオには**有効系**と**無効系**が存在します。たとえば、ログインのテストであれば、正しいメールアドレスとパスワードの組み合わせが有効系、それ以外のバリデーションエラーや、アカウントロックなどが無効系です。

【有効系】

- 正しいメールアドレスとパスワードの組み合わせを入力すると、マイページに遷移し、「こんにちは {ユーザー名} さん」と表示される

【無効系】

- メールアドレスが誤っている場合、ログイン画面のまま、「メールアドレスまたはパスワードが間違っています」と表示される
- パスワードが誤っている場合、ログイン画面のまま、「メールアドレスまたはパスワードが間違っています」と表示される
- 誤ったパスワードで10回ログインを試行すると、アカウントがロックされ、「規定の試行回数を超えたので、アカウントをロックしました。管理者に連絡してください」と表示される
- ロックされているアカウントのメールアドレスでログインを試行すると、「規定の試行回数を超えたので、アカウントをロックしました。管理者に連絡してください」と表示される

偽陰性、つまりバグを見つけられないテストを防ぐには、適切なアサーションを書

[※6]　アサーション（assertion）の意味は「宣言」なので、検証（verify、check）とは少し意味合いが異なります。本来の用法は、「このような結果になると宣言する」というような意味合いになるでしょう。ですが、実運用上はverification、checkingなどと同様の意味合いで使われていることが多く、ここではそのように訳しています。

くことも重要ですが、有効系と無効系のテストコードをセットで書くことも重要です。そうすることで、アプリケーションの動作にかかわらず常に成功するテストをあぶり出すことができるからです。

　本書の執筆中に、サンプルコードの一部が想定どおり動いていないことがありました。この原因は、カートに入れる商品がテストコードの記述ミスで想定と異なるものになっていたため、常に在庫がある商品を選択してしまうようになっていました。そのため、「在庫がある商品を購入できる」という有効系のテストは動作したのですが、「在庫がない商品を購入できない」という無効系のテストで、意図せず在庫がある商品を選択してしまい購入が完了してしまったので、そこでテストコードの記述ミスに気づくことができました。

10-6-3　ソリューション：適切な位置で失敗させる

　アサーションをテストコードの要所要所で利用すると、失敗したテストのトラブルシューティングが楽になります。たとえば、以下のような画面遷移を含むテストコードを考えましょう。

```
// 一般ユーザーとしてログインする
I.amOnPage("/");
I.click("ログインする");
I.fillField("ユーザー名", "user1");
I.fillField("パスワード", "super-strong-passphrase");
I.click("ログイン");

// カートに商品を入れる
I.amOnPage('/items')
I.fillField("カートに入れる数量", "1")
I.click("カートに入れる")
```

　仮に「ログイン」ボタンをクリックした際に、何らかの理由でログインに失敗していたらどうでしょうか。本書のサンプルアプリは、未ログインのユーザーも商品を購入できますので、テストはそのまま続行できてしまいます。ログインできていないことに気づくのはずっと後のステップです。最悪の場合、そのままテストが成功してしまうかもしれません。そのため、ログイン処理が終わった段階で、ログインが成功したことを確認するアサーションステップを入れておくべきです。

```
// 一般ユーザーとしてログインする
I.amOnPage("/");
I.click("ログインする");
I.fillField("ユーザー名", "user1");
I.fillField("パスワード", "super-strong-passphrase");
I.click("ログイン");
I.see("user1 さん"); // ログインが成功したことを確認する

// カートに商品を入れる
I.amOnPage('/items')
I.fillField("カートに入れる数量", "1")
I.click("カートに入れる")
```

　こうしたアサーションはうっかり入れ忘れてしまうことがあります。特に、テストしたい機能と直接関係しない事前準備のためのステップなどでは、テスト設計の時点でそうした部分を考慮しないかもしれません。

　第2部で紹介したpagesやsessionsなどのcontextsの中にアサーションステップを記述しておくと、こうした漏れを防ぎ、必要な場所で適切にアサーションが効くようになります。

```
amStoreStaff(fn) {
  const I = actor({
    shouldBeOnItemListPage,
    shouldBeOnItemDetailPage,
    haveItem,
  });
  session("StoreStaff", () => {
    I.amOnPage("/");
    I.click("ログインする");
    I.fillField("ユーザー名", "admin");
    I.fillField("パスワード", "admin");
    I.click("ログイン");
    I.see('こんにちは admin さん')
    fn(I);
  });
},
```

まとめ

　この章では、E2Eテストでありがちな落とし穴と、それぞれに対するソリューションを紹介してきました。

　これらの落とし穴は、事前に対処できればもちろんよいのですが、後から気づくこともありますし、事前に検討しすぎるといつまでも自動テストを書き始められないこともあります。第6章「最小限のテストをデプロイする」のことも思い出しながら、まずは自動テストが**ある**状態を作り、そこから少しずつ自動テストそのものの質も向上させていけるとよいでしょう。

　第11章では、E2Eテストの幅を広げ、E2Eテストのメリットを最大限活かすようなテストについて説明します。

Column

転ばぬ先の杖は必要か

　この章の内容を読んで、「どうしてハンズオンパートの中でこれも一緒に実装しなかったんだ？」と思われた方は鋭いです。本書は、あえてハンズオンパートの中でのトラブルシューティングを最小限にとどめ、トラブルシューティングだけを取り扱った章を作っています。

　テストコードに限らずプログラミング全般に言えることですが、最初から完璧なものを求めすぎると、なかなか物事が前に進まなかったり、無駄に複雑になってしまったりします。そうではなく、**最初にミニマムなものを作り、失敗を積み重ねる中で徐々に改善を繰り返しながら安定させていく**アプローチを筆者は推奨します。

　たとえば、テストデータの作成効率に最初からこだわりすぎた結果、テストデータ生成用のAPIを作るところから始めてしまい、さらにそのAPIを作るためにアプリケーション側のコードの手直しを始めてしまう……なんてケースが考えられます。そうする代わりに、とりあえずUIからテストデータを用意するテストコードを作り、後からデータ生成の効率化に取り組めば、テストコードがある状態で安全にアプリケーション側のコードに手を入れることができます。実行速度が実際に問題になるまでは問題を先送りしておいて、その間に別のテストコードを増やしていくこともできます。

　また、予防的に対策を打ちすぎると、問題に気づくのが遅くなってしまうこともあります。たとえば、Flaky Testの予防のために必要以上にリトライを入れていたがために、低確率で発生する問題を見落としてしまった、というようなケースもありえます。

　そのため、この章に書いてあることはあくまで今後のために**覚えておく**にとどめ、実際に問題が起きたときにすぐ対応できるような心構えをしておくのがよいでしょう。

第11章 | もっと幅広くE2Eテストを使う

　これまでの章では、E2Eテストを特にビジネスプロセスやユーザーストーリーなどの**大きなテスト**のために使っていました。また、細かいロジックのテストはできるだけ低いテストレベルに移譲するようにしていました。この考え方は、テストケースの抽象度に応じた適切なテストレベルでテストすることで、テストにかかる時間を現実的な大きさにするために導入されています。この考え方では、E2Eテストの利用は最小限にとどまります。

　一方で、E2Eテストのよさは「システムの挙動について、システムレベルで**自信**が持てること」です。単体テストや結合テストでどれだけたくさんテストしたとしても、システムレベルで動作しなければ、それは**バグを見落とした**ということになります。

　この章では、現実にシステムレベルで起こりうる様々なケースに対して、E2Eテストを用いてリスクを軽減する方法について説明します。

11-1　E2Eテストの様々な用途

　単体テストや結合テストなどの低いテストレベルで問題を見落とすケースとはどのようなものでしょうか。たとえば、**本番環境でのみ問題が起きる**というケースがあるでしょう。単体テストや結合テストでは、あくまでテストのために準備したデータを用いてテストするので、実データが投入された環境でしか発生しないバグを見落としているかもしれません。また、場合によっては、本番環境相当の環境を準備するのが難しいケースもあるでしょう。たとえば、本番環境の10分の1のデータ量でしかテストしていなかった場合、データ量に起因するパフォーマンス問題に気づくのが遅くなるかもしれません。本番環境で、監視の一環としてE2Eテストを用いると、こうしたトラブルを減らしてくれます。

実デバイスなどを用いたテストをしたい場合もあるでしょう。いかに最新のChromeで正常に動作することが確認できても、業務用に各拠点に配備されているAndroidタブレットで動作しなければ、デプロイ後に重大なトラブルを引き起こす可能性があります。または、複数のブラウザ、複数のデバイスなどの**クロスブラウザ（デバイス）テスト**を実施して、すべての利用ユーザーが問題なく業務を完了できることをテストしたいかもしれません。

また、多くのビジネスプロセスは、ソフトウェアのみでは完結しないことも多いです。たとえば、多くのサービスで**メール**を使ってユーザー登録や購入確認のお知らせを送信しています。商品購入のビジネスプロセス全体をテストする場合に、送信されたメールの内容を確認して、中に含まれるリンクをクリックしたい、というケースもあるでしょう。

ユーザー目線でのテストという観点では、画面のレイアウトの崩れや意図せぬUIの変更などの**見た目**も検証しておきたいところです。たとえば、CSSによるスタイリングがまったく当たっていないような場合でも、自動テストは成功してしまうことがあります。このようなケースを防ぐため、**ビジュアルリグレッションテスト**を導入することがあります。

11-2　本番環境でのテスト

テストというと、何となく「リリースの前に実施して、動作に問題がないか確認する」ものというイメージがあると思います。しかし、リリースの後にも継続的に本番環境での動作確認を行うと、様々なメリットがあります。

11-2-1　本番環境特有の問題

ここでは、本番環境に対して自動テストを実行することで見つけられるバグをいくつか挙げておきます。

●環境ごとの設定に起因するもの

たとえば、あなたのアプリケーションがAuth0[※1]などの認証サービスを利用していると考えてください。この場合、開発環境・ステージング環境・本番環境でそれぞ

[※1]　ログイン認証などの機能を提供するクラウドサービス。ユーザー認証やアクセス制御に使われます。

れ別々のトークン[※2]を利用するのが一般的です。

　もし、仮に本番環境のトークンだけが無効になってしまった場合、ステージング環境では問題ありませんが、本番環境ではログインができなくなってしまいます。もし、本番環境でログインのテストを定期的に実行していれば、ユーザーが「ログインできない」と報告する前に障害に気づけるでしょう。

　また、あまり考えたくないことですが、障害から素早く復旧するために、やむを得ず本番環境のコードを直接変更し、その結果別のバグを引き起こしてしまうといったケースもあります。こうした通常のプロセスからの逸脱によるミスは、本来であればテスト以外の手段で防ぐのが定石ですが[※3]、テストでもキャッチできます。

●データ量の違いに起因するもの

　その他、本番環境でしか起こり得ないエラーとしては、大量のデータに起因する問題が挙げられます。典型的なものとしては、データベースのレコード量が通常の数倍〜数十倍に膨れ上がり、インデックス[※4]が効かなくなり、ネットワークのタイムアウトを引き起こすなどがあります。

11-2-2　本番環境での自動テスト

　次に、本番環境でどのような自動テストを実行するのかを簡単に説明します。

●ビジネスプロセスのテスト

　本書で紹介した自動テスト群の中では、ビジネスプロセスのテストを本番環境に向けて実行するのが最も有効でしょう。ビジネスプロセスのテストは最もカバー範囲が広く、かつユーザーの実際のビジネス活動を想定した一番リアルなテストだからです。

　ステージング環境に対して実行するときと同様に、本番環境にもビジネスプロセスのテストを定期的に実行するだけで、システムが問題なく稼働していることを確認できるでしょう。この他、次に挙げるシンセティックモニタリングを用いることもできます。

[※2]　認証のために使われる文字列のこと。ここでは、アプリケーションがAuth0のような外部サービスを利用する際に、アプリケーションがAuth0を利用できることを証明するために使われています。

[※3]　たとえば、本番環境へのSSH接続を禁止する、など。

[※4]　データを検索するためのキーとなるデータ。いくつかの種類があり、似たようなデータが大量に登録されると検索に時間がかかる場合があります。

● シンセティックモニタリング

　NewRelic[※5]やDataDog[※6]などの監視ツールには、**シンセティックモニタリング**という機能があります。これは、本書で紹介したE2Eテストのようなコードを記述し、監視ツール上からそのコードを実行することで、テストが失敗したら知らせる機能です。Seleniumのコードを書く場合もありますし、ノーコード・ローコードツールを提供している場合もあります。また、Webブラウザを介したものだけでなく、WebAPIに対して設定する場合もあります。たとえば、開発者向けに提供しているAPIや、モバイルアプリケーションがサーバーと通信する際に利用するAPIなどを監視します。

　監視ツール上からこれらを実行するメリットは、失敗の頻度に応じたアラートの条件を柔軟に設定できることです。たとえば、10分間の間に3回失敗したら警告する、などの設定ができます。

　また、様々な国・地域からの実行をサポートしているツールもあります。これにより、たとえばカリフォルニアからのアクセスだけが何らかの理由でブロックされている、などのケースをキャッチできます。

　シンセティックモニタリングは、その名のとおり監視項目の1つですが、その他のメトリクスに比べて**ユーザーに近い**というメリットがあります。最もユーザー目線という意味では、本書で紹介したE2Eテストの意義に近い監視項目です。また、ファルスアラート、つまり信用ならないアラートにならないよう、本当に問題が見つかった場合にのみ知らせるように設計する必要があります。この点についても、E2Eテストを含め他の自動テストと同様です。

11-3　ブラウザおよびデバイスの互換性テスト

　E2Eテストを始めるとき、大きな動機となるのが「様々なブラウザやデバイスを組み合わせたテストをしたい」ということではないでしょうか。たとえば、Safariブラウザのバージョンは利用しているmacOSのバージョンに依存するので、最新のmacOSをサポートしていない古いマシンを利用しているユーザーは、古いSafariを引き続き利用している可能性があります。また、業務上の理由でブラウザのバージョンを固定している場合なども考えられます。こうしたエッジケース以外にも、たとえばβバー

[※5]　https://www.newrelic.com
[※6]　https://www.datadoghq.com

ジョンのブラウザでテストをしてバージョンアップによるバグをいち早く見つけたい、あるいは、様々なブラウザの最新版でテストして問題がないか確認したいなど、互換性テストには様々な期待が寄せられます。

11-3-1　互換性テストの注意点

互換性テストがE2Eテストの主要なユースケースの1つであるにもかかわらず、ここまで説明してこなかった理由は、互換性テストが非常につまずきやすいやっかいなものだからです。

ブラウザを使ったE2Eテストは、ブラウザの自動操作技術に強く依存しています。自動操作ライブラリにバグがない保証はどこにもありません（詳しくは「4-2-3　自動化そのものの難易度や複雑性が高い」を参照）。特定のブラウザを用いて自動テストを実行した場合にのみブラウザがクラッシュするケースや、これまで動いていたテストがうまく動かなくなるようなケースは数多く見られます。

互換性テストの自動化をしっかりやろうとすると、どうしてもこうした注意点に悩まされることになります。実施する場合は、メンテナンスに相応の時間がかかることを覚悟した上で、主要なビジネスプロセスなどに限定して実行するのがよいでしょう。

11-3-2　互換性テストで見つけたいバグ

他のテストレベル・テストタイプと同様に、互換性テストで見つけたいバグを明確にしておくと、どのようなテストを実施するか迷わずに済みます。

たとえば、筆者が経験したケースでは、Internet Explorer（IE）でアプリケーションを起動したときにのみ、ログインの直後に内部エラーによりクラッシュしてしまったことがありました。このときの原因は、フロントエンドのコードをビルドした際にIEで利用できない関数が使われてしまったことでした。これらはBabel[※7]の設定を見直せば恒久的に防げますが、万が一のためにE2Eでテストしておくのはありでしょう。

また、画面のレイアウトの崩れを確認したいという要求もあるでしょう。これについては後述の「11-4　見た目のテスト」で詳しく説明しますが、原理的にはE2Eテストでも要求を満たせます。

特定のデバイスでのみ発生する問題をキャッチしたい場合にも効果的です。たとえば、iPhoneのSafariを利用している場合にのみポップアップブロックにより新しい

[※7]　最新のJavaScriptの文法で書かれたコードを、古いブラウザでも動作するコードに変換するライブラリ。

ウィンドウが開かない、Linux上のブラウザでのみ特定のMIMEタイプ[※8]のファイルが開かれなくなる、などの問題をキャッチできるかもしれません。

11-3-3　互換性テストの対象

　互換性テストで使うブラウザ・デバイスの組み合わせも定義しておきましょう。アプリケーションのサポート対象デバイスをもとに決める他、Google Analyticsのようなツールを用いてユーザーが利用しているブラウザを確認し、その組み合わせによって決めることもできます。

　対象を決める際には、無理に全網羅を試みるのではなく、ペアワイズ法などを用いてテストする組み合わせの数を絞るとよいでしょう。たとえば、**表11-1**のようにして各OSでよく使われているブラウザをテストするようにすると、組み合わせの数をなるべく減らすことができます。この表はあくまでも参考程度のものですので、Google Analyticsなどを用いてユーザーが実際にどのようなブラウザを使っているかを確認した上で、対象のブラウザを決定することをおすすめします。

表11-1　OSとブラウザの組み合わせテストケースの例

OS	Google Chrome	Edge	Firefox	Safari
Windows	✔	✔		−
macOS				✔
Linux			✔	−
iOS		−	−	✔
Android	✔	−		−

11-3-4　互換性テストの実装

● Playwright を用いた実装

　第2部で利用したCodeceptJS + Playwrightは、Chromium/Firefox/WebKitでのクロスブラウザテストをサポートしています。聞き慣れない名前かもしれませんが、ChromiumはGoogle Chromeのベースとなっているオープンソースのブラウザ、

[※8]　データの種類を示す識別子。ブラウザは受け取ったレスポンスのMIMEタイプごとに、そのデータをどのように処理するかを決めます。たとえば、text/htmlであればHTMLコンテンツとして扱います。同様に、application/jsonであればJSONファイル、video/mp4であれば動画として扱います。

WebKit は Safari の中で用いられているオープンソースのレンダリングエンジンです。これらは厳密にいえば Google Chrome や Safari とは異なる部分もありますが、Web ページの閲覧に関してはおおよそ同等の機能を提供していると考えて問題ありません。

以下は、CodeceptJS + Playwright で Chromium/Firefox/WebKit のクロスブラウザテストを実行するための設定例です。

```
exports.config = {
  tests: "./tests/**/*_test.js",
  output: "./output",
  helpers: {
    Playwright: {
      url: process.env.BASE_URL, // process.env.BASE_URLに環境変数が入っている
      show: true,
      browser: "chromium",
    },
  },
  multiple: {                              ─┐
    basic: {                                │
      browsers: [                           │
        {                                   │
          browser: "chromium",              │
        },                                  │
        {                                   │
          browser: "firefox",               │
        },                                  │
      ],                                    ├── 追加
    },                                      │
    coverage: {                             │
      browsers: [                           │
        {                                   │
          browser: "webkit",                │
        },                                  │
      ],                                    │
    },                                      │
  },                                      ─┘
```

multiple というブロックの中に設定を追加することになりますが、multiple には複数のプロファイル、つまり実行するブラウザの組み合わせを設定できます。ここでは basic と coverage という 2 種類のプロファイルを設定しました。実行時には、以下のようにして実行するプロファイルを切り替えられます。

```
# basic プロファイルのみを実行
$ npx codeceptjs run-workers 3 basic

# すべてのプロファイルを実行
$ npx codeceptjs run-workers 3 all
```

●**モバイルエミュレーションを用いた実装**

　多くのブラウザには**モバイルエミュレーション**などと呼ばれる開発者向けの機能が搭載されています。モバイルエミュレーションを有効にすると、viewportやDPR[※9]、ユーザーエージェント[※10]を変更できるので、モバイルデバイスでの表示の検証に役立ちます。

　以下は、CodeceptJS + Playwrightで、モバイルエミュレーションを利用する場合のサンプルです。

```
const { devices } = require("playwright"); ●──────── 追加

/** @type {CodeceptJS.MainConfig} */
exports.config = {
  tests: "./tests/**/*_test.js",
  output: "./output",
  helpers: {
    Playwright: {
      url: process.env.BASE_URL, // process.env.BASE_URLに環境変数が入っている
      show: true,
      browser: "chromium",
      emulate: devices["iPhone 6"], ●──────── 追加
    },
  },
```

　また、先ほどのクロスブラウザテストの設定と組み合わせることもできます。たとえば、普段はbasic設定としてChromiumとFirefoxの組み合わせで実行し、リリース前にはcoverage設定も含め、PCの主要ブラウザ＋モバイルエミュレーションでのテストをするようなことができます。

[※9]　Viewportは画面の表示領域のサイズを表す言葉。DPRはDisplay Per Ratioの略で、実際のピクセル数と表示上のピクセル数の比率を表します。近年のモバイル端末は解像度が非常に高く、ドットバイドットで表示すると画面が非常に小さくなってしまうため、2〜3倍角で表示します。この値を表すのがDPRです。
[※10]　ブラウザやデバイスの情報。Webサイトにアクセスするときにブラウザからサーバーに送信されます。

```
multiple: {
  basic: {
    browsers: [
      {
        browser: "firefox",
      },
      {
        browser: "chromium",
      },
    ],
  },
  coverage: {
    browsers: [
      {
        browser: "webkit",
      },
      {
        browser: "chromium",
        emulate: devices['iPhone 6']
      }
    ],
  },
},
```

●**CodeceptJS + Selenium + BrowserStack を用いたクロスデバイステストの実装**

　前述のとおり、Playwrightはクロスブラウザテストに対応していますが、特定の OSやモバイル実機をカバーしようとするとどうしても力不足になります。異なるOS上 で実行すること自体は可能ですが、モバイルデバイスでの実行は2024年6月現在サ ポート対象外です[※11]。

　様々なデバイス上での実機検証では、今のところ**Selenium**を利用するのが最適 解です。Seleniumは、様々なデバイスでテストを並列実行するためのツールキットで す。各ブラウザベンダーが用意する**WebDriver**というブラウザ自動操作のためのプ ロトコルを用いてブラウザを操作します。CodeceptJSはSeleniumやPlaywrightな どのラッパー、つまりSeleniumやPlaywrightなどの異なるフレームワークを同じ文 法で利用できるように別のインターフェースを用意しているため、Playwrightから

[※11]　Androidのみ実験的にサポートしており、BrowserStackなどのデバイスファームでの実機テストも可能で す（https://playwright.dev/docs/api/class-android）。

Seleniumへの移行が比較的スムーズにできます。

　また、クロスブラウザ／クロスデバイス互換性テストを実施する際には、当然それらのデバイスを自動操作可能な状態でスタンバイさせておく必要があります。BrowserStackなどの**デバイスファーム**は、こうしたクロスブラウザ／クロスデバイスでのテスト実行がサポート可能な、クラウド上のデバイスをリモートで提供してくれるサービスです。実機端末をリモートで操作し、自動テストはもちろん、手動テストもサポートしている場合があります。比較的古いデバイスも継続してサポートしていることがあり、業務で古いデバイスを使っている場合などに有効な選択肢になり得ます。少しコストはかさみますが、デバイスの調達やメンテナンスのコストなどを考えると、こちらのほうが安上がりになる場合もあるでしょう。

　CodeceptJSとSeleniumを組み合わせて使うには、WebDriverIOというライブラリをインストールする必要があります。e2eディレクトリで以下を実行しましょう。

```
$ cd e2e # e2eディレクトリに移動する
$ npm install --save-dev webdriverio
```

　インストールが完了したら、codecept.conf.jsを編集します。ただ、Playwright用の設定も残しておきたいので、今回はcodecept.conf.jsをコピーして、別の設定ファイルを作りましょう。

　以下はCodeceptJS + Selenium + BrowserStackでクロスブラウザテストを行う際の設定例です。

```
exports.config = {
  tests: './*_test.js',
  output: './output',
  helpers: {
    WebDriver: {
      url: 'http://localhost',
      browser: 'chrome',
      desiredCapabilities: {
        'bstack:options': {
          os: 'Windows',
          osVersion: '10',
          project: 'My Project',
          build: 'Build 1.0',
          name: 'Test Name',
          seleniumVersion: '3.141.59',
```

```
        resolution: '1920x1080'
      }
    },
    host: 'hub-cloud.browserstack.com',
    port: 80,
    user: process.env.BROWSERSTACK_USERNAME,
    key: process.env.BROWSERSTACK_ACCESS_KEY,
    smartWait: 5000,
    waitForTimeout: 10000
  }
  multiple: {
    bstack: {
      browsers: [

        {
          browser: "Safari",
          desiredCapabilities: {
            "bstack:options" : {
              "os": "OS X",
              "osVersion": "Catalina",
              "projectName": "Codecept + WebdriverIO",
              "buildName": "browserstack-build-1",
              "sessionName": "BStack parallel codecept-js 1",
              "debug" : "true",
              "networkLogs" : "true",
              "source": "codecept-js:sample-main:v1.1"
            },
            "browserVersion": "latest",
          },
        },

        {
          browser: "Firefox",
          desiredCapabilities: {
            "bstack:options" : {
              "os": "Windows",
              "osVersion": "10",
              "projectName": "Codecept + WebdriverIO",
              "buildName": "browserstack-build-1",
              "sessionName": "BStack parallel codecept-js 2",
              "debug" : "true",
              "networkLogs" : "true",
              "source": "codecept-js:sample-main:v1.1"
            },
            "browserVersion": "latest",
          },
```

```
        },
      ],
    },
  },
  include: {
    I: './steps_file.js'
  },
  bootstrap: null,
  mocha: {},
  name: 'my-app'
}
```

11-4　見た目のテスト

　画面のレイアウトの崩れの確認など、レンダリングされたWebサイトの**見た目**のテストは、以前は自動テストが苦手としていた分野の1つでした。その理由は、これまでの自動E2Eテストが主にテキストアサーションを中心としており、画像ベースでのアサーションをサポートしていなかったからです。

　また、単なるピクセルバイピクセルでの比較では、スクロール位置がほんの少しずれただけで大量のずれが検知されてしまったり、広告のように毎回表示内容や表示領域が変わるものを画面の変更として検出してしまったりするという問題がありました。

　この節では、シンプルなピクセルバイピクセルの比較を提供する「Resemble.js」というライブラリと、AIによる高機能な比較機能を搭載した「Applitools」というクラウドサービスを紹介します。

11-4-1　確認に利用するサイト

　これから紹介するツールを試してみるために、後述するApplitoolsがメンテナンスしているサンプルWebサイトの「https://applitools.com/helloworld」を使います。このサイトは、URLパラメーターの値によって画面の表示が少しずつ変わります（表11-2）。

表11-2　https://applitools.com/helloworldの仕様

URLパラメーター	ロゴの色	カウンターの数値	Click me! ボタンの位置
パラメーターなし	赤→青	123456 固定	中央
?diff1を追加	赤→青	ランダム	中央
?diff2を追加	青→赤	ランダム	右

11-4-2　Resemble.jsを使った要素単位のビジュアルリグレッションテスト

Resemble.jsは、与えられた2枚の画像を比較し、差分を表示するツールです。CodeceptJSのResembleHelperというヘルパーを使うことで簡単に導入できます。

- rsmbl/Resemble.js | GitHub
  https://github.com/rsmbl/Resemble.js/tree/master

●ResembleHelperのインストール

e2eディレクトリに遷移し、パッケージをインストールします。

```
$ cd e2e
$ npm install codeceptjs-resemblehelper --save
```

次に、CodeceptJSの設定ファイル`codecept.conf.js`に以下を設定します。

e2e/codecept.conf.js
```
{
  helpers: {
    ResembleHelper: {
      require: "codeceptjs-resemblehelper",
      screenshotFolder: "./output/",
      baseFolder: "./baseImages",
      diffFolder: "./output/diff",
      prepareBaseImage: process.env.PREPARE_BASE_IMAGE === "true",
    },
  }
}
```
修正

ここで設定したのは、スクリーンショットを保存するフォルダ、比較のベースとな

る画像を保存するフォルダ、比較結果を保存するフォルダ、そしてベースとなる画像を保存するかどうかの4点です。

画像比較の流れは以下のようになります。

- スクリーンショットを撮影するステップと、画像を比較するステップを含んだシナリオを作成する。
- prepareBaseImage に true を指定してテストを実行する。
    - スクリーンショットを撮影するステップで、スクリーンショットが output ディレクトリに保存される。
    - 画像を比較するステップで、指定した画像が output から baseImages ディレクトリにコピーされる。
- prepareBaseImage を指定せずにテストを実行する。
    - スクリーンショットを撮影するステップで、スクリーンショットが output ディレクトリに保存される。
    - 画像を比較するステップで、output ディレクトリの画像と baseImages ディレクトリの画像を比較する。
        - 差分が tolerance で指定した閾値を超えた場合、テストは失敗する。
        - 差分の画像は output/diff に保存される。

●ベースとなる画像を保存する

それでは、早速画像比較を含むテストコードを書いてみましょう。resemble_test.js というファイルを作成し、以下のように書きます。

```
resemble_test.js
Feature("Resemble.jsのテスト");

Scenario("ホームページのテスト", async ({ I }) => {
  I.amOnPage("https://applitools.com/helloworld");
  I.saveScreenshot("Homepage.png");
  I.seeVisualDiff("Homepage.png");
});
```

次に、PREPARE_BASE_IMAGE を true に設定して、テストを実行します。

```
$ PREPARE_BASE_IMAGE=true npx codeceptjs run resemble_test.js
```

テストが完了すると、以下のようにoutputとbaseImagesにそれぞれHomepage.pngというファイルが保存されます（図11-1）。

```
output
└── Homepage.png
baseImages
└── Homepage.png
```

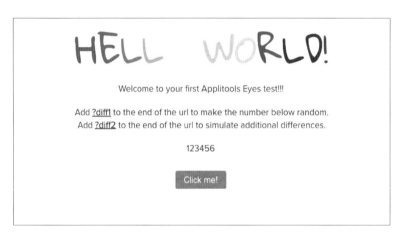

図11-1　Homepage.png：outputとbaseImagesに同じ画像が保存される

●画像を比較する

それでは、ページに意図的に差分を作成し、画像を比較してみましょう。URLの末尾に`?diff1`を指定します。`resemble_test.js`を以下のように変更してください。

```
resemble_test.js
Feature("Resemble.jsのテスト");

Scenario("ホームページのテスト", async ({ I }) => {
  I.amOnPage("https://applitools.com/helloworld?diff1"); ←──────修正
  I.saveScreenshot("Homepage.png");
  I.seeVisualDiff("Homepage.png");
});
```

シナリオを修正したら、`PREPARE_BASE_IMAGE` を指定せずにテストを実行します。

```
$ npx codeceptjs run resemble_test.js`
```

すると、以下のようにテストが失敗します。

```
Resemble.jsのテスト --
  ✗ ホームページのテスト in 3353ms

-- FAILURES:

  1) Resemble.jsのテスト
      ホームページのテスト:

      Screenshot does not match with the baseline Homepage.png when ⇨
MissMatch Percentage is 0.05
      + expected - actual

      -false
      +true
```

また、ファイルを見てみると、以下のように output/diff/Diff_Homepage.png が生成されているのがわかります（図11-2）。このファイルは、差分が検出された箇所をピンク色で表示します。

```
output
    ├── Homepage.png
    └── diff
        └── Diff_Homepage.png
baseImages
    └── Homepage.png
```

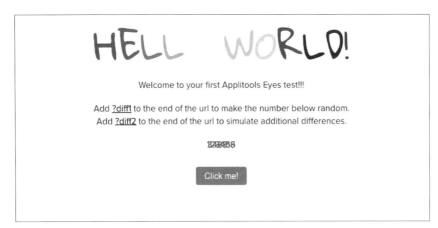

図11-2　Resemble.jsで画像の差分が作成された

　現在の状態をベース画像として保存するには、単にoutputディレクトリから対象の画像をbaseImageにコピーするか、再度PREPARE_BASE_IMAGEを指定してテストを実行します。

●許容度の設定をする

　ところで、?diff1をURLに付けると、ページ真ん中の6桁の数値がランダムで変更されるようになります。このような場合は、ページ差分の許容度を指定することで、ある程度の変更は無視してくれるようになります。

　先ほどのエラーメッセージから、数値部分に差分が出た場合の差異は「0.05」%だということがわかりました。

```
> Screenshot does not match with the baseline Homepage.png when
MissMatch Percentage is 0.05
```

　そこで、テストコード内で許容度を「0.1」%に指定しておきます。

```
resemble_test.js
Feature("Resemble.jsのテスト");

Scenario("ホームページのテスト", async ({ I }) => {
  I.amOnPage("https://applitools.com/helloworld?diff1");
  I.saveScreenshot("Homepage.png");
  I.seeVisualDiff("Homepage.png", { tolerance: 0.1 });
```

0.1%までの
誤差を許容する

```
});
```

　この状態でテストを実行すると、差分が無視されてテストは成功します。今度は、URLの末尾を`?diff2`に変更して、テストを実行してみます。

resemble_test.js

```
Feature("Resemble.jsのテスト");

Scenario("ホームページのテスト", async ({ I }) => {
  I.amOnPage("https://applitools.com/helloworld?diff2");  ●————————修正
  I.saveScreenshot("Homepage.png");
  I.seeVisualDiff("Homepage.png", { tolerance: 0.1 });
});
```

　すると、ロゴの画像の色が変わるなど、より大きな差分が発生するため、テストは失敗します。

```
-- FAILURES:

  1) Resemble.jsのテスト
       ホームページのテスト:

     Screenshot does not match with the baseline Homepage.png ⇨
when MissMatch Percentage is 1.54
       + expected - actual
```

　`output/diff`ディレクトリには、**図11-3**のような画像が作成されています。ロゴの色や、ボタンの位置などの差分が出ていることがわかります。

図11-3　toleranceを超えた差分が発生し、テストが失敗した

11-4-3　Applitoolsを使ったビジュアルリグレッションテスト

Applitoolsは、ビジュアルテストに特化した複数のツールを展開しているクラウドサービスです。2024年6月現在、実行回数の制限はあるものの、AIベースの画像比較を無料で利用できます。

● Applitools Eyesの登録

Applitoolsが提供しているAIベースの画像比較ツールは**Applitools Eyes**という名前です。GitHubアカウントまたは企業のメールアドレスがあれば無料で登録できます。以下のURLにアクセスし、画面上部にある「Free Trial」から登録を進めましょう。本書の執筆時点では、登録にクレジットカード情報は必要ありません。

- Applitools
  https://applitools.com/

登録したら、メニューから［My API Key］をクリックして、APIキーをコピーします（図11-4、図11-5）。

USER (ADMIN)
Takuya Suemura

TEAM

My API key

Admin

Log out

図11-4　AppitoolsのAPIキー

Your API key for running tests　　　　　　　　　　　　✕

This is your personal API key. For a shared team key please contact the team administrator.

OK

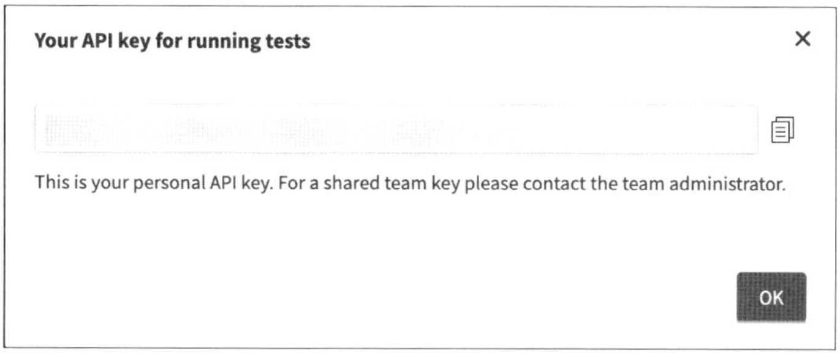

図11-5　APIキーのコピー

● CodeceptJS の設定

　CodeceptJSには`codeceptjs-applitoolshelper`というヘルパーがあり、このヘルパーを使ってApplitoolsの画像比較を利用できます。e2eディレクトリに移動して、`codeceptjs-applitoolshelper`をインストールします。

```
$ cd e2e # e2e ディレクトリに移動
$ npm i codeceptjs-applitoolshelper --save-dev
```

　次に、設定ファイル`codecept.conf.js`を以下のように編集し、ヘルパーを有効にします。

```
e2e/codecept.conf.js
```
```
  helpers: {
    ApplitoolsHelper: {
      require: 'codeceptjs-applitoolshelper',
      applitoolsKey: process.env.APPLITOOLS_API_KEY,
    }
  },
```
修正

　process.env.APPLITOOLS_API_KEYは環境変数を読み込むための記述です。
.envファイルに対応する環境変数を書くと、実行時にその変数が読み込まれます。

```
e2e/.env
```
```
BASE_URL=http://localhost:8080
APPLITOOLS_API_KEY=ここにAPIキーを入力
```

●テストコードでApplitools Eyesを使う

　それでは、実際にApplitools Eyesを使ってテストをしてみましょう。テスト対象は
この節の冒頭で紹介したサンプルWebサイトです（311ページ）。まずはパラメーター
なしでそのままアクセスしてみます（図11-6）。

```
applitools_test.js
```
```
Feature('Applitoolsのテスト');

Scenario('ホームページのテスト', async ({ I }) => {
  I.amOnPage('https://applitools.com/helloworld');
  await I.eyeCheck('Homepage');
});
```

図11-6　Applitools Eyesを最初に実行した結果

　最初の実行で、Applitoolsはベースとなる画像を学習しました。URLに`?diff1`を追加して、改めてテストしてみましょう（**図11-7**）。

```
Feature('Applitoolsのテスト');

Scenario('ホームページのテスト', async ({ I }) => {
  I.amOnPage('https://applitools.com/helloworld?diff1'); ●──────── 修正
  await I.eyeCheck('Homepage');
});
```

図11-7 diff1を追加してテストを実行した

　カウンターの番号は前回と今回のスクリーンショットで変わっていますが、差分としては検出されていません。Applitoolsはこのテキストの変更を動的な変更と考えて無視しています。

　続けて、`?diff2`に変えてもう一度テストを実行してみましょう。

```
Feature('Applitoolsのテスト');

Scenario('ホームページのテスト', async ({ I }) => {
  I.amOnPage('https://applitools.com/helloworld?diff2'); •————————修正
  await I.eyeCheck('Homepage');
});
```

　すると、今度は差分が検知されて、テストが失敗しました（**図11-8**）。

```
-- FAILURES:

  1) Applitoolsの機能検証
       ホームページのテスト:
     Test 'Homepage' of 'Application Under Test' detected differences!⇨
  See details at: https://eyes.applitools.com/app/batches/00000/00000?a⇨
ccountId=xxxxxx
```

図11-8　diff2でテストすると、差分が検出される

　ロゴの色の違いとカウンターの数値の違いは無視されて、ボタンの位置の違いは差分として検出されました。

　この違いがバグによるものであれば修正してもう一度テストを実行すればよく、そうでない場合はUIからグッドボタンをクリックすると、diff2の表示を正しい表示として再学習させることができます（**図11-9**）。

図11-9　グッドボタンをクリックするとdiff2の表示が正しいものとして学習される

　このように、Applitools Eyesは動的に変更される要素などをうまく除外しながら、最小限のコストでビジュアルリグレッションテストを実現するためのツールを提供しています。本書では基本的な説明までにとどめますが、興味のある方は是非利用してみてください。

11-5　メール・SMSのテスト

　今回のサンプルアプリケーションにはメール送信がありませんでしたが、たいてい
のアプリケーションではユーザー登録などにメールを利用するでしょう。また、最近
は二段階認証などでSMSを用いる場合が多いです。これらをE2Eでテストできると、
ビジネスプロセスを完全にテストできるようになり、信頼性の高いプロダクツを自信
を持ってリリースできるようになります。

　この節では、メール・SMS送信のサンプルコードを使いながら、これらのテストの
方法を説明します。

11-5-1　メールのテスト

　メールのテストには、大きく2種類の方法があります（図11-10）。

- テスト用のSMTPサーバー[※12]を使う。
- 本物のSMTPサーバーを使い、テスト用のメールアドレスにメールを送信する。

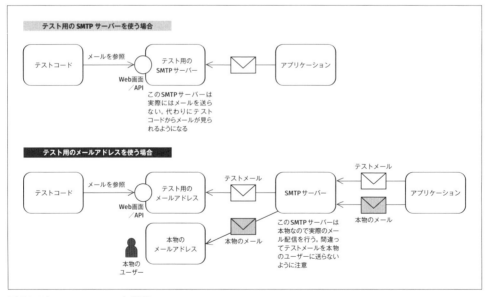

図11-10　メールのテスト概略

[※12]　メール送信に使われるサーバー。受信したメールを宛先のメールサーバーに転送する。

　テスト用のSMTPサーバーを使う方法では、実際のメール送信は発生しません。そのため、誤ってテスト用のメールを実際のユーザーに送信してしまうようなトラブルを防げます。代わりに、テスト用にSMTPサーバーを切り替える必要があるため、本番環境でのテストなどには適していません。Mailhog[※13]やMailtrap[※14]などのライブラリまたはサービスがこのユースケースに対応しています。

　テスト用のメールアドレスを使う場合には、メール送信には本物のSMTPサーバーを使います。この場合、アプリケーションのインフラ側に特別な準備は必要なく、あらかじめ準備しておいたテスト用のメールアドレスに対してメールを送るだけで済みます。SMTPサーバーを切り替える必要がないので、本番環境でのテストなどにも使えます。テスト用のメールアドレスとしてGmailなどのフリーアドレスを利用することもできなくはありませんが、できるだけMailosaur[※15]やMailSlurp[※16]など専用のサービスを使いましょう。これらのUIやAPIはテスト用に設計されていて、テストを円滑に進めるのに必要な機能が多く揃えられています。

　この章では、前者の「テスト用のSMTPサーバーを使う」方法の1つとして、Mailtrapを使ったメールのテストを試してみます。

11-5-2　Mailtrapを使ってメールのテストをする

　ここでは、簡単なメール送信機能を実装し、SMTPサーバーとしてMailtrapを指定してメールを送信し、その結果をCodeceptJSで確認します。

●メール送信を実装する

　説明を簡単にするために、第2部で利用したサンプルコードは使わず、別のプロジェクトとして作成します。新しいNode.jsのプロジェクトを作成し、nodemailerを使ってメールを送信します。

```
# 新しいディレクトリを作成する
$ mkdir mail-sample

# ディレクトリに移動する
```

[※13]　https://github.com/mailhog/MailHog
[※14]　https://mailtrap.io/
[※15]　https://mailosaur.com/
[※16]　https://www.mailslurp.com/

```
$ cd mail-sample

# npmプロジェクトの初期化
$ npm init -y

# ライブラリのインストール
$ npm install nodemailer
```

次に、index.jsファイルを作成し、この中にメール送信のプログラムを記述します。SMTPサーバーの情報を入れていないので、この時点ではまだ動作しません。

```
const nodemailer = require('nodemailer');

const transporter = nodemailer.createTransport({
  host: 'localhost',
  port: 587,
  auth: {
    user: 'apikey',
    pass: 'your_api_key'
  }
});

const mailOptions = {
  from: "sender@example.com",
  to: "recipient@example.com",
  subject: "テスト自動化完全ガイド テストメール",
  text: "テストメールの本文です",
};

transporter.sendMail(mailOptions, (error, info) => {
  if (error) {
    console.error(error);
  } else {
    console.log('Email sent: ' + info.response);
  }
});
```

● **Mailtrapを使ってメールを確認する**

次に、Mailtrapのアカウントを作成しましょう。Mailtrapのホームページ (https://mailtrap.io/) にアクセスし、Mailtrapのアカウントを作成します。

アカウントを作成すると、inbox (受信メールボックス) の一覧が表示されます (図

11-11）。通常はDemo inboxというものがデフォルトで作成されているはずですので、そちらを開きます。

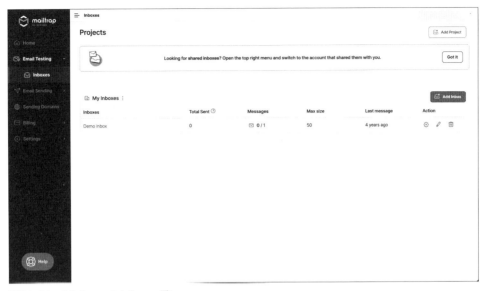

図**11-11**　Mailtrapのinbox一覧

inboxを開くと、以下のような認証情報が表示されているはずです。Usernameと
Passwordはご自身の認証情報に置き換えてください。

```
SMTP
Host: sandbox.smtp.mailtrap.io
Port: 25 or 465 or 587 or 2525
Username: 11111111111111
Password: 22222222222222
Auth:PLAIN, LOGIN and CRAM-MD5
TLS: Optional (STARTTLS on all ports)
```

これらの情報を先ほどのコードに埋め込みます。説明を簡略化するため、今回は
コードに直接書き込んでしまっていますが、実際に皆さんのプロジェクトで試すとき
は環境変数として設定するなどして、ハードコードを避けてください。

```
const nodemailer = require("nodemailer");

const transporter = nodemailer.createTransport({
  host: "sandbox.smtp.mailtrap.io",
```

```
  port: 587,
  auth: {
    user: "11111111111111",
    pass: "22222222222222",
  },
});

const mailOptions = {
  from: "sender@example.com",
  to: "recipient@example.com",
  subject: "テスト自動化完全ガイド テストメール",
  text: "テストメールの本文です",
};

transporter.sendMail(mailOptions, (error, info) => {
  if (error) {
    console.error(error);
  } else {
    console.log("Email sent: " + info.response);
  }
});
```

このコードを実行すると、Mailtrapにメールが届きます。

```
$ node index.js
Email sent: 250 2.0.0 Ok: queued
```

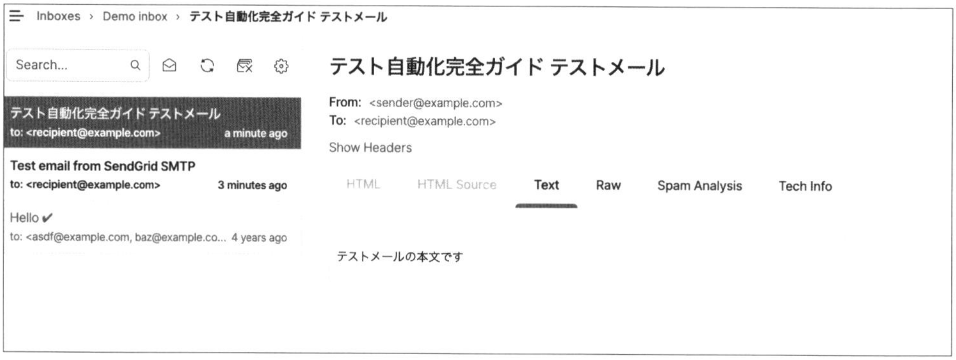

図11-12　Mailtrapにメールが届いた

　Mailtrapを利用する利点として、**どんなメールアドレス宛てのメールもこのinbox
に届く**ことが挙げられます。試しに、コードの「to: "recipient@example.com",」

という箇所を任意のメールアドレスに変更して送信すると、すべてこのinboxに届き、実際のアドレスには送信されません。

図11-13　どのメールアドレス宛てのメールもMailtrapでキャッチされ、実際には送信されない

　テスト環境でMailtrapを使うように設定しておくと、自動テストだけでなく、手動テストでも様々なアドレス宛てのメールをWeb画面からチェックできるようになるので非常に便利です。また、誤ってテスト用のメールを実ユーザーに配信してしまうなどの事故を防ぐこともできるので、テスト環境ではMailtrapなどのテスト用のSMTPサーバーを利用することを強くおすすめします。

● CodeceptJSからMailtrapのメールを参照する

　最後に、CodeceptJSからMailtrapのメールを参照するテストコードを書いてみましょう。下準備として、MailtrapのAPIトークンと、InboxのID、それからアカウントIDの3つを取得しておきます。

　APIトークンはhttps://mailtrap.io/api-tokensから作成できます。

　InboxのIDは、InboxのURLから取得できます。たとえば、「https://mailtrap.io/inboxes/123456/messages」の場合、IDは「123456」となります。

　アカウントIDは、アカウント設定画面（https://mailtrap.io/account-management）内の「Account ID」に記載されています。たとえば、「789012」のような番号です。

　また、MailtrapのAPIを呼び出すために、MailtrapのSDK（開発キット）をインストールしておきます。

```
$ npm install mailtrap
```

それでは、いよいよテストコードの実装に入ります。

ここでは、簡略化してテストコード内でメールを送信していますが、実際にはWebアプリケーション側でメールを送信するアクション（たとえば「商品を購入する」など）を実施して、その結果送られたメールをチェックすることになります。

```javascript
// ライブラリの初期化
const nodemailer = require("nodemailer");
const MailtrapClient = require("mailtrap").MailtrapClient;

const client = new MailtrapClient({
  token: "00000000000000000",
  testInboxId: "123456",
  accountId: "789012",
});
const messageClient = client.testing.messages;

Feature("メールのテスト");

Scenario("メールを送信してMailTrapで確認する", async ({ I }) => {
  // MailTrapのSMTPサーバーの設定
  const transporter = nodemailer.createTransport({
    host: "sandbox.smtp.mailtrap.io",
    port: 587,
    auth: {
      user: "11111111111111",
      pass: "22222222222222",
    },
  });

  // メールの送信先と内容の設定
  const text = `This is a test email from CodeceptJS and MailTrap. ⇨
Sent at ${Date.now()}`;
  const mailOptions = {
    from: "sender@example.com",
    to: "recipient@example.com",
    subject: "Test email from CodeceptJS and MailTrap",
    text,
  };

  // メールの送信
  await transporter.sendMail(mailOptions);

  // MailTrapのAPIを使用してメールを取得
  const messages = await messageClient.get("123456");
```

```
  const latestMessageId = messages[0].id;
  const body = await messageClient.getTextMessage("123456", ⇨
latestMessageId);

  // メールの内容を確認
  I.expectContain(body, text);
});
```

このコードでは、inbox に届いた最新のメールの本文が、期待値と一致しているか
どうかをチェックしています。

送信したメール本文の末尾には、次のようにタイムスタンプのシリアル値が入るよ
うになっています。

```
> This is a test email from CodeceptJS and MailTrap. Sent at ⇨
1712071596748
```

そのため、もし仮に何らかの理由でメールが届かなかった場合は、タイムスタンプ
が異なるため、テストが失敗します。試しに、メール送信部分をコメントアウトして、
テストを再実行してみましょう。

```
  // メールの送信
  // await transporter.sendMail(mailOptions);
```

すると、次のようなエラーでテストが失敗します。これで、期待どおりメールの本文
をテストできていることが確認できました。

```
  1) メールのテスト
      メールを送信してMailTrapで確認する:
    expected 'This is a test email from CodeceptJS …' to include ⇨
'This is a test email from CodeceptJS …'
```

まとめ

この章では、より幅広いユースケースでE2Eテストを活用するための手段を説明してきました。環境ごとのテストや実デバイスを用いたテスト、メールのテスト、それから見た目のテストなど、E2Eテストで様々な観点からテストをすることで、自信を持って安全に開発を進めることができます。

もちろん、やりすぎは禁物です。常に第6章で扱ったような最小限の自動テストや、第10章で扱ったようなテストレベルの配分のことも意識しながら、E2Eレベルでどうしてもテストしたいことだけをテストするようにすると、メンテナンスで苦しむことが少なくなるはずです。

次の第12章では、自動化の効果をどのように振り返るかについて解説します。

第12章 | 成果を振り返る

いよいよ最後の章です。これまでの章では、自動テストの実装や運用についてのトピックがメインでしたが、自動テストが開発を支え、チームのパフォーマンスやプロダクトの品質を高めている点について詳しくは触れていませんでした。この章では、本書の締めくくりとして、成果の測定と振り返りについて解説します。

12-1 測定と振り返りの意義

自動テストに限らず、あらゆることにいえることですが、何か施策を打ったらその効果を**測定**し**振り返り**をしましょう。そうでないと、かけた労力に見合った成果を得られたのか、施策の方向性は妥当だったのかなどがわからず、何となく労力をかけて何となく終わり、何となくメンテナンスされなくなる、というようなことになりかねません。

チームやプロダクトの健康状態を表すような定量的な指標をいくつか置いて、これらが改善しているのかどうかを継続的に確認して、自動テストがチームとプロダクトにどのような影響を与えているのかを観測しましょう。よい結果が出ているのであればそのまま進み、うまくいっていないようなら軌道修正しつつ次に進めます。

12-2 測定におけるポイント

12-2-1 継続的に測定し続ける

測定における最大のアンチパターンといえるものが、一度きり、あるいは月ごとなどの低頻度での計測です。たとえば、毎月末に行われる全体会で発表するために測定するようなものはよいとはいえません。計測の頻度が低いのは、それだけ振り返りの

頻度が低いということでもあり、軌道修正のタイミングが少ないといえるからです。そうすると、一度の意思決定の影響が非常に大きくなり、意思決定にかける時間が非常に長くなってしまいます。頻繁にかつ継続的に測定し続けることにより、軌道修正を重ねながら、常によい方向に向かうようにチームをキャリブレーションし続けることができます（図12-1）。

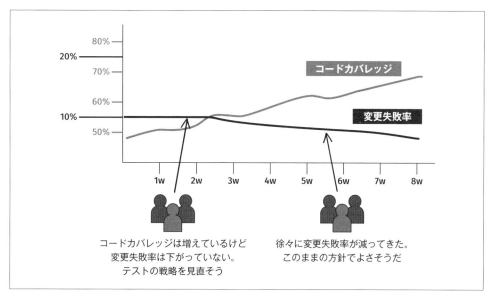

図12-1　継続的に測定し続ける

12-2-2　自動化する

　継続的に測定し続けるということは、すなわち**測定の自動化**が非常に重要であるということでもあります。

　たとえば、測定の方法が**テスト結果を手動で集計する**というものだと、測定が月に1回などの低頻度になってしまったり、面倒になってやらなくなってしまったりします。逆に、テスト実行のたびに自動的に集計されるような仕組みが用意されていれば、こうした測定は非常に簡単になります。

　とはいえ、仕組みづくりからスタートして、いつまでも振り返りが行われないのもよくないので、まずは自動測定しやすいメトリクスから始め、トレンドを把握するところから始めましょう。または、とにかく最初は**データを収集する**ことからスタートするのも1つの手です。データさえ十分に集まっていれば、後から集計方法を変えることや、自動化することも比較的容易だからです。自動テストの実行結果を自動的に収集す

るような仕組み作りを最初にやってしまえば、その後の測定や分析はスムーズに自動化できるでしょう。

12-2-3　振り返る

　もう1つのアンチパターンが、測定する「だけ」で終わってしまうことです。必ず定期的に振り返りを行い、自分たちが正しい方向に向かっているのかどうか確認しましょう。

12-2-4　一度にすべてをやる必要はない

　この章ではいくつかの**メトリクス**（測定項目）を紹介しますが、すべてを揃えないといけないというわけではありません。最低限必ず必要なのは、自動化された1つのメトリクスと定期的な振り返りです。振り返りを通じて、追加で必要なメトリクスについて検討するとよいでしょう。

12-3　ソースコードや自動テストそのものの品質を表すメトリクス

　ここからは、いくつかの主要なメトリクスを紹介していきます。第1章で定義したとおり、自動テストの目的は**安全にリリースできる状態を、持続可能なコストにキープし続ける**ことです。メトリクスの設定や振り返りにあたっては、これらを意識しておくとよいでしょう。

12-3-1　カバレッジ

　カバレッジは、テストがある項目をどれだけカバーしているのかを表します。分母となるカバレッジアイテムの総数に対して、カバーされているアイテムがどれだけあるのかを用いて測ります。別の言い方をすると、カバレッジはある項目についてのテストの**十分性**を表します。

　分母となるカバレッジアイテムには様々なものが用いられ、それぞれに向き不向きがあります。本書ではソースコードに対するカバレッジとして**コードカバレッジ**を、振る舞いに対するカバレッジとして**ユーザーストーリーカバレッジ**を紹介します。

●コードカバレッジ

カバレッジの中でも最もよく使われるものが**コードカバレッジ**です。これは、テスト実行によってコードの行や分岐が十分に実行されたかどうかを測るものです。

コードカバレッジはあくまで**コード行／分岐が実行されたか**だけを評価しますので、ソフトウェアが正しく動作しているか、期待どおりの振る舞いを行うかについては評価しません。たとえば、仮にすべてのコード行を網羅するテストを書いていたとしても、ユーザーが期待する振る舞いをしていなかったとしたら、そのソフトウェアは要求を満たしていません。

そのため、コードカバレッジはあくまでソースコードとテストコードの比率を確認する程度の用途にとどめるのがよいでしょう。

● nyc（istanbul）を用いた実例

コードカバレッジを取得するには、テスト実行中に実行された行を測定するようなツールが必要になります。JavaScript（NodeJS）では`istanbul`というライブラリが非常に有名です。`istanbul`をコマンドラインから呼び出すための`nyc`というコマンドラインツールを使うのが一般的であるため、ここでも`nyc`を用いた例を紹介します。

最初に`nyc`をインストールします。本書のサンプルコードを開き、ルートディレクトリで以下のコマンドを実行します。

```
$ npm install --save-dev nyc
```

次に、`package.json`を以下のように書き換えます。

package.json
```
  "scripts": {
    "prepare": "husky install",
    "db:migrate": "node db/migrate.mjs",
    "dev": "docker compose up -d && nodemon src/index.js",
    "build": "npm run db:migrate",
    "test:e2e": "start-server-and-test start:instrument ⇨
http://localhost:8080 'cd e2e && npm run test'",          ←修正
    "start": "docker compose up -d && node src/index.js",
    "start:instrument": "npm run instrument && docker compose up ⇨
-d && nyc node ./.nyc_instrumented/server/index.js",
    "instrument": "nyc instrument src ./.nyc_instrumented/server",   修正
```

```
    "report": "nyc report"
  },
  "nyc": {
    "all": true,
    "include": [
      "src/**/*.js"
    ],                              ┤── 修正
    "reporter": [
      "text",
      "html"
    ]
  },
```

　追加されたコマンドは start:instrument、instrument、report の3つです。
instrument コマンドを実行すると、src ディレクトリ以下のコードにカバレッジ取得
のためのコードを埋め込んで ./.nyc_instrumented/server ディレクトリに出力し
てくれます。

　nyc の設定も package.json で行います。nyc は、標準ではテストコードから
require されたコードだけをカバレッジアイテムとして扱いますが、"all": true を
指定することですべてのファイルをカバレッジアイテムとして利用します。

　設定ができたら、以下のコマンドを実行して、カバレッジ付きでE2Eテストを実行
します。

```
$ npm run test:e2e
```

　実行すると、以下のようにカバレッジが出力されます。

```
-----------------------------------------------------------------------
File              | % Stmts | % Branch | % Funcs | % Lines | Uncovered Line #s
------------------|---------|----------|---------|---------|------------------------
All files         |   35.58 |     12.9 |    36.2 |   35.74 |
 src              |      92 |       50 |     100 |      92 |
  index.js        |      92 |       50 |     100 |      92 | 52-53
 src/lib          |   93.54 |       50 |     100 |   93.33 |
  authConfig.js   |   92.59 |       50 |     100 |    92.3 | 41,49
  hashPassword.js |     100 |      100 |     100 |     100 |
 src/routes       |   20.37 |     5.76 |   21.27 |   20.67 |
  items.js        |   23.43 |     12.5 |   15.38 |   23.43 | 55-66,76-83,96-110,⇨
                                                             124-139,154-177,188⇨
```

```
                                                       -200,207-219
 login.js        |      70 |        50 |      75 |       70 | 6,27-28
 order.js        |   12.38 |         0 |    4.54 |    12.74 | ...176-178,183-188,⇨
                                                              197-266,274-290,298-⇨
                                                              302,309-316,320-324,⇨
                                                              328-332
 public.js       |     100 |       100 |     100 |      100 |
 signUp.js       |   18.75 |         0 |   33.33 |    18.75 | 7-10,14-30
 users.js        |   15.38 |         0 |   33.33 |    15.38 | 3-6,10-18
-----------------|---------|----------|---------|---------|----------------------
```

●複数のテストレベルでコードカバレッジを計測する

　コードカバレッジはどのテストレベルでも取得できます。取得したデータを使って、たとえば単体テストとE2Eテストそれぞれで計測したり、計測結果を結合して全体のカバレッジを確認したいということがあるでしょう。

　nycには、複数のテストで取得したカバレッジデータを結合して表示するためのmergeコマンドがあります。たとえば、単体テストの結果とE2Eテストの結果を結合したい場合は、以下のように行います。

```
{
  "scripts": {
    "test:unit": "nyc jest", // jestで書いた単体テストを実行する
    "cover:merge": "npm run test:unit && npm run test:e2e && nyc ⇨
merge .nyc_output coverage.json"
  }
}
```

　.nyc_outputディレクトリには、これまでに取得したカバレッジの生データが保存されており、これらをマージしてcoverage.jsonというファイルを出力します。これに続き、nyc reportコマンドを実行すると、テキストおよびHTML形式で出力されます。

● CodeCovによる継続的な計測

　コードカバレッジは、あくまでテストがコードの中のどれだけの部分をカバーできたかを表す指標でしかありません。言い換えれば、コードカバレッジが高いことは仕様を十分にカバーしていることを意味しません。また、コードカバレッジが低いから

といって、テストが不十分であるとは必ずしも言い切れません。

たとえば、第10章で作成した電話番号のバリデーションは、HTMLに正規表現を書くことで実現しています。しかし、与えられた正規表現をパースして値のバリデーションを行うのはブラウザです。この場合、1つのテストケースだけでこの箇所のコードカバレッジは100%になりますが、正規表現が誤りなく動作することを確認するためには複数のコードが必要になります。つまり、この場合、高いコードカバレッジはテストが十分であることを示しません。

逆に、デッドコード（どのような手順を取っても到達しないコード）が多いコードでは、カバレッジは相対的に低くなります。この場合は、カバレッジが低いからといって、テストが不十分なわけではありません。

そのため、コードカバレッジを見ても、たとえば「90%あるから品質が高い」「50%しかないから品質が低い」といったことを定量的にいえるわけではありません。コードカバレッジの用途として最も重要なのは、継続して測定し、**テストコードが書き続けられていることの目安にする**ことです。たとえば、少なくともコードカバレッジが下がらないように気をつけて開発を進めていれば、テストコードを書き忘れるようなことは防げるでしょう。

コードカバレッジの継続的な計測と管理をサポートしてくれるツールとして**CodeCov**[※1] があります。nycなどのカバレッジ計測ツールの結果をCodeCovに送ると、変更をメインブランチにマージした際のカバレッジの増減を計算してくれ、カバレッジの減分が設定した閾値を超える場合にはマージできないようにしてくれます。

TIPS ---
コードカバレッジの種類

コードカバレッジは、分岐や条件をどのように扱うかによっていくつかの種類に分けられます。ここではC0、C1、C2という3種類を紹介します。

- **C0カバレッジ（ステートメントカバレッジ）**：ソースコードの各行がテストで実行されたかどうかを測定します。テストすべてのコード行が少なくとも一度は実行されれば、ステートメントカバレッジは100%となります。
- **C1カバレッジ（ブランチカバレッジ）**：if文やswitch文など、ソースコードの各分岐がテストで実行されたかどうかを測定します。すべての分岐が少なくと

[※1]　https://about.codecov.io/

も一度は実行されれば、ブランチカバレッジは100%となります。

- **C2カバレッジ（パスカバレッジ）**：ソースコードのすべての可能なパス（特定の関数やメソッドを通るすべての経路）がテストで実行されたかどうかを測定します。すべてのパスが少なくとも一度は実行されれば、パスカバレッジは100%となります。

● **ユーザーストーリーカバレッジ**

　この節の冒頭でも触れましたが、コードカバレッジはコードがどれだけカバーされているかだけを評価しており、機能の評価には適さないことがあります。たとえば、ある機能の実装がすっぽり抜けていたとしても、コードカバレッジ上はマイナスにはなりません。

　そこで、何らかの方法で**アプリケーションに期待される機能や振る舞い**に対するカバレッジを計測する必要があります。その1つとして**ユーザーストーリーカバレッジ**があります。

　ユーザーストーリーカバレッジは、その名のとおりユーザーストーリーをカバレッジアイテムとするテストカバレッジです。これまでに作成したユーザーストーリーのうち、どれだけがテストコードでカバーされているかを確認します。

● **JIRA による測定**

　ユーザーストーリーカバレッジは、テストコードのようにテスト実行から機械的に算出できるものではありませんので、ユーザーストーリーとテストケースを関連付けて算出します。

　よく使われる手法としては、JIRA などのチケット管理システムと併用してカバレッジを算出する方法でしょう。たとえば、開発のチケットのサブタスクとして自動テスト用のチケットを作成し、「完了したサブタスクの数／サブタスクの総数」という式によって簡易的に算出できます。

　また、Notion などの一部のドキュメントツールはデータベース機能を内包しており、これらを用いて管理する方法もあります。

　その他のデータベースソフトウェアやスプレッドシートなどで管理することもできますが、できれば普段から使っているチケット管理ツールやドキュメント管理ツールなどに紐づける形で管理したほうが、計測が楽になります。

12-3-2　Flaky Testの数

　10-1節でも説明したように、Flaky Testとは、テスト結果が信頼できない、つまりバグの有無にかかわらず成功したり失敗したりするテストを指します。コードの変更を伴わずに成功と失敗が存在する場合、そのテストはFlakyであるといえます。

　このようなテストが多いと、テスト結果が信頼できず、該当箇所を手動でチェックしたりする必要があるかもしれません。また、開発中に変更箇所と無関係なテストが失敗すると、それだけで開発をブロックしてしまう可能性があります。テストコードの数やカバレッジを追うのも大事ですが、Flakyなテストの数を追って、減らしていくことも同様に重要です。

　Flaky Testの一般的な定義は、**同じバージョンのテスト対象に対するテスト結果が異なるテスト**です。同じバージョンとは、たとえば同じコミットハッシュ[※2]のことを指します。同一のコミットハッシュに対するテスト結果が、成功と失敗とで混在しているテストケースの数を出せば、Flaky Testの数がわかります。

12-4　プロダクトの品質やチームのパフォーマンスを表す メトリクス

12-4-1　Four Keys

　ソフトウェア開発チームのパフォーマンスを示す指標の中で最も有名なものの1つに、**DORA**（DevOps Research Assesment）**メトリクス**というものがあります。以下の4つの指標（これらは**Four Keys**と呼ばれます）を測定し、これらが高水準であるほど、よいDevOpsパイプラインを持っているということになります。

　Four KeysはあくまでDevOpsのパフォーマンスを表すものですが、間接的に品質を表すものと捉えることができます。たとえば、デプロイ頻度や復旧時間が優秀なだけでは、ユーザーに繰り返しバグのあるソフトウェアをリリースしている可能性があります。一方で、変更失敗率が十分に低ければ、バグの少ないソフトウェアを高頻度でリリースし、万が一のことが起きても即座に復旧できるようになっていると考えられます。

[※2]　gitなどのバージョン管理システムにおける、特定のコミットを表す一意の数字。

それぞれのメトリクスについて以下に簡単に解説します。

●デプロイ頻度

デプロイ頻度は、正常なデプロイがどのぐらいの頻度で行われているかを表すメトリクスです。デプロイ頻度が高ければ、それぞれのデプロイに含まれる変更は小さくなるので、デプロイ頻度はおおよそ一度のデプロイに含まれる変更のサイズを表します。

一般的に、一度のデプロイに含まれる変更の量が多ければ多いほど、変更によるリスクは高まります。チームの生産性が一定であると仮定した場合、変更のスコープを狭めリスクを小さくするには、デプロイの頻度を高めるしかありません。

ただし、単にデプロイの頻度を高めただけでは、品質の面で問題を引き起こす可能性があります。高頻度でデプロイが可能であるということは、おおよそ次のようなことを表します。

- デプロイに必要な労力が少ない。作業が十分に自動化されていて、デプロイの回数を増やしても労力が大きく変わらないのであれば、デプロイ回数を増やせるでしょう。
- デプロイによるリスクが少ない。安全に変更できることがデプロイのたびにちゃんと確認できていれば、デプロイにより問題が起きる可能性が減り、頻繁にデプロイできるでしょう。

逆に、一度のデプロイのために数十分の手作業が必要な場合、デプロイ回数を少なくして手作業の延べ時間を短縮するかもしれません。あるいは、デプロイのたびに障害を起こすことを繰り返しているチームは、デプロイ回数を少なくして、本番障害の頻度を回避するようなことをしているかもしれません。これらは見かけ上の作業効率を上げたり障害の頻度を少なくしたりしますが、本質的にはデプロイの労力が大きく、リスクも大きい状態です。

●リードタイム

リードタイムは、ある変更がユーザーに届くまでの時間を表します。

デプロイ頻度は変更を反映させる頻度を表していましたが、リードタイムはコードに変更を加えて（コミット）から本番環境に反映されるまでの所要時間を表します。

リードタイムの計算は、開発者が自分の開発環境でコードに変更を加えてからスタートします。つまり、リードタイムの短さは、コードの変更「以外」のことでどのぐらい手間がかかっているかを表しています。たとえば、以下のようなことがリードタイムに影響している可能性があります。

- **一度に多くの変更を取り入れようとしている**と、それだけ1つの修正の影響範囲が大きくなり、コードレビューやテストに影響する可能性があります。
- **手作業が多い**と、デプロイまでの間に時間がかかるかもしれません。たとえば、テストが十分自動化されていれば変更が安全であることをすぐに確認できますが、手動テストに依存しているとその分時間がかかります。
- **手戻りが多い**と、様々なアクティビティを行ったり来たりすることが多くなり、その分時間がかかります。たとえば、静的解析をローカル環境で実行しておらず、CI環境でのみ実行していると、開発者はその結果に基づき再度開発環境で修正することになります。IDEのプラグインを使ってフォーマッターと静的解析がリアルタイムで実行されていれば、このような手戻りは不要になります。
- **参加者が不必要に多い**と、意思決定までに時間がかかるかもしれません。たとえば、すべての開発者からのコードレビューを必須にしてしまうと、その分時間が長くかかるでしょう。レビュワー選定のルールを決めて、役割に応じた1〜2名からのみレビューを受けるようにすると改善するはずです。たとえば、その言語のエキスパートから1名、そのドメインのエキスパートから1名選出するなどが考えられます。

　リードタイムは、前述の**デプロイ頻度**と相互に影響しています。小さな変更を頻繁にリリースするチームは、同時にリードタイムも短くなります。

●変更失敗率

　変更失敗率は、デプロイされた変更が何らかの問題を引き起こし、修正やロールバックが必要になった割合のことです。これが高いことは、それぞれの変更が十分にテストされていないことを示唆します。

　変更失敗率を改善する手段としては、本書で解説したような自動テストを導入したり、コードレビューを強化したりすることが考えられます。または、デプロイ頻度を多くすれば、それだけ変更失敗率は減ります。品質面での改善がある程度済んだら、デ

プロイ頻度を増やして改善するのもよいでしょう。これは後述の**平均復旧時間**の改善にもつながります。

●平均復旧時間

　平均復旧時間（Mean Time To Restore：MTTR）は、システムに障害が発生してから、それが解消されるまでの時間のことです。本番環境で見つかったバグやインフラ障害などが確認されてから解消されるまでを計測します。平均復旧時間が長いと、それだけユーザーは障害の影響を長く受けることになり、満足度の低下につながります。

　復旧時間を改善するには、障害の原因を迅速に特定し対応する能力が必要になります。具体的には、ログやエラーレートを確認する環境を整備しておいたり、迅速にロールバックするための仕組みを構築しておくと改善につながります。たとえば、デプロイ頻度が高く、一度の変更が少ないチームでは、障害発生時に問題となったコードを迅速に特定でき、スムーズにロールバックあるいはパッチの適用につなげられます。

●メトリクスの読み方

　これらのメトリクスは相互に関係しているので、どれか1つが優秀であればよいということではありません。

　たとえば、非常に高頻度にデプロイしていたからといって、変更失敗率が高ければ、単にテスト不足のプロダクトを高頻度にデプロイしているに過ぎません。同様に、非常に高頻度にデプロイしているにもかかわらず、リードタイムが非常に長い場合は、デプロイ頻度の高さが高速なデリバリーにつながっていないことを表します。

12-4-2　バグの件数

　バグを減らすために自動テストを増やしているのであれば、バグの件数は最も直接的なメトリクスになるでしょう。ここで指しているのは、本番環境で見つかったバグの件数です。

　本番環境で見つかったバグが少ないということは、ソフトウェアが十分にテストされており、安全にリリースできる状態を維持できていることを表します。

●チケット管理システムを用いた計測

　JIRAなどのチケット管理システムを使ってバグを管理している場合は、タグやラベルなどの機能を用いて、バグがどのステージで見つかったものかをトラッキングします。たとえば、テスト環境で見つかったものと、本番環境で見つかったものを区別するようなことが考えられます。チケット作成時の必須項目にすると、入力漏れが防げるでしょう。

　本番環境で見つかったものとそれ以外で見つかったものの比率を取りたくなりますが、筆者個人の意見としてはあまり意味がないと考えています。本番環境で見つかるというのは最悪の見つかり方なので、原則としてゼロに収束してほしいものだからです。「本番環境で20個のバグが報告されたが、テスト環境では80個見つかって修正しているので、80%のバグは見つけられている」というような比較をしたくなりますが、そもそも20件も報告されている時点でおかしいですし、開発者が100個もバグを見逃しているのもおかしいです。本書の第3章も参考にしながら、適切なタイミングでバグを見つけられるよう、プロセスを見直したほうがよいでしょう。

●エラートラッキングツールを用いた計測

　Sentry（https://sentry.io）などのエラートラッキングツールを用いると、本番環境も含めた各環境におけるエラーを集計できます。これらは、発生したエラーをSlackやメールなどで通知したり、調査を誰かにアサインしたり、GitHubやJIRAなどにチケットを作成したりできます。

　Sentryも含め、多くのエラートラッキングツールがダッシュボードを提供しており、エラーの発生頻度をグラフで視覚化できるようになっています（図12-2）。

図12-2　Sentryのダッシュボード

12-5　振り返り

12-5-1　振り返りの意義

　振り返りの意義は、自分たちがよい方向に向かっているかどうかを確認することです。ただ測定するだけではなく、振り返りを通してテストや開発プロセス全体のボトルネックを明らかにし、継続的に改善につなげていきましょう。

12-5-2　振り返りのケーススタディ

　ここでは、いくつかの事例をもとに、どのように分析し、どのような打ち手につなげるかを解説します。

●デプロイ頻度が高いが、バグの件数や変更失敗率も同様に高い場合

　あるチームでは、Four Keysとバグの件数をメトリクスとして利用しています。このチームのデプロイ頻度は高水準ですが、ユーザーから報告されるバグの件数が多く、本番障害の発生による変更失敗率も高いことが課題として上がっていました。

　仮説として有力だったのは、リリース前のテストが十分でないことでした。そこで、このチームはコードカバレッジやユーザーストーリーカバレッジを計測することにして、これらが変更のたびに向上していることを確認することにしました。

　コードカバレッジやユーザーストーリーカバレッジだけをメトリクスにしてしまうと、これらがチームの開発生産性や品質の向上にどのぐらい寄与しているのかがわかりにくいことがあります。そこで、Four Keysなどのメトリクスと併用することで、品質や生産性などの直接的なメトリクスを見ながら、それらを向上させるための補助としてカバレッジを使うことができます。

　もし、カバレッジを上げているにもかかわらずバグの件数や変更失敗率が引き続き高いようであれば、テスト分析の不足や、コードの品質自体の見直しが必要になるでしょう。たとえば、バグ分析をして、バグが起きやすいパターンやコンポーネントを特定して、その箇所のテストを特に充実させるなどが考えられます。

●ユーザーストーリーカバレッジは上がっているが、Flaky Test は改善されないケース

　メトリクスとしてユーザーストーリーカバレッジとFlaky Testの数を使用するチームがあるとします。このチームのユーザーストーリーカバレッジは改善していますが、

Flaky Testの数も増えてきてしまっています。デプロイ頻度やリードタイムは計測していませんが、チームの肌感覚としては自動テストの実行がボトルネックになっている印象を受けています。

　直接の原因として考えられるのは、テストの信頼性に関するものでしょう。特に、E2Eテストの独立性や冪等性を高める取り組みをすると、これらは改善するかもしれません。

　また、追加のカバレッジとして**コードカバレッジ**を利用すると、他のテストレベルのカバレッジをチェックできます。たとえば、E2Eテストに過剰に頼ってしまっていて、他のテストレベルがないがしろになっている場合を考えてみましょう。この場合、いくつかの不安定なE2Eテストを削除して、代わりに単体テストを多く追加すると、安定性と実行時間の向上を図ることができます。

まとめ

　この章では、自動化をするだけで満足してしまうのではなく、データをもとに振り返りを行い、継続的に自動テストも含めた開発プロセスを改善する方法を学びました。

おわりに──人を巻き込むことの大切さ

　筆者は、以前勤めていた企業でQAエンジニアとして2年働き、E2E自動テストを導入し、当時手動で実施していたリリース前テストの3分の2程度を自動化しました。しかし、これらのコードは残念ながら筆者の退職を期にメンテナンスされなくなり、手動テストに戻ってしまったと聞いています。

　どうしてそうなってしまったのか、コードが読みにくかったせいなのか、それともCI/CDパイプラインで自動実行されていなかったからか、理由はいろいろと考えられるのですが、一番有力だと思うのは**他の人を巻き込んでいなかった**からです。当時、QAチームは筆者を入れて2名で、E2Eテストコードの実装とメンテナンスは主に筆者の担当でした。また、これらのテストコードはアプリケーションのコードとは別に管理していたので、開発チームの人々に見てもらう機会も少なく、十分な関心を集めていませんでした。

　実際に見てきたわけではないため、なんとも言えないのですが、きっと「引き継ぎしたコードを実行したけどうまく動かないし、トラブルシュートの方法もわからないから、手動でテストしたほうが早そうだ」なんて風に思われてしまったのではないかと思います。筆者は当時、テストコードを増やすことばかりを考えていましたが、実はそれよりも**チームが自動テストから利益を得る**状態を作って、みんなを巻き込むほうがはるかに大切だったのです。

　そのため、本書の内容は**自動化して終わり**にしたくありませんでした。**他の人を巻き込みながら自動化を進められる**ように書いたつもりです。この本を読み終えて、自動テストを書き始めたときには、どのぐらいの人が自分の取り組みに関心を持ってくれているかに気を配ってみてください。もし、あまり興味を持たれていないようなら、その人たちが自動テストのメリットを感じ取るためにはどうすればよいかを考えてみてください。自動テストがあってよかったと感じてもらうことが増えたら、きっと自然に仲間が増えてくるはずです。

　この本を手がかりに、皆さんのソフトウェア開発がより良いものになることを願っています！

末村拓也

記号

.env ·· 143
.gitignore ·· 122
.node_modules ································ 123

A

A/B テスト ··· 22
actor ·· 245
After ·· 258
Allure Report ·································· 139
API テスト ··· 24
Applitools ·· 318
Applitools Eyes ······························ 318
ARIA ロール ····································· 219
ATDD ··· 44
Auth0 ··· 301
AutoLogin ·· 277

B

BrowserStack ·································· 309

C

Checking vs. Exploring ·············· 31
codecept.conf.js ··························· 139
CodeceptJS ······································ 119
　インタラクティブシェル ·········· 133
　設定ファイル ····························· 139
　セットアップ ····························· 123
　文法 ·· 126
CodeCov ·· 340
CRUD ·· 121
CSS セレクタ ··································· 187
Cucumber ·· 120
Cypress Puppeteer ················· 120

D

DataDog ··· 303
Day.js ·· 188
DevOps ·· 54
Docker ··· 91
DORA メトリクス ···························· 342
dotenv ·· 143

E

E2E テスト ··· 68
ejs ··· 269

F

Feature ·· 127
Flaky Test ·· 254
fnm ·· 88
Four Keys ·· 342

G

Gauge ·· 44, 120
Gherkin ·· 120
Git ·· 36, 89
git-flow ·· 37
GitHub ·· 37, 89
GitHub Actions ······························ 153
GitHub CLI ·· 90
GitHub Pages ································ 161
Git フック ··· 147
Google のレビューガイドライン ·· 65

H

husky ·· 148

I

INVEST ·· 194
itemContainer ························ 203, 243

J

Jest ·· 120, 269
jest-environment-jsdom ··········· 269
JIRA ·· 341
JSDoc ·· 248
jsdom ·· 76

K

Karate ··· 120

L

Laravel ·· 120
Locator builder ······························ 186

M

Mailhog ·· 325
Mailosaur ··· 325
MailSlurp ··· 325
Mailtrap ·· 325
makeAPIRequest ·························· 285
MVC アーキテクチャ ···················· 77

N

NewRelic ·· 303
npm ··· 122

（右列）

npx ·· 123

P

package.json ··································· 136
pause ··· 179
Playwright ·· 119

R

Railway ·· 97
React ··· 120
Resemble.js ····································· 312
retryFailedStep ······························ 260
retryTo ·· 260
Ruby on Rails ·································· 120
run ··· 291
run-worker ······································· 291

S

Scenario ··· 127
Scenario.only ··································· 180
Selenium ·· 308
Semantic Locator ··························· 135
Sentry ··· 346
session ·· 181
start-server-and-tests ················ 146
stepByStepReport ························· 140

T

test.each ·· 273
Testing Trophy ································ 81
Testing vs. Checking ··················· 31
Translation ······································ 129
TryTo ··· 260

V

Vocabulary ······································ 129
V字モデル ··· 33

W

WebDriver ·· 308
WebDriverIO ···································· 309
within ·· 185
WSL2 ··· 7

X

XPath ··· 187

あ行

アイスクリームコーン ················ 74
アイスクリームパフェ ················ 82

アサーション ……………………… 295
アジャイルテストの四象限……… 23
異常系 ……………………………… 194
インタラクティブシェル ………… 133
インポート ………………………… 92
受け入れ条件 ………………… 43, 168
受け入れテスト …………………… 21
受け入れテスト駆動開発 ………… 44
エラー ……………………………… 8
エラートラッキングツール …… 346

か行

開発サイクル ……………………… 40
カバレッジ ………………………… 336
環境変数 ……………………… 101, 143
監視………………………………… 22, 65
偽陰性 ……………………………… 294
技術選定 …………………………… 118
　　本書における選定結果 …… 119
期待値 ……………………………… 295
機能ブランチ ……………………… 37
偽陽性 ……………………………… 294
クリーンアップ ………………… 258
クロスブラウザテスト …………… 301
継続的インテグレーション ……… 152
決定的 ……………………………… 254
コードカバレッジ ………………… 337
コードカバレッジの種類 ……… 340
コードフリーズ …………………… 41
コード補完 ………………………… 248
コードレビュー …………………… 65
コールバック関数 ……………… 184
互換性テスト ………………… 69, 303
コミット ……………………… 37, 89
コメント ……………………… 190, 246

さ行

サンプルアプリケーション ……… 86
　　～の起動 ………………………… 91
　　～のビジネスプロセス ……… 108
　　～のユーザーストーリー …… 109
　　画面構成 …………………… 104
　　必要な環境 ………………… 87
自動テストが向いているテスト … 24
手動テスト ………………………… 31
障害 ……………………………… 8
仕様化テスト ……………………… 69
シンセティックモニタリング … 70, 303
スタブ ……………………………… 120
ステージング環境 ……………… 39

ストーリー受け入れテスト ……… 24
スモークテスト ……………… 124, 132
正常系 ……………………………… 194
静的解析ツール …………………… 64
セマンティクス ………………… 286
セマンティックな要素 ………… 286
先祖返り …………………………… 26
測定 ……………………………… 334
　　～の自動化 ………………… 335
素振り …………………………… 120
素朴なテスト自動化 …………… 34

た行

探索的テスト ……………………… 26
単体テスト ………………………… 22
チケット …………………………… 43
テストコードが腐る ……………… 286
テストコードの可読性 …………… 220
テストタイプ ……………………… 127
テストと開発の労力の不均衡 …… 27
テストの重複 …………………… 276
テストの種類 ……………………… 20
テストの独立性 ………………… 256
テストピラミッド ………………… 74
テストファースト ………………… 168
テスト分析 ………………………… 59
テストベース ………………… 108, 192
テストベースのサイズ ………… 262
テストレベル ……………………… 60
テストレベルの配分 ……………… 81
デバイスファーム ……………… 309
デプロイ …………………………… 39
デプロイ頻度 …………………… 343
デモ ……………………………… 167
トークン ………………………… 302

は行

バージョン管理ツール …………… 36
排他制御 …………………………… 25
パイプライン ……………………… 116
ハイレベルテストケース ……… 264
バグ ……………………………… 8
パラメーター …………………… 295
低いテストレベルへの移譲 …… 263
ビジネスプロセス ……………… 107
ビジュアルリグレッションテスト… 25
ヒューマンエラー ………………… 8
フィーチャートグル ……………… 40
フォーク …………………………… 92
フォーマッター …………………… 64

プッシュ …………………………… 89
ブランチ …………………………… 37
振り返り ………………………… 334
プルリクエスト …………………… 38
プロトタイプシミュレーション … 26
プロパティベーステスト ………… 25
文脈 ……………………………… 225
　　～を明示する ……………… 226
平均復旧時間 …………………… 344
βテスト ………………………… 22
変更失敗率 ……………………… 345
変数 ……………………………… 202
本書で用いる用語 ………………… 8
本書のサポート …………………… 6
本書の動作環境 …………………… 7

ま行

マージ ……………………………… 37
見た目のテスト ………………… 311
無効系 ……………………………… 194
メインブランチ …………………… 37
メールのテスト ………………… 324
メタモルフィックテスト ………… 25
メトリクス ………………………… 336
モバイルエミュレーション …… 307

や行

有効系 ……………………………… 194
ユーザーストーリー ………… 30, 108
ユーザーストーリーカバレッジ … 341

ら行

リードタイム …………………… 343
リグレッション …………………… 26
リグレッションテスト …………… 26
理想的な自動テスト ……………… 42
リトライ ………………………… 259
リトライのガイドライン ……… 261
リファクタリング ………… 46, 290
リリースサイクル ………………… 40
ルーティング …………………… 171
レポート ………………………… 139
ローレベルテストケース ……… 264

わ行

ワークフローユーザビリティテスト
　…………………………………… 26

■著者

末村 拓也（すえむら・たくや）
Webアプリケーション開発者兼テスター。とあるス
タートアップ企業で一人目のQAエンジニアとなった
のを機に、テストや品質、自動化に興味を持ち始め
る。2019年よりAutifyに入社し、テスト自動化エンジ
ニア、テクニカルサポートエンジニアを経て、2024年
6月現在は同社のQAマネージャーを務める。

装丁・本文デザイン：森 裕昌（森デザイン室）
DTP・編集協力：川月 現大（風工舎）
編集：大嶋 航平

レビュー協力：
井芹 洋輝
藤原 考功
風間 裕也
伊藤 由貴
堀 明子
東口 和暉
Takepepe

テスト自動化実践ガイド

継続的にWebアプリケーションを改善するための知識と技法

2024年 7月30日　初版第1刷発行

著者　　　末村 拓也
発行人　　佐々木 幹夫
発行所　　株式会社翔泳社　（https://www.shoeisha.co.jp）
印刷・製本　株式会社加藤文明社印刷所

©2024 Takuya Suemura

ISBN 978-4-7981-7235-4
Printed in Japan